Daniel Weber

Untersuchung des Potenzials einer Brems-Ausweich-Assistenz

Karlsruher Schriftenreihe Fahrzeugsystemtechnik
Band 13

Herausgeber
FAST Institut für Fahrzeugsystemtechnik
Prof. Dr. rer. nat. Frank Gauterin
Prof. Dr.-Ing. Marcus Geimer
Prof. Dr.-Ing. Peter Gratzfeld
Prof. Dr.-Ing. Frank Henning

Das Institut für Fahrzeugsystemtechnik besteht aus den eigenständigen Lehrstühlen für Bahnsystemtechnik, Fahrzeugtechnik, Leichtbautechnologie und Mobile Arbeitsmaschinen

Eine Übersicht über alle bisher in dieser Schriftenreihe erschienenen Bände finden Sie am Ende des Buchs.

Untersuchung des Potenzials einer Brems-Ausweich-Assistenz

von
Daniel Weber

KIT Scientific Publishing

Dissertation, Karlsruher Institut für Technologie
Fakultät für Maschinenbau, 2012

Impressum

Karlsruher Institut für Technologie (KIT)
KIT Scientific Publishing
Straße am Forum 2
D-76131 Karlsruhe
www.ksp.kit.edu

KIT – Universität des Landes Baden-Württemberg und nationales
Forschungszentrum in der Helmholtz-Gemeinschaft

KIT Scientific Publishing 2012
Print on Demand

ISSN 1869-6058
ISBN 978-3-86644-864-3

Vorwort des Herausgebers

Die Fahrzeugtechnik ist gegenwärtig großen Veränderungen unterworfen. Klimawandel, die Verknappung einiger für Fahrzeugbau und -betrieb benötigter Rohstoffe, globaler Wettbewerb und das rapide Wachstum großer Städte erfordern neue Mobilitätslösungen, die vielfach eine Neudefinition des Fahrzeugs erforderlich machen. Die Forderungen nach Steigerung der Energieeffizienz, Emissionsreduktion, erhöhter Fahr- und Arbeitssicherheit, Benutzerfreundlichkeit und angemessenen Kosten finden ihre Antworten nicht aus der singulären Verbesserung einzelner technischer Elemente, sondern benötigen Systemverständnis und eine domänenübergreifende Optimierung der Lösungen.

Hierzu will die Karlsruher Schriftenreihe für Fahrzeugsystemtechnik einen Beitrag leisten. Für die Fahrzeuggattungen Pkw, Nfz, Mobile Arbeitsmaschinen und Bahnfahrzeuge werden Forschungsarbeiten vorgestellt, die Fahrzeugsystemtechnik auf vier Ebenen beleuchten: das Fahrzeug als komplexes mechatronisches System, die Fahrer-Fahrzeug-Interaktion, das Fahrzeug in Verkehr und Infrastruktur sowie das Fahrzeug in Gesellschaft und Umwelt.

Der vorliegende Band widmet sich der Fahrerassistenz in kritischen Fahrsituationen, in denen nicht mit alleinigem Bremsen, wohl aber mit einem kombiniertem Brems-Ausweich-Manöver ein Unfall vermieden werden kann. Viele Fahrer handeln in diesen Situationen nicht. Wird gehandelt, so findet in den meisten Fällen eine Bremsung statt, von der Möglichkeit des Ausweichens wird nur selten Gebrauch gemacht. In dieser Arbeit werden die Situationen identifiziert, in denen Ausweichen einen Sicherheitsvorteil liefert und Systemkonzepte und Anzeigen erarbeitet, mit denen der Fahrer auf die kritische Situation und die Ausweichoption aufmerksam gemacht und während des Fahrmanövers unterstützt wird. In umfangreichen Probandenversuchen wird gezeigt, dass dadurch eine signifikante Reduzierung der Unfallhäufigkeit erreicht werden kann. Die Arbeit eröffnet damit weitere Möglichkeiten zur Steigerung der Verkehrssicherheit.

Karlsruhe, im April 2012 *Frank Gauterin*

Untersuchung des Potenzials einer Brems-Ausweich-Assistenz

Zur Erlangung des akademischen Grades

Doktor der Ingenieurswissenschaften

der Fakultät für Maschinenbau

Karlsruher Institut für Technologie (KIT)

genehmigte

Dissertation

von

Dipl.-Ing. Daniel Weber

Tag der mündlichen Prüfung:	27.03.2012
Hauptreferent:	Prof. Dr. rer. nat. Frank Gauterin
Korreferent:	Prof. Dr.-Ing. habil. Peter M. Knoll

Meinen Eltern

Zusammenfassung

In der vorliegenden Arbeit wird eine neuartige Brems-Ausweich-Assistenz vorgestellt. Sie stellt eine Erweiterung der mittlerweile weit verbreiteten Bremsassistenz dar. Durch die Brems-Ausweich-Assistenz kann der Nutzen von Kollisionsvermeidungssystemen weiter erhöht werden.

Zunächst wird der Nutzen der Brems-Ausweich-Assistenz dargestellt. Er wird im Rahmen einer Unfallforschung aus den Daten der German In-Depth Accident Study (GIDAS) abgeleitet. Anschließend wird der Systementwurf der Brems-Ausweich-Assistenz vorgestellt und daraus der Parameterraum anhand von Fahrdynamiksimulationen berechnet. Der Fokus der Arbeit liegt schließlich auf der Entwicklung und Untersuchung neuartiger visueller Ausweichanzeigen, die in einem kontaktanalogen Head-Up Display dargestellt werden. Zur Untersuchung der Anzeigen werden insgesamt 80 Probanden in einem dynamischen Fahrsimulator mit kritischen Auffahrsituationen auf der Autobahn konfrontiert. Zum Vergleich der Ergebnisse werden neben der Experimentalbedingung mit Ausweichanzeige auch zwei Kontrollgruppen erhoben: Eine ohne Anzeigen und eine mit unspezifischer visueller Kollisionsanzeige.

Anhand der Ergebnisse der Probandenstudie kann schließlich nachgewiesen werden, dass die Ausweichanzeigen hoch effektiv sind. Die Ausweichrate ist gegenüber beiden Kontrollgruppen ohne dezidierte Ausweichanzeige deutlich höher und die Kollisionsrate infolge dessen signifikant niedriger. Darüber hinaus entspricht die Ausweichrichtung der Probanden der Anzeigerichtung.

Abstract

In the following dissertation, a new breaking evasion system will be introduced. This breaking evasion assistance system improves the efficiency and impact of state-of-the art collision-avoidance systems.

Initially, the general usefulness of breaking evasion systems in the context of accident analysis is demonstrated employing data of the German In-Depth Accident Study (GIDAS). Then, a system concept for a novel breaking evasion assistance system is introduced. Its parameter space is computed using a driving dynamics simulation. Lastly, the development and analysis of new visual evasion systems, which are realized in a contact analogue head-up display, form the focus of the dissertation. For the purpose of the analysis, a dynamic driving simulator is utilized in a study in which 80 test persons are being confronted with critical situations on the highway. In order to compare the test results, two control groups are established on top of the experimental group that has access to an evasion display: one without display and the other with an unspecific visual display.

The results of the test study show that evasion displays are highly effective. The evasion rate is much higher when compared with the two control groups that do not have a dedicated evasion display. Accordingly, the collision rate is significantly lower. Furthermore, the direction of evasion corresponds to the direction shown on the display.

Vorwort

Die vorliegende Arbeit ist während meiner Tätigkeit als Doktorand bei der Robert Bosch GmbH in der Vorentwicklung für Fahrerassistenzsysteme in der Abteilung CC/ESV am Standort Leonberg entstanden.

Mein Dank gilt Herrn Prof. Dr. rer. nat. Frank Gauterin, Leiter des Lehrstuhls für Fahrzeugtechnik am Institut für Fahrzeugsystemtechnik des Karlsruher Instituts für Technologie (KIT) für die Übernahme des Hauptreferats. Er trug durch sein großes Engagement und seine wertvollen Anregungen maßgeblich zum Gelingen dieser wissenschaftlichen Arbeit bei. Mein Dank gilt auch Herrn Prof. Dr.-Ing. habil. Peter M. Knoll vom Institut für Theoretische Elektrotechnik und Systemoptimierung (ITE) des KIT für sein entgegengebrachtes Interesse an der Arbeit und die Übernahme des Korreferats. Weiterhin danke ich Herrn Prof. Dr.-Ing. Ulrich Spicher für den Vorsitz.

Ein besonderer Dank geht an meinen Betreuer bei der Robert Bosch GmbH, Herrn Dr. rer. nat. Rüdiger W. Henn für sein mir entgegengebrachtes Vertrauen und die persönlich überaus angenehme Zusammenarbeit. Er betreute die Arbeit vorbildlich und überließ mir ein hohes Maß an Gestaltungsspielraum. Die fachlich konstruktiven Diskussionen mit ihm bereicherten die Arbeit nachhaltig. Außerdem bedanke ich mich bei meinem Projektleiter Herrn Dr. math. Torsten Grotendiek insbesondere für die Finanzierung der Probandenstudie sowie bei Herrn Dr. phil. nat. Werner Uhler für die fachliche Beratung. Meinem Kollegen Herrn Dipl.-Psych. Claus Marberger danke ich für den fachlichen Austausch im Rahmen der Probandenstudie.

Ein Dank geht auch an das Würzburger Institut für Verkehrswissenschaften GmbH (WIVW GmbH), bei dem ich die Datenerhebung im Rahmen einer Probandenstudie durchgeführt habe. Die Zusammenarbeit verlief vorbildlich. Stellvertretend bedanke ich mich bei deren Leiter Herrn Prof. Dr. Hans-Peter Krüger sowie bei der Versuchsleiterin Frau Dipl.-Psych. Sonja Hoffmann. Sie haben mit ihrer Expertise einen wertvollen Beitrag zur Probandenstudie geleistet.

Außerdem bedanke ich mich bei meinen Studenten. Ein besonderer Dank geht dabei an Herrn Cand.-Psych. Olaf Peters für seine Unterstützung bei der Auswertung der Probandenstudie.

Schließlich bedanke ich mich bei meiner Familie und meinen Freunden, die mich während der Doktorarbeit auf vielfältige Weise unterstützt haben.

Karlsruhe, im April 2012 *Daniel Weber*

Inhaltsverzeichnis

1. Einleitung

Zunächst wird die Ausgangssituation beschrieben. Anschließend werden daraus die Ziele für die vorliegende Arbeit abgeleitet und definiert. Abschließend wird eine Übersicht zu dieser Arbeit gegeben.

1.1 Ausgangssituation

Durch Kollisionsvermeidungssysteme, die die Unfallvermeidung beziehungsweise die Unfallfolgenminderung zum Ziel haben, wird unter Berücksichtigung des Fahrverhaltens des Fahrers der Manöverablauf optimiert. Der Fahrer kann dabei durch das System auf eine kritische Situation aufmerksam gemacht, zu einer geeigneten Handlung in dieser kritischen Situation angeleitet und bei der Manöverdurchführung unterstützt werden. Einen wichtigen Beitrag zur Senkung der Unfallzahlen leistet bereits heute die mittlerweile weit verbreitete Bremsassistenz. Sie stellt ein rein in die Längsdynamik des Fahrzeugs eingreifendes Sicherheitssystem dar. Zur Erhöhung der Wirksamkeit kollisionsvermeidender Systeme kommt Eingriffen in die Querdynamik eine immer größere Bedeutung zu. Aus diesem Grund sollte in Zukunft neben der bereits etablierten Fahrerunterstützung durch eine warnende oder eingreifende Bremsassistenz auch eine Ausweichassistenz in Betracht gezogen werden.

1.2 Ziele der Arbeit

Das Ziel der vorliegenden Arbeit ist die Untersuchung des Potenzials einer neuartigen Brems-Ausweich-Assistenz. Dabei soll der geringe Anteil von Fahrern, die in kritischen Situationen ausweichen, durch visuelle Ausweichanzeigen deutlich erhöht werden. Im Fokus steht damit die zeitkritische Vermittlung einer Ausweichmöglichkeit, die sich der visuellen Ausgaben eines kontaktanalogen Head-Up Displays bedient.

Zunächst soll für die Brems-Ausweich-Assistenz – wie bei der Neuentwicklung einer Fahrerassistenzfunktion üblich – eine Nutzenbewertung durchgeführt werden. Dabei soll das Unfallvermeidungspotenzial der Brems-Ausweich-Assistenz mittels der Unfallforschung dargestellt werden. Die Unfallforschung ist ein wissenschaftlich anerkanntes und mittlerweile weit verbreitetes Verfahren zur Bestimmung des Nutzens einer neuartigen Fahrerassistenzfunktion. Anschließend soll ein Systementwurf für die Brems-Ausweich-Assistenz entwickelt werden. Der Systementwurf definiert den Aufbau und den Ablauf der Ausweichassistenz. Auf Basis des Systementwurfs sollen schließlich mittels Fahrdynamiksimulationen die für eine Ausweichassistenz relevanten Situationen ermittelt und anschließend den Ergebnissen der Unfallforschung gegenübergestellt werden. Im Fokus der Arbeit sollen schließlich die Entwicklung und Untersuchung neuartiger visueller Ausweichanzeigen stehen, die idealerweise mittels eines kontaktanalogen Head-Up Displays realisiert werden. Die Untersuchung der Ausweichanzeigen hinsichtlich des technischen Nutzens soll schließlich im Rahmen einer Probandenstudie in einer geeigneten Umgebung, zum Beispiel mit einem dynamischen Fahrsimulator, durchgeführt werden.

1.3 Übersicht

Kapitel 2 gibt den Stand der Forschung und Technik wieder. In Kapitel 3 werden die Anforderungen an die Brems-Ausweich-Assistenz definiert sowie deren Use-Cases abgeleitet. Die darauf folgenden sieben Kapitel lassen sich thematisch in drei Blöcke unterteilen. Im ersten Block wird ein Nutzennachweis für die Brems-Ausweich-Assistenz durchgeführt. Dafür wird in Kapitel 4 auf die German In-Depth Accident Study (GIDAS) zurückgegriffen. Im zweiten Block wird der Systementwurf vorgestellt. Zunächst wird in Kapitel 5 das System für die Brems-Ausweich-Assistenz ausgelegt. Anschließend werden in Kapitel 6 für die Brems-Ausweich-Assistenz visuelle Anzeigen entwickelt sowie eine Vorauswahl der geeignetsten Anzeigekonzepte getroffen. Im dritten Block werden schließlich die visuellen Anzeigen im Rahmen einer Probandenstudie untersucht. Dazu werden zunächst in Kapitel 7 die relevanten Fragstellungen sowie die zugehörigen Hypothesen formuliert. Anschließend werden in Kapitel 8 die Methode und die Durchführung der Probandenstudie beschrieben. Nach der Ergebnispräsentation in Kapitel 9 erfolgt in Kapitel 10 deren Diskussion. Die Arbeit schließt mit der Untersuchungskritik in Kapitel 11 sowie der Zusammenfassung und dem Ausblick in Kapitel 12.

2. Stand der Forschung und Technik

Im Folgenden werden die Themen vorgestellt, die für die Untersuchung des Potenzials einer Brems-Ausweich-Assistenz relevant sind. Zunächst wird auf das Fahrverhalten und die Fahrerwahrnehmung insbesondere in kritischen Situationen eingegangen. Anschließend werden die wichtigsten kollisionsvermeidenden Systeme sowie die Sensorik zur Erfassung des Fahrzeugumfelds dargestellt. Danach wird auf das kontaktanaloge Head-Up Display zur Darstellung visueller Ausweichanzeigen eingegangen. Anschließend werden die Standardisierungen für die Gestaltung von Fahrerassistenzsystemen sowie der Stand der Forschung und Technik für die Gestaltung der Mensch-Maschine-Schnittstelle von Kollisionsvermeidungssystemen vorgestellt. Abschließend wird ein Überblick über die Mensch-Maschine-Schnittstellen verschiedener Ausweichassistenzen gegeben.

2.1 Fahrverhalten und Fahrerwahrnehmung

90% aller registrierten Unfälle sind auf menschliche Fehler zurückzuführen [Sta98]. Die mit Abstand größte Fehlerquelle bei der Entstehung von Unfällen ist somit der Fahrer selbst. Unaufmerksamkeit und fehlende Fahrpraxis in kritischen Situationen sind dabei die häufigsten Ursachen von schweren Verkehrsunfällen [Gru05]. Nur 10% aller Unfälle sind auf rein technisches Versagen zurückzuführen. Ziel ist es daher, menschliches Fehlverhalten und dessen Folgen durch den Einsatz von Fahrerassistenzsystemen zu reduzieren. Bei der Entwicklung von Fahrerassistenzsystemen müssen neben dem Fahrverhalten auch das Fahrzeug sowie die Umgebung berücksichtigt werden.

Systemmodell der Fahrer-Fahrzeug-Umgebung

In dem in Abbildung 2.1 dargestellten Systemmodell aus [Abe01] sind die wechselseitigen Prozesse zwischen Fahrer, Fahrzeug und Umgebung dargestellt. Die Anforderungen an den Fahrer ergeben sich aus der Fahrzeugführungsaufgabe. Sowohl intraindividuelle Faktoren wie die Fahrerfahrung oder das Alter der Fahrer als auch äußere Faktoren wie die Wetter- und Sichtbedingungen oder die Fahrstrecke können die Fahrzeugführung beeinflussen [Smi95]. Insbesondere in kritischen Situationen, die nach [Don09] im niedrigen einstelligen Sekundenbereich liegen, kommt der Komplexität der Situation eine entscheidende Bedeutung zu. In Abbildung 2.1 wird die Informationsverarbeitung des Fahrers anhand des kombinierten Stufen- und Ressourcenmodells erklärt. Dieses basiert auf den Verarbeitungsstufen Informationsaufnahme (Perzeption), Informationsverarbeitung (Kognition) und Informationsabgabe (Motorik) [Luc98]. Dabei wird berücksichtigt, dass die zur Verfügung stehende Ressourcenkapazität des Fahrers beschränkt ist. Bei der Informationsaufnahme entdeckt und erkennt der Fahrer die Informationen. Für die Fahrzeugführung sind die visuelle, die akustische, die haptische / taktile / kinästhetische und die vestibuläre Wahrnehmungen von Bedeutung [Wei03]. Die Informationsverarbeitung umfasst die Wahrnehmung sowie die Entscheidung beziehungsweise die Handlungsauswahl. Diese Stufen können durch die drei aufeinander aufbauenden Verhaltensebenen, die nach [Ras83] als fertigkeitsbasiert, regelbasiert und wissensbasiert bezeichnet sind, erklärt werden. Auf welcher Verhaltensebene die Informationsverarbeitung abläuft, ist von der Art der auszuführenden Aufgabe sowie der individuellen

Charakteristik des Fahrers abhängig. Bei der Informationsabgabe werden die bei der Informationsverarbeitung getroffenen Entscheidungen in Handlungen umgesetzt. Diese umfassen motorische Bewegungen des Hand-Arm- sowie des Fuß-Bein-Systems.

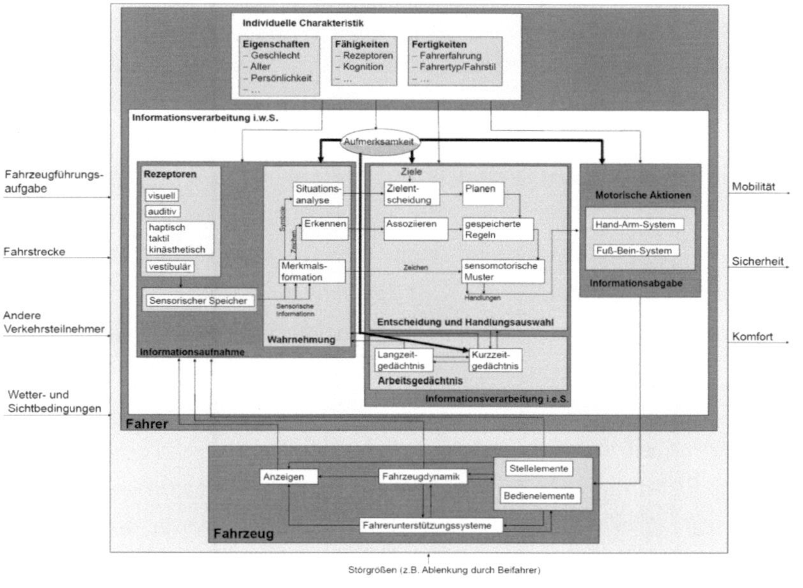

Abbildung 2.1: Systemmodell Fahrer-Fahrzeug-Umgebung (aus [Abe01])

Modell der Fahrerhandlung

Ein situationsbewusster Fahrer zeichnet sich dadurch aus, dass er auch weniger eindeutige Hinweisreize richtig einschätzt und daraufhin eine frühzeitige und angemessene Verhaltensanpassung einleitet. Dabei muss zum einen sichergestellt werden, dass die beabsichtigte Aufgabe (Hauptstrang der Handlung) ungehindert ausgeführt und gegen irrelevante Reize abgeschirmt werden kann.

Gleichzeitig muss eine gewisse Offenheit für potentiell relevante Reize bestehen (Nebenstränge der Handlung), die zu einer Änderung der ursprünglichen Situation führen können. Dabei muss eine Situationsänderung zu einer Änderung der Priorisierung der Aufgaben und somit zu einem Aufgabenwechsel in Form einer Verhaltensanpassung führen. Die Priorisierung der Aufgaben richtet sich nach dem übergeordneten Ziel, konfliktfrei und sicher zu fahren.

In vielen theoretischen Ansätzen zur Klassifikation der Fahraufgaben und den damit verbundenen Anforderungen sind die einzelnen Fahraufgaben hierarchisch angeordnet. Es wird davon ausgegangen, dass sich die einzelnen, hierarchisch angeordneten Fahraufgaben gegenseitig beeinflussen und in unterschiedlichen zeitlichen Horizonten ablaufen. In [Don78] wird zu [Ras83] eine alternative hierarchische Gliederung der Fahrhandlungen auf folgenden drei Ebenen vorgenommen: Stabilisierung – Führung – Navigation. Die Stabilisierung stellt die operationale und damit die unterste Ebene dar. Dort regelt der Fahrer Abweichungen der Ist- von den Sollwerten. Die Führung stellt die taktische Ebene und damit die mittlere Ebene dar. Dort werden die aus den Interaktionen mit der Strecke und anderen Verkehrsteilnehmern resultierenden Manöveraufgaben durchgeführt. Die Navigation stellt die strategische Ebene und damit die höchste Ebene dar. Dort werden länger andauernde Navigationsaufgaben ausgeführt. In den verschiedenen Ebenen unterscheiden sich die Aufgaben sowohl in ihrem zeitlichen als auch in ihrem visuellen, kognitiven und motorischen Anforderungsgrad. Im Folgenden werden die für eine Sicherheitsfunktion relevanten unteren beiden Ebenen betrachtet. Zur Beschreibung wird auf die Veröffentlichung [Rau09] zurückgegriffen.

Aufgaben auf der operationalen Ebene

Die operationale Ebene ist dadurch charakterisiert, das mehrere Aufgaben kontinuierlich ausgeführt werden. Dadurch wird sichergestellt, dass das Verhalten permanent an die sich dynamisch verändernde Situation angepasst werden kann. Zu den motorischen Anforderungen zählen quer- und längsregulierende Kontrollaufgaben. In aller Regel sind nur geringfügige Verhaltenskorrekturen erforderlich. Die visuellen Anforderungen bestehen überwiegend aus der Überwachung der Umwelt. Die permanente Überwachung dient der aktiven Suche nach Hinweisreizen, die eine Veränderung der Situation und damit des ursprünglichen Handlungsziels andeuten. Diese würden einen Wechsel auf die taktische Ebene erforderlich machen. Zur Überwachung der Fahrszene ist eine effiziente Blickstrategie von großer Bedeutung [Cru98]. Diese Strategie wird nach [Cru04] mit steigender Fahrerfahrung dahingehend verbessert, dass in visuell besonders beanspruchenden Situationen die Fixationsdauern verkürzt werden und so eine erhöhte Anzahl von Fixationen durchgeführt werden kann. Dadurch werden zwar einzelne Details schlechter verarbeitet, die Wahrnehmung der gesamten Situation aber verbessert. Bei der Handlungsabsicherung spielt die effektive Suche nach relevanten beziehungsweise potentiell relevanten Reizen über die periphere Wahrnehmung eine elementare Rolle. Dabei führt ein Tunnelblick dazu, dass unter Umständen weitere Reize, die eher peripher auftreten, übersehen werden. Bei einer Folgefahrt hingegen erfolgt nach [Cru04] eine starke Fokusierung der Aufmerksamkeit auf das direkt voraus fahrende Fahrzeug. Dies führt zu häufigeren Regelverletzungen wie die Vernachlässigung der Überwachung von Fußgängern. Dieser Effekt wird durch plötzlich auftretende Gefahren wie ein abbremsendes Fahrzeug (s. [Vel02]) oder zusätzlichen Stress zum Beispiel durch eine kognitiv anspruchsvolle

Nebenaufgabe (s. [Har07]) verstärkt. In [Gug97] kann jedoch gezeigt werden, dass bei hoher Beanspruchung nach wie vor gut auf plötzlich abbremsende Fahrzeuge reagiert werden kann, da diese im Zuge der eingeschränkten visuellen Aufmerksamkeit besonders beachtet werden. Die kognitiven Anforderungen betreffen in erster Linie eine permanente Situationseinschätzung hinsichtlich der zu erwartenden Anforderungen und notwendigen Verhaltensanpassungen. Dazu findet eine Klassifikation der Umgebungsreize in irrelevante und relevante Reize statt. Relevante Reize sind dabei danach definiert, inwiefern sie für das übergeordnete Ziel, sicher und konfliktfrei zu fahren, bedeutsam sind. Sie sollen priorisiert vom Fahrer behandelt werden.

Aufgaben auf der taktischen Ebene

Hat der Fahrer einen handlungsrelevanten Reiz wahrgenommen, der eine Verhaltensanpassung erfordert, findet ein Wechsel von der operationalen auf die nächst höhere, die taktische Ebene statt. Dabei wird vom Fahrer die motorische Umsetzung der Verhaltensanpassung gegenüber allen anderen Aufgaben priorisiert. Bei der visuellen Aufmerksamkeit kommt es zu einer Konzentration auf die relevantesten Reize der Umgebung. Dabei kann es zu inadäquaten Reaktionen kommen, wenn entscheidende Hinweisreize gar nicht erst wahrgenommen werden, wenn die Situation hinsichtlich ihres Konfliktpotenzials oder aber zeitliche Fenster über- beziehungsweise unterschätzt wird oder keine angemessene Handlungsabsicherung erfolgt.

Unfallursachen

Im Allgemeinen entstehen Unfälle durch die fehlerhafte Kombination zwischen den Anforderungen an den Fahrer und der Handlung des Fahrers [Lan03]. Der Großteil der Unfälle kann auf Aufmerksamkeitsfehler des Fahrers zurückgeführt werden [Bro05a]. Deren Ursachen liegen hauptsächlich in der Ermüdung oder Ablenkung des Fahrers durch Nebenbeschäftigung. Eine weitere wichtige Unfallursache sind die sogenannten Looked-But-Failed-To-See Unfälle [Met09]. Für den Fall, dass tatsächlich ein relevantes Objekt vom Fahrer angesehen, dann aber nicht oder nicht ausreichend verarbeitet wird, werden in [Bro05a] zwei Erklärungsansätze genannt. Beim inadäquaten Suchmodell wird die Aufmerksamkeit für einen angemessenen Zeitraum auf relevante Bereiche des Verkehrsszenarios gelenkt. Dennoch wird sich der Fahrer über spezifische Arten von gut sichtbaren Gefahren nicht bewusst. Dies führt dazu, dass die Gefahr trotz Blickzuwendung nicht bemerkt wird. Bei der inkohärenten Merkmalsentdeckung hingegen blickt der Fahrer in die richtige Richtung. Der Zeitraum ist jedoch nicht ausreichend, um alle relevanten Informationen zu extrahieren und in ein kohärentes Bild zu integrieren. Eine wirksame Aufmerksamkeitssteuerung kann durch visuelle Anzeigen erfolgen. Aufgrund ihrer Reizeigenschaften hebt sich die Anzeige von den umgebenden Objekten ab und zieht so mit größerer Wahrscheinlichkeit die Aufmerksamkeit auf sich [Fin99]. In kritischen Situationen bremsen anteilig mehr Fahrer als lenken, da ein Bremsmanöver eine vom Fahrer stark gelernte Reaktion ist [Maz99].

Visuelle Informationsaufnahme

Im Straßenverkehr erfolgt die Orientierung überwiegend durch die visuelle Sinnesmodalität, da nach [Coh09] einerseits das Auge das einzig fernorientierte Sinnesorgan ist, andererseits die meiste Information am präzisesten und am schnellsten visuell aufgenommen werden kann. Das für die visuelle Informationsaufnahme nutzbare Gesichtsfeld des Fahrers erstreckt sich nach [Gra09] in der Vertikalen auf maximal 130° (60° nach oben und 70° nach unten) und in der Horizontalen auf etwa 180°. Die Aufgaben des Auges bestehen in der Adaption, der Akkommodation und der Fixation [Abe09]. Darüber hinaus dient das Auge der Farb-, Objekt- und Bewegungswahrnehmung sowie der Wahrnehmung von räumlicher Tiefe und Größe [Abe09]. Das Auflösungsvermögen des Auges ist im peripheren Gesichtsfeld sehr eingeschränkt. Dies macht sich vor allem in der Wahrnehmung stillstehender Objekte abseits der Blickrichtung bemerkbar. Die Bewegungswahrnehmung in der Peripherie ist hingegen gut. Scharfes Sehen ist nur im fovealen Sehbereich, dem zentralen Bereich der Netzhaut mit höchster Sehschärfe, möglich. Dieser Bereich erstreckt sich auf bis zu ± 1,5° bezüglich der Zentralen. Im Rahmen der Objektwahrnehmung werden nach [Coh09] Gegenstände oder Vorgänge zuerst im peripheren Sehbereich grob erkannt. Um das Objekt dann scharf sehen zu können, muss durch Bewegungen der Augen und des Kopfes die Blickrichtung in diesen Winkelbereich gebracht werden. Diese Fixationen werden vom Fahrer in aller Regel unbewusst durchgeführt. Die Information, die zu einer bewussten Wahrnehmung führt und damit ins Zentrum der Aufmerksamkeit rückt, wird dabei foveal aufgenommen. Dies wird in [Coh09] damit begründet, dass die jeweils fixierte Stelle in der Regel auch im Zentrum der visuellen Aufmerksamkeit steht. Verlagert sich die Aufmerksamkeit, folgt meistens eine korrespondierende Blickbewegung, um die entsprechende Information möglichst effizient aufnehmen zu können. Komplementär zu fovealen Informationen werden gewisse Reize um die aktuelle Fixationsstelle herum entweder sofort erkannt oder sie fallen so auf, dass sie die visuelle Aufmerksamkeit unterschwellig auf sich ziehen und damit Ziel einer nächsten Blickzuwendung werden können. Besonders gut können hohe Geschwindigkeiten ab einer Winkelgeschwindigkeit von 15°/s mit Hilfe des peripheren Sehens wahrgenommen werden. Mittels des peripheren Sehens können aber auch auffällige und redundante Straßenelemente überwacht werden. Diese klassische Zusammenarbeit zwischen dem fovealen und dem peripheren Sehen stellt damit die Grundlage für die visuelle Orientierung im Verkehr dar. Sie kann umso effizienter ablaufen, je leistungsfähiger die jeweilige Netzhautstelle, je auffälliger der Reiz und je kleiner die aktuelle Beanspruchung des Fahrers ist. Abschließend werden exemplarisch einige wichtige Indikatoren der Sehkraft aufgezählt. Die Akkommodation beansprucht eine Zeitspanne, die bis zu über 2 s dauern kann [Kru82]. Die statische Sehschärfe reduziert sich umso stärker, je geringer die Leuchtdichte und je kleiner die Kontraste werden oder aber bei Blendung [Shi77]. Zwischen der Blendungsempfindlichkeit und der Unfallhäufigkeit kann kein Zusammenhang nachgewiesen werden [Bur67]. Dies wird in [Shi77] durch eine Kompensation des Fahrers erklärt, der bei Blendung besonders vorsichtig fährt. Die Sehschärfe beträgt bei der normalsichtigen Bevölkerung im Durchschnitt eins, das heißt, dass eine Winkelminute noch aufgelöst werden kann [Gra09].

Lenk- und Bremsverhalten in kritischen Situationen

Der Fokus der vorliegenden Arbeit liegt auf dem Fahrerverhalten in kritischen Auffahrsituationen (s. Kapitel 4.2). Dies kann zum Beispiel der amerikanischen Studie [Wia99] entnommen werden. In ihr werden im Rahmen einer Unfallforschung Auffahrunfälle auf Autobahnen analysiert. Ein Großteil der Fahrer (81%) reagiert überhaupt nicht. Lediglich 12% der Fahrer bremsen, 1% lenken und 0,5% führen eine Kombination aus Bremsung und Lenkung durch (vgl. Kapitel 4.2). In [Ric74] wurden hingegen auf einer Teststrecke kritische Situationen gestellt, die durch ein reines Bremsen nicht gelöst werden konnten. 70,5% der Fahrer bremsen, 23,5% lenken, und jeweils 3% der Fahrer bremsen und lenken oder zeigten keinerlei Reaktion. Die Ergebnisse von [Wia99] und [Ric74] verdeutlichen, dass in kritischen Situationen im Falle einer Fahrerreaktion eher gebremst als gelenkt wird. Diese Aussagen können durch [Ada94], einer Literaturrecherche zum Brems- und Lenkverhalten von Fahrern in kritischen Situationen gestützt werden. Auf der anderen Seite macht insbesondere das Ergebnis von [Wia99] deutlich, dass ein Teil der Fahrer nicht nur auf eine kritische Situation aufmerksam gemacht, sondern diese auch bei der Manöverinitiierung (und anschließend bei der Manöverdurchführung) unterstützt werden müssen. Das Bremsverhalten der Fahrer wird bereits heute erfolgreich durch Bremsassistenzen unterstützt (s. Kapitel 2.2.3). Quereingreifende Funktionen hingegen befinden sich derzeit noch in der Entwicklung.

Brems- und Lenkreaktionszeit

Die Reaktionszeit ist in [Gre00] als die Zeitspanne vom Auftreten einer Reaktionsaufforderung über die mentale Verarbeitungszeit des Fahrers bis hin zur motorischen Umsetzung der Handlung definiert. Bei der Bremsreaktionszeit (vgl. Anhang A4) entspricht die Handlungsdurchführung der Betätigung des Bremspedals. Sie lässt sich nach [Bur85] in die Bremsgrundreaktionszeit und die Umsetzzeit unterteilen (vgl. Anhang A4). Die Bremsgrundreaktionszeit ist als die

Zeit zwischen dem Beginn der kritischen Situation und dem Loslassen des Gaspedals definiert. Die Umsetzzeit ist hingegen als die Zeit zwischen dem Loslassen des Gaspedals und der Betätigung des Bremspedals definiert. Bei der Lenkreaktionszeit (vgl. Anhang A4) entspricht die Handlungsdurchführung der initialen Lenkung. Sie wird durch den in Gleichung 8.1 beschrieben Algorithmus detektiert.

In verschiedenen empirischen Studien wurden typische Reaktionszeiten für die Brems- und Lenkreaktion ermittelt. Exemplarisch sind die Reaktionszeiten der Veröffentlichungen [Gre00] und [Sch06] dargestellt (s. Tabelle 2.1). Die Bremsreaktionszeit auf ein unerwartetes Ereignis bewegt sich nach [Gre00] zwischen 1,2 Sekunden und 1,35 Sekunden, die Lenkreaktion erfolgt etwas später nach 1,5 Sekunden. In [Sch06] wird hingegen eine Abhängigkeit der Brems- und der Lenkreaktionszeit von der Anzahl der Handlungsalternativen, die dem Fahrer zur Unfallvermeidung in der jeweiligen kritischen Situation zur Verfügung stehen, beschrieben. Je weniger Alternativen vorhanden sind, desto kürzer sind auch die Reaktionszeiten. In [Sch06] wurden wie in [Gre00] unerwartete Ereignisse untersucht. Während in der Einschersituation nur in Bewegungsrichtung des Einscherers nach links kollisionsfrei ausgewichen werden kann, ist das Auffahren auf das Stauende so ausgelegt, dass sowohl nach links als auch nach rechts kollisionsfrei ausgewichen werden kann. Dementsprechend sind kürzere Reaktionszeiten sowohl für die Bremsung als auch für die Lenkung bei der Einschersituation vorzufinden. Die Ergebnisse von [Sch06] können durch [Bae07] gestützt werden. Dort wird ebenfalls beschrieben, dass im Straßenverkehr davon auszugehen ist, dass Handlungsentscheidungen in Gefahrensituationen automatisch und daher in geringer

Zeit ablaufen, sofern vom Fahrer keine Auswahlentscheidungen getroffen werden müssen.

Tabelle 2.1: Brems- und Lenkreaktionszeiten auf ein unerwartetes Hindernis

Mittlere Reaktionszeiten	**Green [Gre00]**	**Schittenhelm [Sch06]**	
		Einscherer	**Auffahren auf ein Stauende**
Bremsreaktionszeit [s]	1,2 – 1,35	0,7 – 0,9	0,9 – 1,2
Lenkreaktionszeit [s]	1,5	1,3 – 1,6	2,1 – 2,2

Bei erwarteten Ereignissen sind die Reaktionszeiten kürzer als bei nicht erwarteten Ereignissen [Gre00]. Außerdem sind die Reaktionszeiten abhängig von der Geschwindigkeit, der Verzögerung des vorausfahrenden Fahrzeugs und dem Abstand zum vorausfahrenden Fahrzeug [Kie05]. Darüber hinaus fließen die Fahrerfahrung und das Training der Fahrer in die Reaktionszeiten ein [Ber96]. Durch die Ausnutzung wahrnehmungspsychologischer Effekte wie zum Beispiel der Priming-Reize kann die Reaktionszeit des Fahrers verkürzt werden. Durch Priming wird die Verarbeitung eines Reizes dadurch beeinflusst, dass ein vorangegangener Reiz implizite Gedächtnisinhalte aktiviert. Gelingt es so die Erwartungshaltung des Fahrers bereits vor der eigentlichen Warnung entsprechend zu beeinflussen, können die Reaktionszeiten auf den eigentlichen Reiz verkürzt werden [Bal98].

Ausweichmanöver

Ein Ausweichmanöver stellt ein Notmanöver zur Unfallvermeidung dar. Es ist eines der anspruchsvollsten und schwierigsten Manöver, da eine Vielzahl von Faktoren berücksichtigt werden müssen [Leu88]. Die vom Fahrer geforderten kognitiven Leistungen sind das Schätzen der eigenen Geschwindigkeit, Kenntnisse über das Fahrverhalten des eigenen Fahrzeugs sowie die Einschätzung der Entfernung und der Geschwindigkeit entgegenkommender Fahrzeuge [Leu88]. In kritischen Auffahrsituationen, in denen gleichberechtigt nach links und nach rechts ausgewichen werden kann, weichen gleich viele Fahrer nach links wie nach rechts aus [Kie99]. Der Fahrer fährt dabei typischerweise in die Richtung, in die er sieht. Dies kann für Kurvenfahrten nachgewiesen [Gra76] und auf Ausweichmanöver übertragen werden. Die fahrphysikalischen Grenzen hinsichtlich der Querbeschleunigung werden nur von besonders geübten Fahrern erreicht [Win09].

2.2 Kollisionsvermeidende Systeme

Trotz des steigenden Verkehrsaufkommens sinkt die Anzahl der im Straßenverkehr getöteten Personen stetig [Spi04]. Dies kann vor allem auf den Einsatz von Fahrerassistenzsystemen zurückgeführt werden (s. z. B. [Moe01]).

Zunächst wird eine Definition für Fahrerassistenzsysteme, anschließend eine Übersicht zu verschiedenen Kollisionsvermeidungssystemen gegeben. Der Fokus liegt dabei auf aktiven Sicherheitssystemen, die sowohl in die Längs- als auch in die Querdynamik des Fahrzeugs eingreifen. Anschließend werden die beiden von der Robert Bosch GmbH entwickelten aktiven Sicherheitssysteme Bremsassistenz und Ausweichunterstützung vorgestellt, auf die in den folgenden Kapiteln aufgebaut wird.

2.2.1 Definition Fahrerassistenzsysteme

Das übergeordnete Ziel von Fahrerassistenzsystemen ist direkt oder indirekt die Unfallvermeidung [Kno10]. Ist ein Unfall nicht (mehr) vermeidbar, steht die Reduzierung der Unfallschwere im Vordergrund. Somit tragen Fahrerassistenzsysteme maßgeblich zur Verbesserung der Sicherheit im Straßenverkehr bei [Bie98]. Dabei sind die Fahrerassistenzsysteme so ausgelegt, dass sie den Fahrer in bestimmten Verkehrssituationen bestmöglich unterstützen und ihm ein entspanntes, stressfreies und sicheres Fahren ermöglichen [Wal06]. Fahrdynamische Eingriffe in die Längs- und Querdynamik können automatisch oder auf Anforderung des Fahrers erfolgen. Um den Fahrer in seiner Fahraufgabe zu entlasten und nicht etwa zusätzlich zu belasten oder gar abzulenken, spielt die richtige Ausgestaltung der Schnittstelle zwischen der Technik und dem Menschen eine ganz entscheidende Rolle. Der Fahrer wird so vor einer kritischen Fahrsituation auf geeignete Weise gewarnt. Außerdem kann ihm ein konkretes Fahrmanöver vorgeschlagen werden und er kann bei der Manöverdurchführung unterstützt werden. Die Bereitstellung der bestmöglichen Unterstützung des Fahrers in einer solchen Situation durch das System stellt dabei eine große Herausforderung dar [Wal06]. Nach [Bos11] gliedern sich die Fahrerassistenzsysteme in Sicherheits- und Komfortsysteme. Sicherheitssysteme verfolgenden das Ziel der Unfallvermeidung und Komfortsysteme eine Erhöhung des Fahrkomforts. Weiter wird in [Bos11] nach aktiven Systemen, die in die Fahrzeugdynamik eingreifen und nach passiven Systemen mit rein informierender Ausprägung ohne Fahrzeugeingriff differenziert. Durch Verknüpfung von Systemen der aktiven und passiven Sicherheit kann das Unfallvermeidungspotenzial von Fahrerassistenzsystemen noch weiter gesteigert werden [Wal06]. Zur Überwachung des Fahrzeugumfelds wird Sensorik eingesetzt (s. Kapitel 2.3). Das “sensitive Fahrzeug“ erfasst sein Umfeld und aus Relativgeschwindigkeit und Abstand der Objekte zum eigenen Fahrzeug werden Gefahrenzustände erkannt. Daraufhin können Fahrzeugeingriffe zur Vermeidung von Unfällen ableitet und der Fahrer gewarnt werden [Wal06]. Durch den Einsatz von Fahrerassistenzsystemen darf der Fahrer jedoch nicht aus seiner Verantwortung entlassen oder bevormundet und sein Handlungsspielraum darf nicht eingeschränkt werden. Dies ist in Art. 8, Absatz 5 der Wiener Straßenverkehrskonvention von 1968 geregelt: “Jeder Führer muss dauernd sein Fahrzeug beherrschen oder seine Tiere führen können.“ Nach heutiger Rechtsauffassung bedeutet dies, dass der Fahrer jederzeit in der Lage sein muss, die Eingriffe seines Fahrerassistenzsystems zu übersteuern [CRT68]. Der Schwerpunkt der vorliegenden Arbeit liegt auf aktiven Sicherheitssystemen. Es wird der Fahrer bei einer schnelleren und angemesseneren Reaktion unterstützt als dies in der Regel ohne System auf einen Gefahrenzustand möglich wäre [Wal06].

2.2.2 Übersicht Kollisionsvermeidungssysteme

Die neueste Generation aktiver Sicherheitssysteme macht den Fahrer typischerweise auf eine kritische Situation aufmerksam, leiten ihn zu einer in dieser Situation geeigneten Handlung an sowie unterstützen ihn optimal bei der Manöverdurchführung [Lee00].

Aktive Sicherheitssysteme mit Eingriff in die Längsdynamik haben sich bereits am Markt durchgesetzt. So bietet beispielsweise die Daimler AG seit 2005 die Bremsassistenz PLUS (BAS PLUS) an. Dem BAS PLUS stehen nach [Dai10] zwei Radarsysteme zur Verfügung, die den Fern-, Mittel- und Nahbereich vor dem Fahrzeug beobachten. Bei einer kritischen Situation wird der Fahrer durch eine Anzeige im Kombiinstrument und mittels Warnton gewarnt. Zugleich wird die erforderliche Verzögerungsleistung zur Kollisionsvermeidung berechnet. Tritt der Fahrer daraufhin auf das Bremspedal, erkennt der BAS PLUS den Bremswunsch des Fahrers und optimiert automatisch den Bremsdruck. Je nach Geschwindigkeit und Abstand ermöglicht der BAS PLUS eine geregelte Zielbremsung und erhöht, falls erforderlich, die Bremskraft bis zur Vollbremsung. Ein kostengünstigeres Kollisionsvermeidungssystem insbesondere für den Stadtverkehr wird von der Volvo Car Corporation mit City Safety angeboten [Vol10]. Bei City Safety erfolgt die Umfeldsensierung mittels eines Infrarot-Lasersensors. Reagiert der Fahrer nicht rechtzeitig, wird automatisch die Bremse betätigt. City Safety kann bis Differenzgeschwindigkeiten von 4,2 m/s den Fahrer bei der Kollisionsvermeidung unterstützen.

Heutige Fahrerassistenzsysteme der Querführung warnen vor unbeabsichtigtem Verlassen der Fahrspur (LDW: Lane Departure Warning) oder unterstützen den Fahrer beim Fahrspurwechsel (LCA: Lane Change Assist). Aktive Sicherheitssysteme mit Eingriff in die Querdynamik sind hingegen bis heute kaum in Serie [Lan03]. Sie gewinnen jedoch immer mehr an Bedeutung. So beschäftigt sich derzeit zum Beispiel die Daimler AG mit der Entwicklung einer Ausweichassistenz, die vor allem Fußgängerunfälle adressiert [Dai09]. Hierbei beobachtet eine Kamera den Verkehrsraum vor dem Fahrzeug und identifiziert Fußgänger sowie deren Bewegungsrichtung. Besteht Kollisionsgefahr, leitet die Ausweichassistenz geeignete Maßnahmen zur Unfallvermeidung ein. Kann eine automatische Vollbremsung einen Unfall nicht mehr verhindern, erfolgt ein automatisches Ausweichmanöver. Auch die Continental AG entwickelt derzeit eine Ausweichassistenz, den Emergency Steer Assist [Eck10]. Zum Einsatz kommen Radarsensoren, die zukünftig durch

Videosensorik ergänzt werden sollen. Nach einer akustischen und / oder haptischen Warnung bleibt die Entscheidung, ob gebremst oder gelenkt wird, dem Fahrer überlassen. Bei der Durchführung des Ausweichmanövers erfährt der Fahrer eine Unterstützung durch das System. Es erkennt durch den Vergleich des Soll- und des tatsächlich gewählten Lenkwinkel, ob der Fahrer stark genug oder möglicherweise auch zu stark einlenkt und unterstützt ihn durch eine leichte Kraft im Lenkrad.

2.2.3 Bremsassistenz "Predictive Emergency Braking System" (PEBS)

In diesem Kapiteln wird die von der Robert Bosch GmbH entwickelte und sich bereits in Serien befindende Bremsassistenz Predictive Emergency Braking System (PEBS) vorgestellt. Auf ihr wird in den folgenden Kapiteln aufgebaut. PEBS hat die Unfallvermeidung beziehungsweise die Unfallfolgenminderung zum Ziel. Zur Bewertung der Kritikalität der Situation und zur Ableitung geeigneter Maßnahmen wird permanent der Abstand sowie die Relativgeschwindigkeit zum vorausfahrenden Fahrzeug mittels Radarsensorik überwacht. Zur Optimierung des Manöverablaufs wird darüber hinaus der Systemeingriff auf den Fahrerzustand abgestimmt. Das System unterscheidet zwischen aufmerksamen und unaufmerksamen Fahrern. Die Fahrerzustandsbestimmung erfolgt über die Auswertung der Aktivitäten des Fahrers an der Lenkung und an den Pedalen. Wird die Situation kritisch, greift PEBS ein.

PEBS besteht aus insgesamt drei Teilfunktionen, die in [Ovc10] wie folgt beschrieben werden (s. dazu auch Abbildung 2.2):

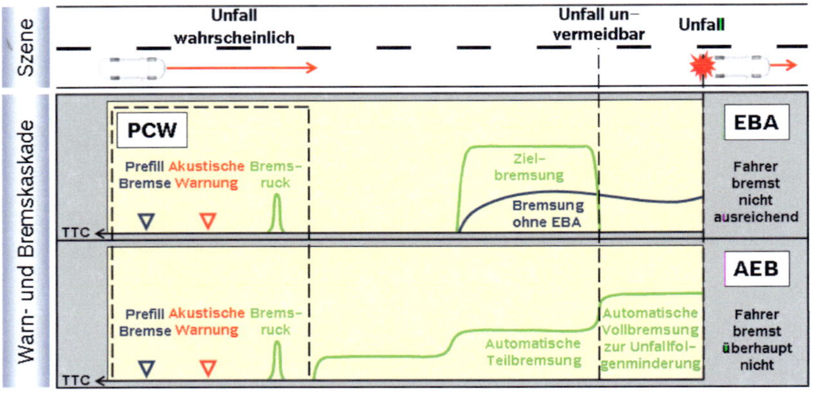

Abbildung 2.2: Teilfunktionen PEBS (nach [Ovc10])

1. Predictive Collision Warning (PCW)

   Die erste Ausbaustufe Predictive Collision Warning (PCW) umfasst mehrere Komponenten. Das System bereitet die Bremsanlage auf eine mögliche Notbremsung vor. In unfallkritischen Situationen baut es dazu Bremsdruck auf, legt die Bremsbeläge unmerklich an die Bremsscheiben an und passt die hydraulische Bremsassistenz durch Absenkung der Auslöseschwelle an. Der Fahrer gewinnt so wichtige Sekundenbruchteile, bis die volle Bremswirkung eintritt. Zusätzlich wird der Fahrer durch eine Warnkaskade auf die kritische Verkehrssituation aufmerksam gemacht. Die Warnkaskade besteht aus einem Warnton, darauf folgt ein kurzer, starker Bremsruck.

2. Emergency Braking Assist (EBA)

   Die zweite Ausbaustufe Emergency Braking Assist (EBA) stellt eine Erweiterung von PCW dar. EBA berechnet permanent die benötigte Verzögerung, mit der eine Kollision vermieden werden kann. Sobald der Fahrer nicht ausreichend zur Kollisionsvermeidung bremst, wird EBA aktiviert. In [Pry95] wird dieser Anteil der Fahrer, die in kritischen Situationen zwar das Bremspedal betätigen, aber nicht den maximal möglichen Bremsdruck aufbauen, mit 90% beziffert. EBA erhöht in diesem Fall die Bremsung des Fahrers so weit, dass die Kollision vermieden werden kann (Zielbremsung). Bremst der Fahrer hingegen erst so spät, dass ein Unfall nicht mehr vermieden werden kann, wird eine Vollbremsung aktiviert um die Unfallfolgen zu mindern.

3. Automatic Emergency Braking (AEB)

Die dritte Ausbaustufe Automatic Emergency Braking (AEB) stellt eine Erweiterung von EBA dar. Zur Vergrößerung des Zeitfensters, in dem eine Kollision durch einen Fahrereingriff vermieden werden kann, wird eine automatische zweistufige Teilverzögerung direkt nach der Warnkaskade gestartet. Reagiert der Fahrer nicht und ein Unfall ist weder durch eine Vollbremsung noch durch ein Notausweichmanöver fahrphysikalisch vermeidbar, wird eine automatische Vollbremsung zur Unfallfolgenminderung durchgeführt. Die Vollbremsung kann dann vom Fahrer nicht mehr überstimmt werden. Bremst der Fahrer hingegen bevor eine Vollbremsung vom System eingeleitet wird, wird EBA aktiviert und der Fahrer erhält eine Bremsunterstützung durch EBA.

2.2.4 Ausweichunterstützung "Evasive Steering Support by Torque" (ESS-T)

In diesem Kapiteln wird die von der Robert Bosch GmbH entwickelte und prototypisch in einem Versuchsträger umgesetzte Ausweichunterstützung Evasive Steering Support by Torque (ESS-T) vorgestellt. Auf ihr wird ebenfalls in den folgenden Kapiteln aufgebaut. ESS-T hat die Unfallvermeidung zum Ziel. Der Fahrer wird bei der Durchführung eines Ausweichmanövers durch das System unterstützt, indem er auf einer idealen Ausweichtrajektorie am Hindernis vorbeigeführt wird. Wird eine kritische Situation durch die Radarsensorik erkannt wird ESS-T vorbereitet. Die Auslösung von ESS-T erfolgt durch ein vom Fahrer gestelltes Moment am Lenkrad. Lenkt der Fahrer zu schwach, unterstützt ESS-T den Fahrer während des Ausweichmanövers mit einem zusätzlichen Lenkmoment. Reagiert der Fahrer hingegen zu stark, wird ein korrigierendes Gegenmoment aufgebracht. Das vom System zur Verfügung gestellte Lenkmoment ist durch eine elektrische Servolenkung realisiert.

2.3 Umfeldsensorik

Die Umfeldsensorik ist wesentlicher Bestandteil moderner Fahrerassistenzsysteme. Mit Hilfe der Umfeldsensorik kann das sensitive, rundum sehende Fahrzeug realisiert werden. Hierfür erfassen Sensoren Objekte im Umfeld des Fahrzeugs und ermitteln deren Abmessung, Position und Bewegung. Die erfassten Daten dienen der Wahrnehmung und der Interpretation der Umgebung. Vor allem die Umfeldsensoren Radar, Video und Ultraschall haben sich bereits erfolgreich am Markt durchgesetzt [Bos08]. Bei einigen Automobilherstellern kommt darüber hinaus der dem Radar ähnliche Lidar zum Einsatz. Beim Lidar werden Laserstrahlen eingesetzt [Inv05]. Die Orientierung erfolgt bereits heute über Kartenmaterial und Navigationsdaten. In Zukunft wird darüber hinaus C2X-Kommunikation zum Einsatz kommen. Im Folgenden wird zunächst die Radar- und Videosensorik vorgestellt. Ausblickend wird auf die C2X-Kommunikation eingegangen.

2.3.1 Radar- und Videosensorik

Zur Umfeldsensierung werden für den Fernbereich häufig Long-Range-Radarsensoren (LRR) eingesetzt, die bei einer Frequenz von 77 GHz arbeiten. Die Radarkeulen des LRR erfassen typischerweise den Bereich bis 250 m vor dem Fahrzeug und besitzen einen Öffnungswinkel von ±16° [Bos08]. Der Radarsensor misst schneller und präziser als jedes andere Sensorprinzip den Abstand und die Relativgeschwindigkeit zu einem Objekt in einem einzigen Messzyklus. Allerdings ist die horizontale Messgenauigkeit des Radarsensors wegen der begrenzten Anzahl der vier Radarkeulen eher gering. Außerdem lassen sich aus den Radarsignalen nur schwer Aussagen über die Größe und die Beschaffenheit der Objekte ableiten. Eine zuverlässige Fahrspurzuordnung anderer Verkehrsteilnehmer kann aufgrund von Einschränkungen durch die Fahrspurprädiktion allerdings nur bis 100 m durchgeführt werden. Dies hat zum Beispiel zur Folge, dass PEBS erst bei einem Maximalabstand von 100 m zwischen Ego-Fahrzeug und Hindernis aktiviert werden kann. Der mit Videosensorik überwachte Mittelbereich kann derzeit bis circa 80 m reichen, der Öffnungswinkel beträgt ±22°. Die Videosensorik hat im Gegensatz zur Radarsensorik wegen der hohen Pixelzahl eine sehr gute laterale Auflösung. So kann die nachgeschaltete Bildverarbeitungseinheit eine Abschätzung der Objektgröße durchführen [Bos08]. Durch die Fusion der Daten von Radar- und Videosensorik können die positiven Detektionseigenschaften der beiden Sensorprinzipien in optimaler Weise kombiniert werden [Die05]. So können mit hoher Genauigkeit die Objektentfernung sowie die Objektgröße bestimmt werden.

2.3.2 C2X-Kommunikation

Der Nutzen von Fahrerassistenzsystemen kann durch Kommunikation unter den Fahrzeugen sowie mit der ihnen umgebenden Infrastruktur verbessert werden. Die unter dem Begriff C2X (Car-to-Car- bzw. Car-to-Infrastruktur-Kommunikation) beschriebene Umfeldsensierung ist ein wichtiger aber auch enorm komplexer Baustein zukünftiger Fahrzeugentwicklungen. Durch C2X können von Onboard-Sensoren nicht einsehbare Bereiche überwacht werden. Mit steigender Genauigkeit, Verlässlichkeit und Sicherheit der Aussage über das Fahrzeugumfeld kommt dabei aktiven Sicherheitssystemen eine immer größere Bedeutung zu [Kom08]. Für einige Funktionen können nach [Kno10] Übertragungstechniken verwendet werden, wie sie aus dem Consumer-Electronic-Bereich bekannt sind (z. B. Mobilfunkstandards und WLAN). Speziell für Automotive-Anwendungen befindet sich derzeit der DSRC-Standard (Dedicated Short Range Communication) in der Entwicklung. Es handelt sich dabei um eine Modifikation des WLAN-Standards mit extrem kurzen Verzögerungszeiten und erhöhten Sicherheitsanforderungen. Außerdem können damit Daten in einem hochdynamischen Kommunikationsnetz ohne Basisstation ausgetauscht werden. Der Nutzen von C2X kann jedoch erst bei hoher Ausstattungsrate (Vollausstattung) nachgewiesen werden. Es zeichnet sich ab, dass für deren Einführung eine Regulierung notwendig sein wird. Die Markteinführung der C2X-Kommunikation steht derzeit noch nicht fest.

2.4 Kontaktanaloges Head-Up Display (kHUD)

In dieser Arbeit werden neuartige visuelle Ausweichanzeigen in einem kontaktanalogen Head-Up Display (kHUD) realisiert. Zunächst wird die Funktionsweise eines HUD vorgestellt. Anschließend wird auf die Auslegung des kontaktanalogen Anzeigebereichs eingegangen. Abschließend werden die Vorschriften zur Verdeckung der Fahrszene durch visuelle Anzeigen dargestellt.

2.4.1 Funktionsweise

Ein HUD projiziert Fahrinformationen wie Geschwindigkeit, Navigationshinweise und Kontrollanzeigen über die Frontscheibe direkt in das Sichtfeld des Fahrers. Dazu wird nach [Kno09] ein Bild auf einem Display erzeugt. Dieses wird über eine Spiegeloptik sowie über die Windschutzscheibe als eine für den Fahrer wahrnehmbare, vergrößerte virtuelle Abbildung dargestellt (s. Abbildung 2.3). Wie beim Blick in einen Spiegel sieht der Fahrer das virtuelle Bild aber nicht an der Scheibenoberfläche, sondern nimmt es schwebend im Raum vor der Windschutzscheibe wahr. Zur Vermeidung von Doppelbildern, die durch Reflexionen an der inneren und äußeren Grenzfläche der geneigten Windschutzscheibe entstehen, wird in die Verbundglasscheibe eine keilförmige Folie integriert. Aus Fahrersicht decken sich dann die beiden an den Grenzflächen entstehenden Bilder. Die wichtigste Bauform von displaybasierten HUD ist die geschlossene Box, die zwischen dem Kombiinstrument und der Spritzwand im Cockpit integriert ist. Kennzeichnend für diese Bauform ist, dass sowohl die Bilderzeugung einschließlich Elektronik als auch die Lupenoptik zur Betrachtung des Bildes über die Windschutzscheibe in einer geschlossenen Einheit zusammengefasst sind. Seit einiger Zeit sind auch in Europa HUD in Großserienfahrzeugen als Sonderausstattung erhältlich, wobei BMW im Jahr 2004 mit dem Lieferanten Siemens VDO Automotive die Rolle des Pioniers übernommen hat. Dort wird der circa DIN A5-Blatt große Anzeigebereich vom Fahrer in einem Abstand von circa 2,5 Metern über der Motorhaube schwebend wahrgenommen.

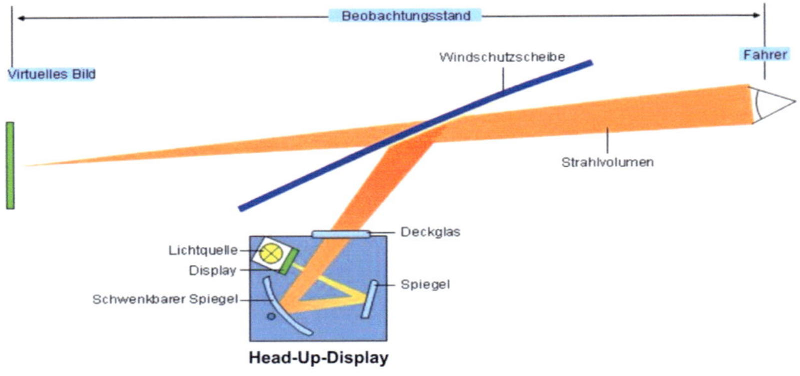

Abbildung 2.3: Optischer Pfad und virtuelles Bild des HUD (aus [Blu03])

Der Bereich, aus dem der Fahrer Informationen visuell aufnehmen kann, wird durch das Gesichts-, das Blick- und das Umblickfeld bestimmt. In Abhängigkeit vom Abbildungsort des Objekts auf der Netzhaut wird dabei zwischen fovealem Sehen und peripherem Sehen unterschieden [Abe09]. Die über HUD realisierten Anzeigen haben bezüglich der Wahrnehmung durch die Fahrer einige ganz entscheidende Vorteile. Die Fahrer haben geringe Blickabwendungszeiten vom Straßenverkehr, da die Anzeige und die Umgebung gegenüber Anzeigen innerhalb des Fahrzeugs (Head-Down-Display) gleichzeitig erfasst werden können [Iav88]. Dadurch kann schneller auf unvorhersehbare Ereignisse reagieren werden, wodurch sich der Ablesevorgang der angezeigten Informationen verkürzt [Kie98]. Zudem wird der Fahrer dahingehend entlastet, dass seine Augen immer auf Fernsicht eingestellt bleiben können und sich nicht für das Ablesen wichtiger Fahrinformationen umstellen (akkommodieren) müssen [Blu01]. Dadurch ist das HUD vor allem für ältere Menschen vorteilhaft. Bei ihnen geht die Akkommodationsleistung mit zunehmendem Lebensalter zurück, was sich negativ auf die Ablesezeiten von Informationen in Head-Down-Displays niederschlägt [Kie00]. HUD tragen daher nicht nur maßgeblich zur Verkehrssicherheit bei [Mil08] sondern bringen auch einen Zugewinn an Komfort.

Eine neue Entwicklung stellen die sogenannten kontaktanalogen Head-Up Displays (kHUD) dar. Mit ihnen kann eine ideale Darstellungsform visueller Anzeigen realisiert werden [Poi08]. Bei kontaktanalogen Anzeigen verschmelzen die virtuellen Informationen für den Betrachter mit der Realität. Sie integrieren sich konträr zu konventionellen Anzeigeinformationen hinsichtlich der Entfernung und der Dynamik in die Umwelt. Dadurch kann sowohl eine extrem effektive als auch effiziente Informationsaufnahme und Informationsverarbeitung gewährleisten werden [Ber09]. Beispielsweise können passgenau für den Fahrer Navigationspfeile auf der Straße realisiert oder Gefahrenobjekte im Verkehr markiert werden. Die kontaktanalogen Anzeigen tragen somit nicht nur zur weiteren Erhöhung der Verkehrssicherheit sondern auch des Komforts bei. Nachteilig hingegen ist, dass die kontaktanalogen Anzeigen einen hohen technischen Aufwand erfordern [Wal06]. So muss beispielsweise die Kopfposition zum Nachfahren der Anzeigen in den Sichtstrahl des Fahrers erkannt werden. Außerdem sind für die Realisierung kontaktanaloger Anzeigen in aller Regel große Projektionsoptiken erforderlich.

2.4.2 Auslegung

Das dieser Arbeit zugrunde liegende kHUD ist so ausgelegt, dass der gesamte, zur Verfügung stehende Bauraum im Fahrzeug optimal ausgenutzt ist. Dadurch wird der Anzeigebereich maximal. Das technisch komplexe und damit teure HUD soll jedoch nicht ausschließlich in den selten auftretenden kritischen Fahrsituationen eingesetzt werden. Daher ist für die optimale Nutzung im normalen Fahrbetrieb der Anzeigebereich in zwei Bereiche unterteilt. Der untere planare Anzeigebereich (pHUD) wird ausschließlich den Fahrzeugstatusanzeigen wie zum Beispiel der Geschwindigkeit vorbehalten, der obere kontaktanaloge Bereich (kHUD) kann für Anzeigen wie zum Beispiel die Ausweichanzeige genutzt werden. Abbildung 2.4 zeigt den Anzeigebereich von der Seite und aus der Vogelperspektive. Der Anzeigebereich ist parallel zur Fahrzeuglängsachse und symmetrisch zur Fahrerposition angeordnet [Isr10]. Die Unterkante des Anzeigebereichs ist circa 6,3 m vom Fahrer entfernt. Dies entspricht der Entfernung, ab der der Fahrer die Straße vor dem Fahrzeug zu sehen beginnt. Der insgesamt 38,7 m lange Anzeigebereich ist ein Trapez, das sich von 1,5 m mit zunehmender Distanz auf 6,5 m verbreitert. Während der Anzeigebereich in 6,3 m Entfernung noch auf der Fahrbahn liegt, befindet er sich in 45 m Entfernung 1,6 m über der Fahrbahn. Der Anzeigebereich reicht somit über den Horizont. Der planare Anzeigebereich hat einen vertikalen Öffnungswinkel von 1,2°, was in 6,3 m bei einer Augenhöhe von 1,1 m über der Fahrbahn einer Distanz von 0,9 m auf der Fahrbahn entspricht. Der kontaktanaloge Anzeigebereich beginnt somit 7,2 m vom Fahrer entfernt.

In Abbildung 2.5 ist der Anzeigebereich des kHUD aus Fahrerperspektive dargestellt. Neben dem planeren Anzeigebereich ist auch der kontaktanaloge Anzeigebereich farblich markiert. Durch die trapezförmige Auslegung des Anzeigebereichs können mit dem kHUD im Nahbereich eine und im Fernbereich drei Fahrspuren abgedeckt werden.

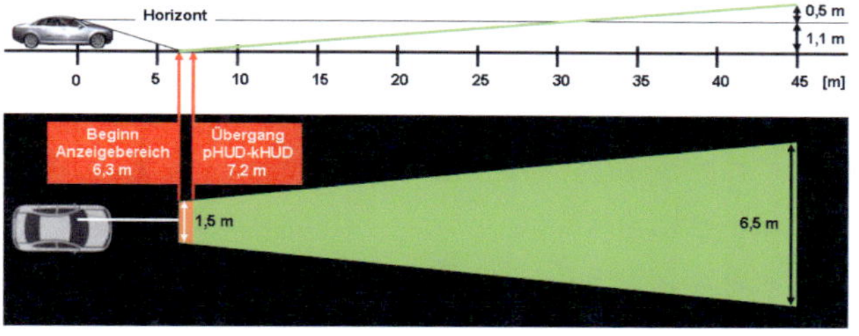

Abbildung 2.4: Anzeigebereich des kHUD von der Seite und aus der Vogelperspektive

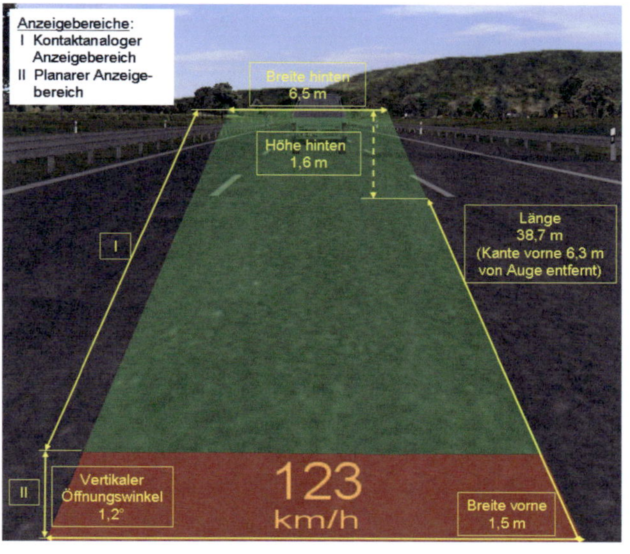

Abbildung 2.5: Anzeigebereich des kHUD aus der Fahrerperspektive

2.4.3 Vorschriften zur Verdeckung der Verkehrsszene durch visuelle Anzeigen

Bei der Realisierung großflächiger visueller Anzeigen muss die zentrale Frage geklärt werden, ob die Anzeigen einen Teil der Verkehrsszene überlagern dürfen. Es existieren zwar einige Vorgaben, die die Sicht auf die Verkehrsszene regeln. Diese beschäftigen sich jedoch im Wesentlichen mit der Beschaffenheit der Windschutzscheibe (z. B. Norm [ECE10]), dem Anbringen portabler Endgeräte an der Windschutzscheibe (z. B. Empfehlung [CEU08]) sowie mit den Mindestanforderungen an die Bildqualität von Anzeigen (z. B. [ISO08]). Es existieren jedoch (bisher) keine Gesetze oder Normen, die Überlagerungen der Verkehrsszene durch visuelle Anzeigen explizit verbieten. Im Gegenteil, es werden sogar häufig die im HUD dargestellten Anzeigen vom Geltungsbereich dieser Schriften ausgeschlossen. Es sollte jedoch sichergestellt sein, dass die wesentlichen Details des Verkehrsgeschehens durch entsprechende Gestaltung wie zum Beispiel Inhalt, Form, Leuchtdichte und Leuchtdichteregelung erkennbar bleiben. Zur Erarbeitung von Normen für Anzeigen im (k)HUD haben sich einige Automobilhersteller, Automobilzulieferer, Behörden sowie die Wissenschaft in Arbeitsgruppen der ISO zusammengeschlossen. Als Basis der Normierungsarbeit dienen den Experten der Arbeitsgruppen bekanntes Wissen sowie aktuelle Forschungsarbeiten. Bereits heute muss jedoch immer der Nutzen der Anzeigen gegenüber dem Gesetzgeber beziehungsweise dem zuständigen Ministerium (z. B. Verkehrsministerium und dessen Bundesanstalt für das Straßenwesen) für eine Straßenzulassung nachgewiesen werden. Als Nutzen gilt zum Beispiel die wahrscheinliche Minderung der Anzahl von Verkehrstoten oder schwerer Unfälle. Die Überprüfung der Normen erfolgt durch Einrichtungen wie dem TÜV. Dieser kann zwar keine eigenen Normen verfassen, kann aber an der Normungsarbeit beteiligt sein.

2.5 Standardisierungen für die Gestaltung von Fahrerassistenzsystemen

Im Folgenden werden die bekanntesten Standardisierungen zur Gestaltung von Fahrerassistenzsystemen vorgestellt. Die Anforderungen an die Anzeigen ergeben sich entsprechend [Hof09] aus den folgenden drei Punkten:

1. Normen und Standards

   Normen stellen Mindestanforderungen an das Produkt. In [DIN09] werden sechs ergonomische Leitsätze beschrieben, die bei der Gestaltung von Mensch-Maschine-Schnittstellen zu berücksichtigen sind. Die Erfüllung der Gestaltungsleitsätze (1) Aufgabenangemessenheit, (2) Selbsterklärungsfähigkeit, (3) Steuerbarkeit, (4) Erwartungskonformität, (5) Fehlerrobustheit und (6) Anpassbarkeit / Lernbarkeit dient als Basis für eine erfolgreiche Gestaltung dieser Schnittstellen. Für die Gestaltung von Anzeigen für Kollisionsvermeidungssysteme hat [ISO10] eine hohe Relevanz. In ihr werden explizit Anforderungen an visuelle und akustische Warnungen definiert. In [ISO09] sind weitere Anforderungen zur Darstellung visueller Information im Fahrzeug definiert. So sind zum Beispiel der Beobachtungsbereich und die Lichtverhältnisse, unter denen der Fahrer die Anzeige ablesen können muss, beschrieben. Außerdem werden die Mindestgröße von alphanumerischen Zeichen sowie die Mindestkontraste festgelegt, die für eine gute Ablesbarkeit notwendig sind. Weitere Normen für auditive Anwendungen sind in [ISO04] enthalten.

2. Richtlinien

Richtlinien enthalten Forderungen und geben die Anwendung von Methoden vor. Bei der Entwicklung von Fahrerassistenzsystemen wird den Entwicklern geraten, bestehende Richtlinien zu berücksichtigen. Die [DIN11] liefert einen benutzerorientierten Leitfaden für die Gestaltung interaktiver Systeme, die in einen multidisziplinären Gestaltungs- beziehungsweise Entwicklungsprozess integriert sein können. Dieser Gestaltungsprozess weist vier Hauptschritte auf, die iterativ durchgeführt werden: (1) Verstehen und Spezifizieren des Nutzungskontexts, (2) Spezifizieren der Benutzerbelange und der vorgegebenen Erfordernisse, (3) Entwerfen der Gestaltungslösungen und (4) Bewerten der Lösungen nach benutzerorientierten Kriterien. Eine weitere derartige Richtlinie ist die im Rahmen von PReVENT entwickelte Response-Checkliste [Res06], die zur Untersuchung möglicher Auswirkungen beim Einsatz von Fahrerassistenzsystemen genutzt wird. In der Checkliste werden unter anderem Hinweise zur Gestaltung von Mensch-Maschine-Schnittstellen für Fahrerassistenzsysteme gegeben. Die Checkliste berücksichtigt im Wesentlichen auditive, visuelle und haptische HMI.

3. Produktentwicklungsprozess

Nach [VDI97] und [VDI98] werden Anforderungen im Produktentwicklungsprozess mit verschiedenen Methoden generiert. Im Gegensatz zu Normen, Standards und Richtlinien kann der Produktentwicklungsprozess gezielt auf die Anwendung des Fahrerassistenzsystems ausgerichtet werden.

2.6 Gestaltung der Mensch-Maschine-Schnittstelle von Kollisionsvermeidungssystemen

Die Mensch-Maschine-Schnittelle (HMI) eines Fahrerassistenzsystems verfolgt im Wesentlichen zwei Ziele. Sie muss einerseits den Bestimmungszweck erfüllen, andererseits eine hohe Kundenakzeptanz besitzen. Für die Erfüllung des Bestimmungszwecks, in dieser Arbeit die Kollisionsvermeidung durch ein Ausweichmanöver, muss das HMI in den definierten Anwendungsfällen für die (meisten) Fahrer der adressierten Zielgruppe geeignet sein. Dabei müssen die menschlichen Eigenschaften berücksichtigt werden, die in hohem Maße kontextabhängig, zeitlich variabel und sehr individuell sind [Jue06]. Durch die Anzeigen wird nun versucht in einer kritischen Situation ein situationsadäquates Fahrverhalten einzuleiten. Dabei müssen die Anzeigen angemessene Reaktionen beim Fahrer fördern [Hof03], die ohne Warndarbietung in aller Regel ausbleiben würden [Bie98]. Oft stehen dafür nur Bruchteile von Sekunden zur Verfügung [Don09]. Für die Informationsdarbietung existieren vier Anzeigemodalitäten: Der visuelle, der akustische, der haptische / taktile / kinästhetische sowie der vestibuläre Kanal [Wei03]. Durch redundante Anzeigen, das heißt Anzeigen auf verschiedenen Sinneswahrnehmungskanälen mit gleichem Inhalt und Ziel, kann die Fahrerreaktion verbessert werden [Sto06]. In [Bro05b] wird sogar gefordert, dass bei akuter Kollisionsgefahr mindestens zwei unterschiedliche Modalitäten verwendet werden, die gleichzeitig einsetzen sollten. Die Systemausgaben können inhaltlich unterschiedlich ausgeprägt sein. Neben einer Aufmerksamkeitssteigerung kann auch ein Hinweis auf eine Gefahr oder sogar eine konkrete Handlungsanweisung dargestellt werden [Hof09]. Für kritische Auffahrsituationen werden in [Sto06] zwei orientierungsunterstützende Anzeigen empfohlen. Die erste Anzeige soll dazu führen, dass der Fahrer in Richtung der Gefahr sieht. Dies hat zur Folge, dass der Fahrer sofort die Aufmerksamkeit in die gewünschte Richtung lenkt [Tij00]. Die zweite Anzeige soll dazu dienen, die Parameter der Handlung (z. B. wohin gelenkt werden soll) zu spezifizieren. In diesem Fall können mit visuellen Anzeigen dem Fahrer Informationen übermittelt werden, die durch akustische oder haptische Reize nicht auszudrücken sind [Bro05b]. Bei der Realisierung visueller Anzeigen sollte ein HUD genutzt werden [Sto06]. Die visuellen Warnungen können durch Variation in Farbe, Form und Beschriftung gestaltet werden [Tim90]. Als besonders vorteilhaft wird eine Gruppenbildung bei der Anordnung der visuellen Anzeigen beschrieben, wodurch die Erkennungszeit beim Fahrer gesenkt werden kann [Tim90]. Wesentliche Gestaltungshinweise für Anzeigen können [ISO10] entnommen werden. Dort wird gefordert, dass eine visuelle Kollisionsanzeige in stark leuchtendem Rot in Hauptblickrichtung dargestellt sein sollte. Idealerweise blinkt die Anzeige mit hoher Frequenz. Die visuelle Wahrnehmungsleistung des Fahrers kann deutlich verbessert werden, wenn bei akuten Warnungen neben der üblichen visuellen Anzeige zusätzliche akustische Signale verwendet werden [Bie98]. Eine Kombination von visuellen und akustischen Anzeigen ist jedoch nach [Fae05] nur dann sinnvoll, wenn für die visuellen Anzeigen ein HUD eingesetzt wird. Akustische Anzeigen sollten mit kurzen Zeitintervallen unterbrochen sein [ISO10]. Die akustischen Warnungen sind am effektivsten, um den Fahrer zu schnellen Reaktionen auf kritische Situationen hin zu animieren [Abe04]. Ein weiteres wichtiges Prinzip für die Gestaltung von Warnungen kann [Din97] entnommen werden. Dort wird beschrieben, dass durch eine geeignete Anordnung im Zentrum der visuellen Aufmerksamkeit eine Priorisierung der visuellen Anzeige erfolgt. Dieser Ort der Darbietung wird mit der Dringlichkeit der Situation verbunden. Eine weitere Anforderung an die Anzeigen besteht darin, dass die Anzeigen ohne Training und Erwartung vom Fahrer interpretierbar sein müssen [Gra99]. Trainingseffekte können in dieser Arbeit nicht vorausgesetzt werden, da die Assistenz in Realität nur selten aktiviert werden wird (vgl. Kapitel 6.1). Um die Sicherheit und Zuverlässigkeit des Gesamtsystems zu gewährleisten, ist es erforderlich, das technische System und die Fähigkeiten des Fahrers bestmöglich aufeinander abzustimmen [Sch92]. Die Anzeigen müssen so gestaltet sein, dass die menschlichen Charakteristika beziehungsweise Leistungsfähigkeiten hinsichtlich ihrer physischen, psychologischen und sozialen Aspekte berücksichtigt werden. Dies bedeutet, dass das HMI intuitiv, das heißt transparent und nachvollziehbar und damit schnell verständlich gestaltet sein muss [And00]. Dabei erlangt nach [Bie98] die Verwendung von möglichst subbewusst wirkenden Reizen für die optimale Gestaltung der Mensch-Maschine-Interaktion zunehmend an Bedeutung. Durch zu viel Information kann der Fahrer überlastet werden. Dann treten Panikreaktionen auf oder der Fahrer passt die Informationsrate seiner Verarbeitungsgeschwindigkeit an [New81]. Im Zweifelsfall sollte das HMI trotz des möglichen Gestaltungsspielraums mittels des Anzeigemediums eher einfach gehalten sein [Bru09]. Eine der größten Herausforderungen bei der Entwicklung von Anzeigen stellt das Warndilemma dar [Bro01]. Je eher der Fahrer gewarnt wird, desto unwahrscheinlicher ist das Auftreten einer Kollision. Gleichzeitig ist es ungewiss, ob die Situation überhaupt eine entsprechende Fahrerhandlung erfordert. In diesem Fall würde eine Anzeige stören. Würde jedoch die Anzeige sehr spät eingeblendet, könnte ein Handlungsbedarf sicher erkannt werden. Gleichzeitig könnte es dann aber fahrphysikalisch zu spät für die Durchführung eines entsprechenden Manövers sein. Außerdem sollten Fehlauslösungen des Systems vom Fahrer erkannt werden können. Des Weiteren muss das System insbesondere bei unkontrollierbaren Zuständen übersteuerbar sein [Hal01]. Das HMI darf unter keinen Umständen den Fahrer stören, ablenken, überfordern oder erschrecken [CEU06]. Das HMI sollte als zweites definiertes Ziel eine hohe Kundenakzeptanz besitzen [Rei97]. Über das HMI werden für den Fahrer die Funktionen erlebbar. Aus diesem Grund muss das HMI vom Fahrer als nützlich wahrgenommen werden und das Gesamtsystem ein gewisses Kaufinteresse bis hin zur Kaufbereitschaft wecken.

2.7 Mensch-Maschine-Schnittstellen von Ausweichassistenzen

In den meisten Veröffentlichungen, die sich mit der Mensch-Maschine-Schnittstelle einer Ausweichassistenz befassen, werden haptische Konzepte in Form von überlagerten Lenkmomenten (z. B. [Ben08]) und Vibrationen am Lenkrad (z. B. [Ber10]) beschrieben. Bei Lenkmomenten lenken über 50% der Fahrer intuitiv in die falsche Richtung, da sie die Lenkeingriffe als Unebenheit der Straße interpretieren. Dies ist auch bei Fahrern der Fall, die an Lenkeingriffe gewöhnt sind [Suz03]. Bei Lenkradvibrationen treten derartige Gegenreaktionen nicht zu Tage [Suz03]. In [Sch04] wird trotzdem komplett von haptischen Ausweichempfehlungen abgeraten. Aus diesem Grund und weil die visuell wahrgenommenen Informationen einen Anteil von über 90% aller beim Fahren wahrgenommen Informationen ausmachen [Bie84], liegt es nahe, visuelle Ausweichanzeigen zu entwickeln. Während die haptischen Ausweichkonzepte bereits in zahlreichen Untersuchungen sehr detailliert analysiert worden sind, existieren jedoch kaum Untersuchungen zu visuellen Ausweichanzeigen.

Die Volvo Car Corporation hat als eine der ersten Automobilfirmen eine visuelle Kollisionsanzeige in der Windschutzscheibe realisiert [Vol09]. Der Fahrer wird mit einer unspezifischen Kollisionsanzeige vor einer drohenden Kollision gewarnt. Die Anzeige besteht aus einem rot blinkenden, vom Armaturenbrett an die Windschutzscheibe projizierten LED-Licht. Um eine schnelle und intuitive Reaktion zu unterstützen, ähnelt die visuelle Warnung einem Bremslicht. Während bei der Volvo Car Corporation ein kostengünstiges Anzeigekonzept umgesetzt ist, wird in [Sch09] die Entwicklung und Erprobung eines kHUD vorgestellt. Dabei werden mögliche Einsatzgebiete dieser technisch aufwendigen und damit teuren Anzeigerealisierung definiert. Neben einer Hindernismarkierung wird auch eine konkrete Ausweichanzeige in Form eines Fahrschlauches vorgeschlagen, der die Ausweichroute um das Hindernis beschreibt. In [Hof08] werden nicht nur Anzeigekonzepte beschrieben, sondern diese auch mit Probanden untersucht. Dabei stehen dreidimensionale Pfeile für Spurwechselvorgänge im Fokus. Entgegen der Erwartung zeigen die Probanden eine bessere Fahrleistung bei Anzeige einfacher zweidimensionaler Pfeilformen als bei komplexeren dreidimensionalen Pfeilformen. Kontaktanaloge Ausweichanzeigen wurden noch nicht untersucht.

3. Anforderungen und Ableitung der Use-Cases einer Ausweichassistenz

In Kapitel 3 wird zunächst der Zusammenhang von Brems- und Ausweichmanövern dargestellt. Anschließend werden die Anforderungen an die Ausweichassistenz formuliert sowie die Use-Cases definiert.

3.1 Zusammenhang von Brems- und Ausweichmanövern

Die Nutzenbereiche von Brems- und von Ausweichmanövern sind in Abbildung 3.1 dargestellt [Sta08]. Auf der x-Achse ist die initiale Relativgeschwindigkeit v_{Rel} zwischen Ego-Fahrzeug und Hindernis zu Manöverbeginn aufgetragen. Die Hindernisgeschwindigkeit v_{Hin} ist während des gesamten Manövers als konstant angenommen. Die y-Achse repräsentiert die Distanz zum Hindernis d_x. Für ein Bremsmanöver des Ego-Fahrzeugs zeigt die y-Achse die initial benötigte Distanz zwischen Ego-Fahrzeug und Hindernis bis zum kollisionsfreien Abbau der Relativgeschwindigkeit auf v_{Rel} = 0 m/s. Für ein Ausweichmanöver des Ego-Fahrzeugs zeigt die y-Achse die initial benötigte Distanz zwischen Ego-Fahrzeug und Hindernis zum kollisionsfreien Aufbau des Querversatzes q, die der Hindernisbreite entspricht. Während des Ausweichmanövers bremst das Ego-Fahrzeug nicht. Das Ausweichmanöver kann in Form einer Ursprungsgeraden und das Bremsmanöver in Form einer Parabel, die ebenfalls durch den Ursprung verläuft, dargestellt werden.

Für das Bremsmanöver gilt bei Betrachtung eines Massepunktmodells folgender Zusammenhang:

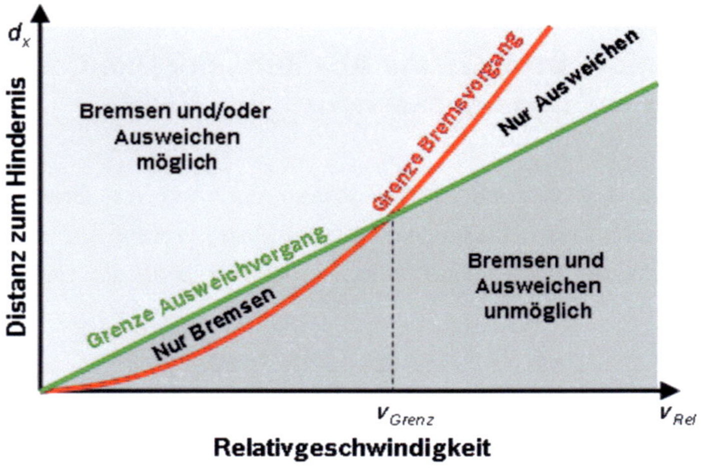

Abbildung 3.1: Zusammenhang von Brems- und Ausweichmanövern (nach [Sta08])

$$d_{x,B} = -\frac{1}{2}\frac{{v_{Rel}}^2}{a_{x,Ego}} \quad \text{(Gl. 3.1)}$$

$a_{x,Ego}$ stellt die zeitlich konstante Längsverzögerung des Ego-Fahrzeugs während des Bremsmanövers dar. Für das Ausweichmanöver gilt bei Betrachtung eines Massepunktmodells folgender Zusammenhang:

$$d_{x,A} = v_{Rel}\sqrt{\frac{2q}{a_{y,Ego}}} \quad \text{(Gl. 3.2)}$$

$a_{y,Ego}$ entspricht der zeitlich konstanten Querbeschleunigung des Ego-Fahrzeugs während des Ausweichmanövers, q der Hindernisbreite. Beide Kurven schneiden sich bei der Relativgeschwindigkeit v_{Grenz}, wodurch vier Bereiche entstehen:

Tabelle 3.1: Unfallvermeidung durch Brems- und Ausweichmanöver

<table>
<tr><th colspan="3">Bereich</th><th>Manöver zur Unfallvermeidung</th></tr>
<tr><td>1.</td><td colspan="2">Bereich unter beiden Kurven</td><td>Weder ein Brems- noch ein Ausweichmanöver verhindern einen Auffahrunfall.</td></tr>
<tr><td>2.</td><td colspan="2">Bereich über beiden Kurven</td><td>Sowohl ein Brems- als auch ein Ausweichmanöver verhindern einen Auffahrunfall.</td></tr>
<tr><td>3.</td><td rowspan="2">Bereich zwischen beiden Kurven</td><td>$v_{Rel} < v_{Grenz}$</td><td>Nur ein Bremsmanöver verhindert einen Auffahrunfall.</td></tr>
<tr><td>4.</td><td>$v_{Rel} \geq v_{Grenz}$</td><td>Nur ein Ausweichmanöver verhindert einen Auffahrunfall.</td></tr>
</table>

Somit kann für Relativgeschwindigkeit v_{Rel} größer der Grenzrelativgeschwindigkeit v_{Grenz} ein Nutzen für ein Ausweichmanöver gegenüber einem reinen Bremseingriff nachgewiesen werden. Für die Grenzgeschwindigkeit v_{Grenz} ergibt sich:

$$v_{Grenz} = -2a_{x,Ego}\sqrt{\frac{2q}{a_{y,Ego}}} \qquad \text{(Gl. 3.3)}$$

Wird beispielsweise eine hohe Längsverzögerung ($a_{x,Ego}$ = -8 m/s^2) und eine mittlere Querbeschleunigung ($a_{y,Ego}$ = 5 m/s^2) betrachtet, ergibt sich bei einem Querversatz von q = 1,8 m die Grenzgeschwindigkeit v_{Grenz} = 13,6 m/s. Mit abnehmender Längsverzögerung $|a_{x,Ego}|$ und / oder zunehmender Querbeschleunigung $a_{y,Ego}$ wird die Grenzgeschwindigkeit v_{Grenz} kleiner.

3.2 Anforderungen an die Systemauslegung

Im Folgenden werden die Anforderungen an die Systemauslegung einer Ausweichassistenz vorgestellt. Die wichtigste Anforderung besteht darin, dass während eines Ausweichmanövers ein Unfall mit anderen Verkehrsteilnehmern vermieden werden muss. Aus diesem Grund muss für die sichere Durchführung eines Ausweichmanövers der Verkehrsraum insbesondere nach vorne, aber auch zur Seite und nach hinten abgesichert werden. Hierfür wird auf bestehende Umfeldsensorik zurückgegriffen. Zur Umfeldsensierung nach vorne wird einerseits Radar-, andererseits Videosensorik eingesetzt (s. Kapitel 2.3.1). So kann zu jeder Zeit über den für ein Ausweichmanöver relevante Verkehrsraum vor dem Fahrzeug eine sehr detaillierte Aussage zur Befahrbarkeit getroffen werden. Die Absicherung des Verkehrsraums nach hinten kann durch Radarsensorik und zur Seite durch Radar- sowie Ultraschallsensorik erfolgen. Verlässliche Kommunikation (C2X) zur Umfeldsensierung wird an dieser Stelle nicht betrachtet, da sie sehr komplex ist und deshalb im Rahmen dieser Arbeit nicht abgedeckt werden kann. Eine weitere, in dieser Arbeit definierte Anforderung besteht darin, keine konkurrierenden, sondern hinsichtlich des Systemeingriffs und des HMI aufeinander abgestimmte Fahrerassistenzsysteme zu entwickeln. Denn der Markt wird in Zukunft für die derzeit weit verbreiteten Einzellösungen von Fahrerassistenzsystemen einen ganzheitlichen Systemansatz verlangen. Im Fokus stehen dabei vor allem die Fahrerassistenzsysteme, die die gleichen Unfälle adressieren. Eine weitere Anforderung ergibt sich hinsichtlich des Automatisierungsgrads. Da das Fahrverhalten insbesondere in kritischen Situationen oft nicht optimal ist (vgl. z. B. [Sta98]), soll das Fahrverhalten unter Einhaltung gesetzlicher Vorgaben gezielt durch das System gesteigert und so der Manöverablauf optimiert werden. Es kann nach [Loe08] zwischen den drei Ausprägungen manuell, semiautonom und vollautomatisiert unterschieden werden (s. Abbildung 3.2). In dieser Reihenfolge wird stufenweise die Verantwortung der Manöverdurchführung komplett vom Fahrer an das System übergeben.

Abbildung 3.2: Spektrum Automatisierungsgrad (nach [Loe08])

Gegen eine vollautomatisierte Ausprägung spricht vor allem die Komplexität der kritischen Situationen, die für die Durchführung des Manövers vollständig erfasst werden muss. Weder die Sensorik noch die Situationsinterpretation können dies derzeit leisten. Gegen eine solche Ausprägung spräche außerdem im Falle einer nicht durch Fahrereingriffe kontrollierbaren Manöverdurchführung das Wiener Weltabkommen, das einem Vollautomaten die Manöverdurchführung untersagt [CRT68]. Auf der anderen Seite ist der Nutzen eines manuellen, das heißt eines vollständig von einem ungeübten sowie unaufmerksamen Fahrer durchgeführten Ausweichmanövers in aller Regel gering. Falls der Fahrer überhaupt reagiert müssen nicht nur die Reaktionszeiten des Fahrers, sondern auch die individuelle Fahrerleistung berücksichtigt werden. Dabei bewegt sich in aller Regel die Fahrerleistung weit unter den fahrphysikalischen Grenzen (vgl. z. B. [Sch85]). Für eine Manöverdurchführung ist daher technische Unterstützung wünschenswert [Mih00]. Aus diesen Gründen wird die semiautonome Ausprägung als Automatisierungsgrad der Ausweichassistenz ausgewählt. Sie ist rechtlich zulässig und kann mit bestehender Umfeldsensorik realisiert werden. Der Fahrer wird dabei in einer kritischen Situation vom System nach einer Warnung zu konkreten Handlungen angeleitet. Hat der Fahrer das empfohlene Manöver initiiert, wird er zudem vom System bei der Manöverdurchführung unterstützt. Somit kann bei semiautonomer Ausprägung das Manöver unter Minimierung des Risikos optimiert werden. Zur Anleitung des Fahrers durch das System wird ein geeignetes HMI benötigt. Dieses soll den Anteil der ausweichenden Fahrer erhöhen. Hierfür werden erstmalig visuelle Ausweichanzeigen im kHUD entworfen und untersucht. Die Anforderungen an die Anzeigen sind in Kapitel 6.1 dokumentiert.

3.3 Definition der Use-Cases

Die Use-Cases für die Ausweichassistenz werden durch den Straßentyp und die Unfalltypen festgelegt. Die daraus resultierenden Einschränkungen bestimmen maßgeblich den Nutzen der Ausweichassistenz.

3.3.1 Straßentyp

Der für die Ausweichassistenz identifizierte Straßentyp ist die Autobahn. Diese Einschränkung ergibt sich aus den folgenden Anforderungen. Für ein Ausweichmanöver wird eine asphaltierte Ausweichfläche benötigt. Auf Autobahnen steht diese ausreichend zur Verfügung, denn eine Autobahn besitzt pro Fahrtrichtung typischerweise mindestens zwei Fahrspuren sowie einen Standstreifen. Eine Freifläche rechts der Fahrbahn wird nicht in Betracht gezogen, da in aller Regel über die nicht asphaltierte Oberfläche keine Aussage zur Befahrbarkeit getroffen werden kann. Des Weiteren müssen die fahrphysikalischen Eigenschaften eines Ausweichmanövers berücksichtigt werden. Auf Autobahnen werden am ehesten die hohen, in Kapitel 3.1 hergeleiteten Relativgeschwindigkeiten erreicht, für die ein Nutzen eines Ausweichmanöver gegenüber eines reinen Bremseingriffs nachgewiesen werden kann [Eck10]. Darüber hinaus muss ein Ausweichmanöver mit bestehender Sensorik abgesichert werden können (s. Kapitel 3.2). Hier macht sich ein weiterer Vorteil von Autobahnen bemerkbar. Für ein Ausweichmanöver muss kein Gegenverkehr betrachtet werden. Gegenverkehr ist auf Autobahnen durch die bauliche Trennung der Fahrtrichtungen faktisch ausgeschlossen. Im Gegensatz dazu muss auf Landstraßen und im Stadtverkehr in aller Regel über die Gegenfahrbahn ausgewichen werden. Gegenverkehr kann jedoch aufgrund der begrenzten Sichtweite der Radar- und der Videosensorik sowie aufgrund von Verdeckungen zum Beispiel durch weitere Verkehrsteilnehmer nicht frühzeitig für die sichere Durchführung eines Ausweichmanövers detektiert werden.

3.3.2 Unfalltypen

Durch die Einschränkung der Use-Cases auf den Straßentyp Autobahn lassen sich die im Rahmen der Ausweichassistenz adressierten Unfalltypen in zwei Klassen einteilen. Dies sind zum einen Auffahrunfälle, zum anderen Spurwechselunfälle (vgl. Kapitel 8.4). Bei einem Auffahrunfall fahren zwei Verkehrsteilnehmer auf derselben Fahrspur und das hintere Fahrzeug fährt auf das vordere Fahrzeug auf. Bei den Spurwechselunfällen wechselt ein Verkehrsteilnehmer die Fahrspur und das Fahrzeug, auf dessen Fahrspur es wechselt, fährt dem Spurwechsler auf.

BLOCK I

Nutzennachweis

Das Ziel der Unfallforschung ist die Rekonstruktion des Ablaufs und der Ursachen eines Unfalls. Die daraus gewonnen Erkenntnisse werden in der vorliegenden Arbeit zur Abschätzung des potentiellen Nutzens der Ausweichassistenz herangezogen. Es werden dafür definierte kritische Auffahrsituationen betrachtet, in denen das Ausweichen eine Kollision verhindern kann. Als Datenbasis dient die German In-Depth Accident Study (GIDAS).

4. Nutzennachweis auf Basis der German In-Depth Accident Study (GIDAS)

Die Aussage zum Nutzen eines neuen Systems ist dann am aussagekräftigsten, wenn sich das System bereits längere Zeit im Markt befindet und viele Fahrzeuge mit diesem System ausgestattet sind. Da dieses Vorgehen für die Entwicklungsphase eines solchen Systems nicht praktikabel ist, muss auf andere Methoden zur Potenzialabschätzung zurückgegriffen werden. Bei der "100 Car Study" beispielsweise werden in den USA lediglich 100 Fahrzeuge über einen bestimmten Zeitraum mit den zu untersuchenden Systemen sowie zusätzlicher Sensorik zur Bewertung von Fahrzeug- und Fahrerverhalten ausgestattet (s. z. B. [Din06]). Die Durchführung einer solchen Studie ist jedoch nicht nur kosten-, sondern auch sehr zeitintensiv. Aus diesen Gründen werden typischerweise mit einer solchen Studie einerseits gleichzeitig mehrere Systeme im Fahrzeug, andererseits Systeme in einem sehr finalen Entwicklungsstand untersucht. Aus diesem Grund wird für die Potenzialabschätzung eines neuen Systems in der Vorentwicklung, wie dies in der vorliegenden Arbeit der Fall ist, typischerweise auf Unfalldatenbanken zurückgegriffen.

Die bedeutendste öffentlich zugängliche Datenbank in Deutschland ist die German In-Depth Accident Study (GIDAS) (s. [Gid07]). Sie ist in Deutschland das größte Projekt zur Erhebung von Unfalldaten. Seit 1999 werden in den Großräumen Hannover und Dresden circa 2.000 Unfälle pro Jahr mit Personenschäden erhoben. Träger des Projektes sind die Bundesanstalt für Straßenwesen (BASt) und die Forschungsvereinigung Automobiltechnik e.V. (FAT). Die Dokumentation der Unfälle beginnt bereits unmittelbar nach dem Unfallereignis noch am Unfallort und erstreckt sich bis zur Unfallrekonstruktion. Insgesamt werden pro Unfall zwischen 500 und 3.000 Informationen gesammelt. Durch ein definiertes Gewichtungsverfahren wird die Repräsentativität der Unfälle zur Bundesstatistik gewährleistet. Die German In-Depth Accident Study (GIDAS) dient als Wissensbasis für die Unfallforschung bei den Automobilherstellern und der Zulieferindustrie.

In diesem Kapitel wird zunächst der Nutzen einer Ausweichassistenz abgeschätzt. Anschließend wird das Fahrverhalten in kritischen Auffahrsituationen dargestellt und die Unfälle klassifiziert. Abschließend wird der Nutzen einer Ausweichassistenz bewertet.

4.1 Nutzen einer Ausweichassistenz

Bei der Entwicklung einer neuartigen Fahrerassistenzfunktion wird typischerweise in einem ersten Schritt eine Nutzenbewertung der Funktion durchgeführt. Einen zentralen Stellenwert nimmt dabei der Nachweis des Nutzens hinsichtlich der Unfallvermeidung ein, der mit Hilfe der Unfallforschung geführt wird. Obwohl einerseits bereits bei der Datenerhebung, andererseits bei der Rekonstruktion der Unfalldaten eine gewisse Unschärfe in den Daten entsteht, ist die Unfallforschung ein wissenschaftlich anerkanntes und mittlerweile weit verbreitetes Verfahren zur Bestimmung des Nutzens einer neuartigen Fahrerassistenzfunktion. Der Nutzen wird typischerweise über das Wirkfeld sowie den Wirkgrad beschrieben. Sie sind wie folgt definiert:

Wirkfeld

Im Wirkfeld (auch Wirkungsfeld) einer Sicherheitsfunktion ist die maximale Anzahl von Unfällen enthalten, die durch die spezielle

Sicherheitsfunktion theoretisch adressierbar wäre. Dies sind Unfälle, in denen die betrachtete Sicherheitsfunktion aktiviert und somit der weitere Unfallverlauf positiv beeinflusst werden könnte. Neben den relevanten Unfalltypen werden für das Wirkfeld auch topologische sowie verkehrsbedingte Gegebenheiten berücksichtigt.

Wirkgrad

In aller Regel kann nicht das gesamte Wirkfeld durch eine Sicherheitsfunktion adressiert werden. Der Wirkgrad (auch Wirkungsgrad) gibt dabei an, bei welchen Unfällen tatsächlich die Sicherheitsfunktion aktiviert werden könnte. Die wesentlichen Einschränkungen ergeben sich aus den fahrdynamischen Beschränkungen der unfallrelevanten Fahrzeuge, der Gesamtunfallsituation, der Sensorik sowie der Systemauslegung.

Der abgeleitete Nutzen einer Ausweichassistenz ist in Abbildung 4.1 dargestellt. Die Datenbasis der Auswertung bilden alle gewichteten und rekonstruierten Unfälle in der GIDAS-Datenbank aus den Jahren 2001 bis 2004, insgesamt 5.684 Unfälle. In dem auffahrenden Ego-Fahrzeug sind weder eine Brems- noch eine Ausweichassistenz vorhanden. Zunächst erfolgt die Auswahl der relevanten Unfalltypen. Dies sind die in Kapitel 3.3.2 definierten Auffahrunfälle (UTYP 60 – 62) und Spurwechselunfälle (UTYP 63 – 64). Anschließend wird die Gesamtanzahl der relevanten PKW-Unfälle bestimmt. Bei den Auffahrunfällen werden nur Unfälle betrachtet, bei denen das Ego-Fahrzeug einem vorausfahrenden Fahrzeug auffährt. Dies geschieht bei insgesamt 635 Unfällen. Bei den Spurwechselunfällen muss der Unfallgegner auf die Fahrspur des Ego-Fahrzeugs wechseln und das Ego-Fahrzeug dem Unfallgegner ins Heck oder in die

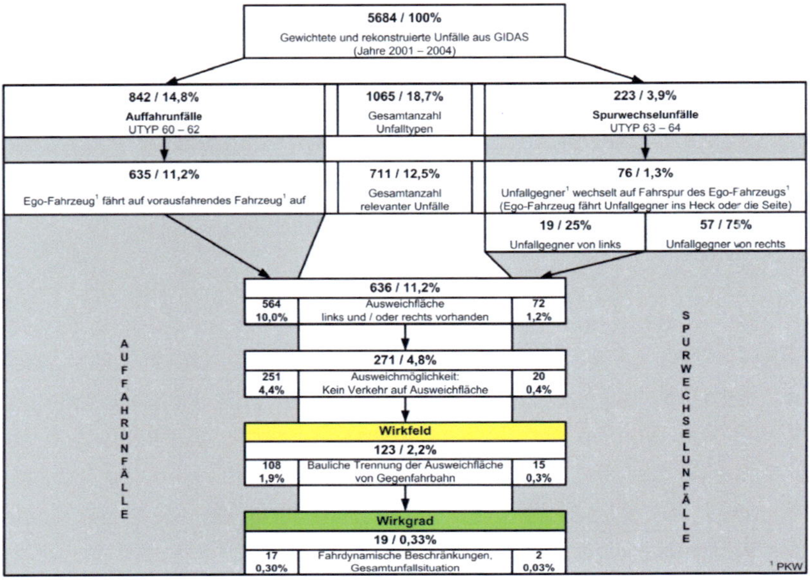

Abbildung 4.1: Nutzen Ausweichassistenz

Seite fahren. Dies geschieht bei insgesamt 76 Unfällen. Bei dreiviertel der Unfälle (75%) kommt dabei der Unfallgegner von rechts und ist in aller Regel langsamer als das Ego-Fahrzeug. Da die Einscherer von links typischerweise schneller als das Ego-Fahrzeug sind, ist dort die Unfallwahrscheinlichkeit gering. Insgesamt treten Auffahrunfälle wesentlich häufiger als Spurwechselunfälle auf, wodurch ihnen eine bedeutendere Rolle zukommt. In den nächsten beiden Schritten werden die Unfälle ausgewählt, die die für ein Ausweichmanöver charakteristischen Voraussetzungen erfüllen. Einerseits muss eine asphaltierte Fläche links und / oder rechts vorhanden sein. Andererseits darf diese nicht durch weitere Verkehrsteilnehmer in der kritischen Situation belegt sein. Dabei gibt die Unfalldatenbank jedoch nur Aufschluss darüber, ob in unmittelbarer Nähe des Ego-

Fahrzeugs die Nachbarfahrspuren belegt gewesen sind, nicht, ob eine Fahrzeuglücke zum Ausweichen vorhanden gewesen wäre. Daher ergibt sich für diesen Filterschritt eine deutliche Reduzierung der in Frage kommenden Unfälle, wodurch sich eine konservative Abschätzung der relevanten Unfälle ergibt. In einem letzten Auswahlschritt werden schließlich nur noch die Unfälle betrachtet, bei denen auch noch die Gegenfahrbahn baulich getrennt ist (s. Kapitel 3.3.1).

Das Wirkfeld umfasst somit insgesamt 123 Unfälle, dies entspricht 2,2% aller Unfälle. Hierbei entfallen 108 Unfälle (1,9%) auf den Unfalltyp Auffahrunfall und 15 Unfälle (0,3%) auf den Unfalltyp Spurwechselunfall. Das Wirkfeld für den Auffahrunfall ist somit größer als für den Spurwechselunfall.

Der Wirkgrad dieser Untersuchung wird durch einfache Festlegungen bestimmt. Es werden einerseits nur Unfälle betrachtet, bei denen die Relativgeschwindigkeit zwischen Ego-Fahrzeug und Unfallgegner größer als 8 m/s ist oder der Unfallgegner bremst. Unter diesen Randbedingungen wird angenommen, dass ein Bremsmanöver einen Unfall in einer kritischen Situation nicht mehr vermeiden kann (vgl. Kapitel 3.1). Andererseits wird die Gesamtunfallsituation berücksichtigt. So werden beispielsweise keine Unfälle betrachtet, bei denen im Rahmen eines Ausweichmanövers ein Bordstein überfahren werden muss. Im Rahmen dieser konservativen Abschätzung umfasst der Wirkgrad somit insgesamt 19 Unfälle. Dies entspricht 0,33% aller Unfälle. Hierbei entfallen 17 Unfälle (0,3%) auf den Unfalltyp Auffahrunfall und zwei Unfälle (0,03%) auf den Unfalltyp Spurwechselunfall. Der Wirkgrad ist somit auch hier für den Auffahrunfall größer als für den Spurwechselunfall. Der ausgewiesene Wirkgrad von 0,33% stellt eine obere Abschätzung dar. Würde die Grenzgeschwindigkeit v_{Grenz} größer gewählt (z. B. v_{Grenz} = 13,6 m/s, vgl. Kapitel 3.1) sowie zusätzlich Einschränkungen aufgrund der gewählten Sensorik sowie der Systemauslegung berücksichtigt, würde der Wirkgrad noch geringer ausfallen.

4.2 Fahrverhalten in kritischen Auffahrsituationen

Abbildung 4.2 zeigt das Fahrverhalten in kritischen Auffahrsituationen. Es ist den rekonstruierten Daten der GIDAS entnommen. Die Datenbasis bilden die insgesamt 711 relevanten Unfälle aus Abbildung 4.1.

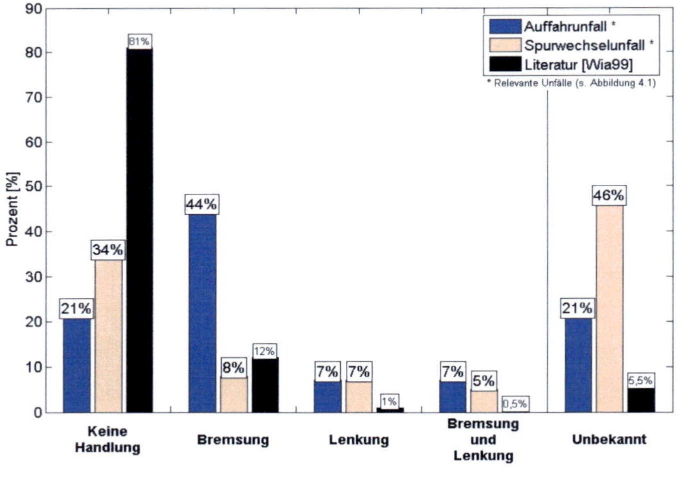

Abbildung 4.2: Fahrverhalten in kritischen Auffahrsituationen

Vor Auffahrunfällen bremsen anteilig die meisten Fahrer (44%). In ungefähr einem Viertel der Unfälle (21%) wird weder gebremst noch gelenkt. Gleich viele Fahrer führen eine Kombination aus Bremsung und Lenkung wie eine reine Lenkung durch (jeweils 7%). Weiterführenden Untersuchungen kann entnommen werden, dass die Fahrer etwas häufiger nach links (59%) als nach rechts lenken.

Vor Spurwechselunfällen führen anteilig die meisten Fahrer weder ein Brems- noch ein Lenkmanöver durch (34%). Es bremsen (8%) und lenken (7%) etwa gleich viele Fahrer. Eine Bremsung und Lenkung führen am wenigsten Fahrer durch (5%). Weiterführenden Untersuchungen kann entnommen werden, dass die Fahrer wesentlich häufiger nach links (89%) als nach rechts (11%) lenken. Darüber hinaus kann gezeigt werden, dass in ebenfalls 89% der Unfälle die Bewegungsrichtung des Einscherers der Lenkrichtung entspricht. Sie wird vom Fahrer aufgenommen und ein Ausweichmanöver in gleicher Richtung durchgeführt. Die Bewegungsrichtung des Einscherers hat damit einen starken Einfluss auf die Lenkrichtung des Fahrers.

Die Verteilungen bei [Wia99], in der Unfälle auf amerikanischen Autobahnen anhand von Unfalldaten untersucht wurden, können für Spurwechselunfälle tendenziell bestätigt werden. Die meisten Fahrer reagieren nicht, und wenn, dann eher mit einem Brems- als mit einem Lenkmanöver. Insgesamt ist jedoch die in Abbildung 4.2 gezeigte Verteilung nicht so eindeutig wie bei [Wia99]. Bei den Auffahrunfällen bremsen im Gegensatz zu [Wia99] die meisten Fahrer, während die meisten Fahrer bei [Wia99] keine Handlung zeigen. Tendenziell kann aber auch für die Auffahrunfälle das Ergebnis von [Wia99] bestätigt werden, nämlich dass eher wenige Fahrer lenken.

4.3 Klassifizierung der Unfälle

Tabelle 4.1 zeigt die Klassen der Unfalltypen Auffahrunfall und Spurwechselunfall. Die Klassen repräsentieren die verschiedenen initialen Ausgangssituationen zu Manöverbeginn in einer kritischen Situation für eine Ausweichassistenz. Die Klassifizierung ist gruppiert nach der charakteristischen Eigenbewegung des Unfallgegners. Die Datenbasis der Klassifizierung bilden die 123 Unfälle des Wirkfelds einer Ausweichassistenz (s. Abbildung 4.1).

Tabelle 4.1: Klassifizierung der Unfalltypen

I. Auffahrunfälle		
1.	Stehender Unfallgegner auf Ego-Fahrspur	47 / 44%
2.	Gleichförmig bewegter Unfallgegner auf Ego-Fahrspur	28 / 26%
3.	Bremsender Unfallgegner auf Ego-Fahrspur	23 / 21%
4.	Unbekannt	9 / 8%
5.	Beschleunigender Unfallgegner auf Ego-Fahrspur	1 / 1%
II. Spurwechselunfälle		
1.	Gleichförmig bewegter, auf Ego-Fahrspur einscherender Unfallgegner	8 / 53%
2.	Unbekannt	5 / 34%
3.	Bremsender, auf Ego-Fahrspur einscherender Unfallgegner	2 / 13%

Bei den Auffahrunfällen steht bei fast der Hälfte (44%) aller Unfälle der Unfallgegner auf der Ego-Fahrspur und bei über einem Viertel der Unfälle (26%) ist der Unfallgegner ein gleichförmig bewegtes Fahrzeug auf der Ego-Fahrspur. Bei circa einem Fünftel der Unfälle (21%) bremst der Unfallgegner auf der Ego-Fahrspur. 1% der Unfallgegner beschleunigt.

Bei den Spurwechselunfällen bewegt sich bei über der Hälfte der Unfälle (53%) der einscherende Unfallgegner gleichförmig und 13% der Unfallgegner bremsen.

4.4 Bewertung des Nutzens

Für eine reine Ausweichassistenz ist ein eher geringer Nutzen nachweisbar (Wirkfeld 2,2%, Wirkgrad 0,33%, s. Abbildung 4.1).

Zum Vergleich ist der Nutzen von zwei aktiven Sicherheitssystemen, dem mittlerweile weit verbreiteten Elektronischen Stabilitäts-Programm (ESP) und dem vor kurzem in Serie eingeführten Bremsassistenz PEBS in Tabelle 4.2 dargestellt. Die Datenbasis bilden wieder alle 5.684 gewichteten und rekonstruierten Unfälle aus der GIDAS-Datenbank aus den Jahren 2001 bis 2004.

Tabelle 4.2: Nutzen ausgewählter Bosch-Fahrerassistenzsysteme

Funktion	Wirkfeld *	Wirkgrad *
ESP	9%	7%
Bremsassistenz PEBS	12%	PCW: 4,6%
		EBA: 6,6%
		AEB: 8,6%
Ausweichassistenz	2,2%	0,33%
Brems-Ausweich-Assistenz (BAA)	14,2%	BAA(PCW): 4,93%
		BAA(EBA): 6,93%
		BAA(AEB): 8,93%

* Bezugsgröße: Jeweils alle 5684 Unfälle

Im Rahmen einer wirtschaftlichen Planung wurden in den vergangenen Jahren zunächst die Assistenzsysteme mit großem Nutzen entwickelt. Außerdem standen einfach realisierbare sowie eher unkritischen Funktionen wie rein warnende oder ausschließlich in die Längsdynamik eingreifende Systeme im Fokus. In den vergangenen Jahren wurde jedoch vielerorts die Entwicklung quereingreifende Fahrerassistenzsysteme aufgenommen (s. z. B. [Eck10], [Ise09] und [Dai09]). Sie werden in Zukunft die bereits etablierten, in die Längsdynamik eingreifenden Kollisionsvermeidungssysteme ergänzen und stellen somit einen entscheidenden Schritt zum hochautomatisierten beziehungsweise autonomen Fahren dar. Somit kommt der

Ausweichassistenz eine hohe Bedeutung zu. Die Ausweichassistenz kann nun nicht mehr losgelöst von der Bremsassistenz betrachtet werden, sondern sie soll in die Bremsassistenz integriert werden (s. Kapitel 5.1.1). Somit relativieren sich der eher geringe, durch konservative Verfahren hergeleitete Nutzen und die hohen technischen sowie rechtlichen Anforderungen einer reinen Ausweichassistenz. Der nachweisbare Nutzen der Brems-Ausweich-Assistenz setzt sich im Wesentlichen aus der Überlagerung der Wirkfelder für die reine Brems- und die reine Ausweichassistenz zusammen. Im Feld wäre aller Voraussicht nach der Nutzen der reinen Ausweichassistenz sogar um einiges höher als in Tabelle 4.2 ausgewiesen. Neben der konservativen Herleitung des Nutzens sowie der Bedeutung für das hochautomatisierte beziehungsweise autonome Fahren sei auch genannt, dass die Fahrer mittelfristig ein frühzeitiges Ausweichmanöver als Komfortgewinn sehen und es dann einem reinen Bremseingriff vorziehen könnten. Dennoch muss abschließend die wirtschaftliche Sinnhaftigkeit durch den Vergleich von Aufwand zu Nutzen geklärt werden. Beim Aufwand müssen insbesondere die Produkthaftungsrisiken abgeklärt und beim Nutzen neben der Unfallforschung auch wirtschaftliche Aspekte berücksichtigt werden.

Der wichtigste Schritt zur Erhöhung des Nutzens der Ausweichassistenz wäre die Einführung der C2X-Technologie (s. Kapitel 2.3.2). Mit C2X könnten neue Szenen und Verkehrsräume erschlossen werden. Es wäre dann in einer kritischen Situation möglich, ein optimales Gesamtmanöver mit allen relevanten Verkehrsteilnehmern innerhalb eines bestimmten Bereichs sowie Zeitfensters durchzuführen. Gleichzeitig würde jedoch bei Betrachtung von C2X-Kommunikation die Bedeutung der betrachteten Notmanöver abnehmen. Denn kritische Situationen, in denen diese Manöver ihre Berechtigung haben, würden seltener auftreten.

BLOCK II

Systementwurf

Ziel des Systementwurfs ist die Spezifikation der Ausweich-assistenz. Er definiert den Aufbau und den Ablauf der Ausweichassistenz. Auf Basis des Systementwurfs werden die visuellen Anzeigen entwickelt.

In Kapitel 5 wird das System der Brems-Ausweich-Assistenz ausgelegt und in Kapitel 6 der Entwurf und die Vorauswahl visueller Ausweichanzeigen vorgestellt.

5. Systemauslegung der Brems-Ausweich-Assistenz

In Kapitel 5.1 wird zunächst der Systementwurf vorgestellt. Anschließend wird in Kapitel 5.2 der relevante Parameterraum für eine Ausweichassistenz unter Berücksichtigung des Systementwurfs dargestellt. Abschließend wird in Kapitel 5.3 der Nutzen dieser Systemauslegung abgeleitet.

5.1 Systementwurf

Im Rahmen des Systementwurfs wird zunächst ein ganzheitlicher Systemansatz entwickelt. Anschließend wird die Ausweichtrajektorie definiert und parametriert. Schließlich werden die Ausweichkriterien abgeleitet sowie das Zustandsdiagramm dargestellt.

5.1.1 Ganzheitlicher Systemansatz für kollisionsvermeidende Assistenzen

Das Ziel des ganzheitlichen Systemansatzes für eine kollisionsvermeidende Assistenz liegt in einer weiteren Reduzierung der Unfallzahlen im Straßenverkehr. Hierfür dürfen nach [Win09] nicht nur Bremsmanöver, sondern es müssen auch Ausweichmanöver betrachtet werden. Ein zentraler Aspekt dieser Arbeit liegt deshalb auf einem ganzheitlichen Systemansatz, der hinsichtlich des Manöverablaufs, der fahrphysikalischer Randbedingungen sowie der Anzeigen aus mehreren, aufeinander abgestimmten Funktionen besteht (vgl. z. B. [Toy10]). Mehrere eigenständig arbeitende und zudem noch konkurrierende Assistenzsysteme müssen zukünftig vermieden werden. Aus diesem Grund wird für den Systementwurf neben der Ausweich- auch die von der Robert Bosch GmbH entwickelte und sich bereits in Serie befindende Bremsassistenz Predictive E-mergency Braking System (PEBS) betrachtet. Eine wesentliche Eigenschaft des Systementwurfs besteht darin, dass die Ausweich- in die Bremsassistenz funktional integriert ist. Die Ausweichassistenz baut auf der Bremsassistenz auf und ist als Erweiterung der Bremsassistenz zu sehen. Es entsteht ein neues System, die Brems-Ausweich-Assistenz. Dabei sieht die semiautonome Systemausprägung (s. Kapitel 3.2) vor, dass der Fahrer prinzipiell sowohl durch Bremsen als auch durch Ausweichen einen Unfall verhindern kann. In einigen kritischen Situationen kann hingegen nur noch ein Ausweichmanöver einen Unfall vermeiden und sollte dann einem reinen Bremsmanöver vorgezogen werden. Bei Ausweichmanövern ist typischerweise unter fahrdynamischen Gesichtspunkten ein gleichzeitiges Bremsen sinnvoll, wobei eine möglichst frühe Bremsung anzustreben ist [Dre93]. Hierbei wird deutlich, dass die Geschwindigkeitsreduktion durch die Teilverzögerungen der AEB (s. Kapitel 2.2.3) in keiner Situation kontraproduktiv, sondern für eine Unfallfolgenminderung sogar sinnvoll ist. Darüber hinaus wird durch die Geschwindigkeitsreduktion nicht nur das Ausweichmanöver sicherer sondern auch die Fahrzeugstabilisierung für den Fahrer auf der Nachbarspur einfacher.

Abbildung 5.1 zeigt den Aufbau der Brems-Ausweich-Assistenz. Die den Fahrer unterstützenden Systemeingriffe in die Längsdynamik werden von der Bremsassistenz PEBS und die Eingriffe in die Querdynamik von der Ausweichassistenz durchgeführt. Dabei werden die Eingriffe in die Querdynamik mittels der Lenkunterstützung Evasive Steering by Torque (ESS-T) realisiert (s. Kapitel 2.2.4). Die Eingriffe in die Längs- und die Querdynamik sind voneinander abhängig (s. Kamm'scher Kreis, Abbildung 5.2), es muss stets ein fahrdynamisch stabiler Zustand sichergestellt werden. Die Mensch-Maschine-Schnittstelle (HMI) besteht aus akustischen, haptischen und visuellen Anzeigen. Der Warnton als Vorwarnung und der Bremsruck als Hauptwarnung sind bereits heute Bestandteil der Bremsassistenz PEBS (s. Kapitel 2.2.3). Sie werden für die Brems-Ausweich-Assistenz übernommen. Zusätzlich werden die im Rahmen dieser Arbeit entwickelten visuellen Anzeigen in die Brems-Ausweich-Assistenz integriert (s. Kapitel 6). Die Warnstrategie der Bremsassistenz wird durch eine visuelle Kollisionsanzeige erweitert. Der Anteil der ausweichenden Fahrer soll durch eine visuelle Ausweichanzeige erhöht werden. Die visuellen Anzeigen werden in einem kHUD dargestellt.

Neben dem Aufbau der Brems-Ausweich-Assistenz ist in Abbildung 5.1 auch ein exemplarischer zeitlicher Verlauf eines relevanten Manövereingriffs über der Zeit dargestellt. Es wird der für das Ausweichen relevante Fall betrachtet, dass die Relativgeschwindigkeit $v_{Rel} > v_{Grenz}$ (s. Kapitel 3.1) sowie der Abstand zum Hindernis zum Ausweichen ausreichend groß ist. Sobald die Situation nach den Kriterien der Bremsassistenz PEBS kritisch wird, werden die Vor- und die Hauptwarnung aktiviert. Zeitgleich mit der Vorwarnung wird die visuelle Kollisionsanzeige eingeblendet. Zur Differenzierung zwischen Bremsruck und Teilverzögerung setzt die Teilverzögerung erst kurze Zeit nach der Hauptwarnung ein. Sobald eine Ausweichmöglichkeit sensorisch erfasst werden kann, wird die visuelle Ausweichanzeige eingeblendet. Innerhalb eines bestimmten Zeitfensters ist dann die Unfallvermeidung typischerweise sowohl durch ein Brems- als auch durch ein Ausweichmanöver möglich. Bei ausbleibender Fahrerhandlung kann nach Ablauf dieser Zeit nur noch ein Ausweichmanöver einen Unfall vermeiden. Kurz vor dem Unfall ist die Kollisionsvermeidung fahrphysikalisch weder durch ein Brems- noch durch ein Ausweichmanöver möglich und es wird eine automatische Vollbremsung durchgeführt. Beginnt der Fahrer hingegen zum Zeitpunkt 1 zu bremsen, erhält er von der Bremsassistenz PEBS in Form einer Zielbremsung eine Bremsunterstützung. Beginnt der Fahrer zusätzlich zum Zeitpunkt 2 zu lenken, erhält er von ESS-T zusätzlich eine Lenkunterstützung. Solange der Fahrer bremst wird der Bremseingriff für das Lenkmanöver beibehalten und angepasst. Kann hingegen nicht ausgewichen werden, weil entweder kein Freiraum zur Verfügung steht, der Abstand zwischen Ego-Fahrzeug und Hindernis zu klein ist oder die Relativgeschwindigkeit $v_{Rel} < v_{Grenz}$ ist, verhält sich die Brems-Ausweich-Assistenz wie die Bremsassistenz PEBS.

Mit der Brems-Ausweich-Assistenz ist nun ein ganzheitlicher Systemansatzes zur weiteren Reduzierung der Unfallzahlen realisiert. Die Brems-Ausweich-Assistenz stellt ein funktional integriertes System bestehend aus einer Ausweichassistenz sowie den bekannten Reaktionsmustern der Bremsassistenz PEBS dar.

5.1.2 Auslegung der Ausweichtrajektorie

Das Brems-Ausweich-Manöver stellt ein Notmanöver dar, das im fahrphysikalischen Grenzbereich dimensioniert ist. So kann bestmöglich die zur Verfügung stehend Haftung für die Längs- und Querkräfte ausgeschöpft werden ohne sie zu überschreiten [Kir08]. Die Kraftschlussbedingungen werden durch den Kamm'schen Kreis beschrieben [Zom87] (s. Abbildung 5.2). Dem optimalen Ausweichmanöver liegt eine zeitabhängige Verteilung der Längs- und der Querbeschleunigung unter der Annahme eines maximalen, isotropen Beschleunigungsvermögens $\mu_r g$ zugrunde [Sch05]. Dabei ist μ_r

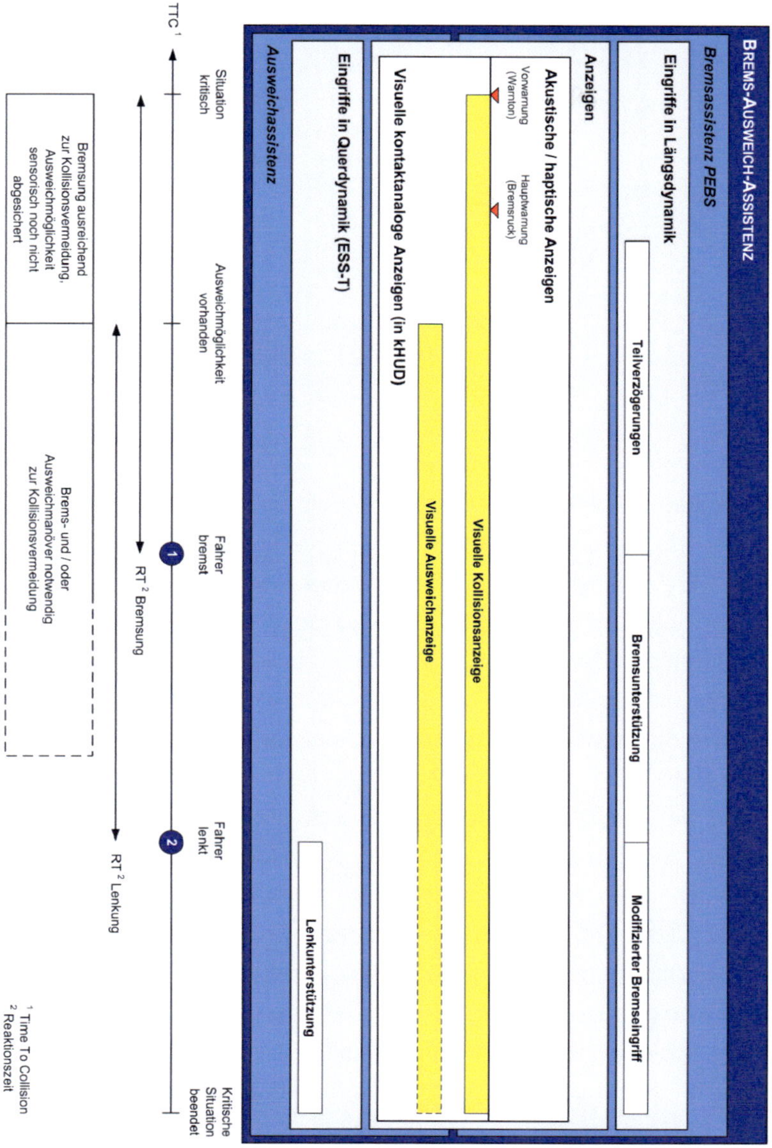

Abbildung 5.1: Aufbau und Ablauf der Brems-Ausweich-Assistenz

der Gleitwert und g = 9,81 m/s^2 die Erdbeschleunigung. Der Winkel φ(t) beschreibt die Lage des Beschleunigungsvektors innerhalb des Kamm'schen Kreises.

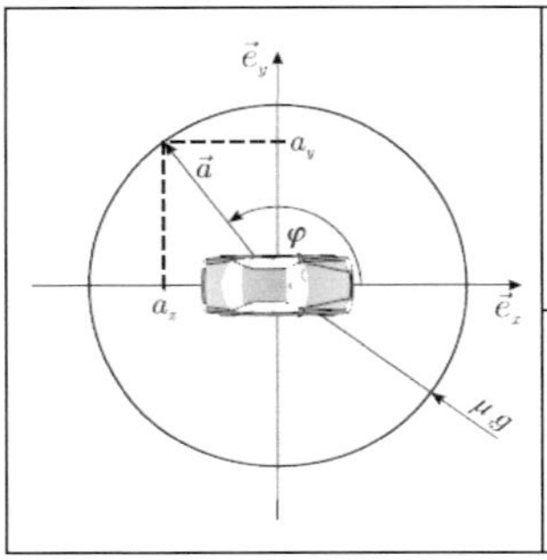

Kamm'scher Kreis

$$D_{KK} := \left\{ \begin{pmatrix} a_x \\ a_y \end{pmatrix} \in R^2 \mid a_x{}^2 + a_y{}^2 = (\mu_r g)^2 \right\}$$

(Gl. 5.1)

Koordinaten des Beschleunigungsvektors

$$a_x = \mu_r \; g \cos\varphi \qquad \text{(Gl. 5.2)}$$

$$a_y = \mu_r \; g \sin\varphi \qquad \text{(Gl. 5.3)}$$

Abbildung 5.2: Beschreibung Kamm'scher Kreis (nach [Sch05])

In [Sle97] werden die Spurwechseltrajektorien doppelter Kreisbogen, schiefer Sinus, Querbeschleunigungsprofil, die Polynome fünfter und siebter Ordnung, Bézier-Spline sowie Klothoiden vorgestellt. Darüber hinaus werden sie anhand verschiedener Bewertungskriterien wie maximale Krümmung, Längsausdehnung und Bogenlänge gegenüber Längsausdehnung, Integral über die Krümmungsquadrate und der maximalen fahrbaren Geschwindigkeit miteinander verglichen. Hierbei wird das Polynom 5. Grades als die geeignetste Ausweichtrajektorie identifiziert. Auch [Kir08] kommt zu diesem Ergebnis. Dort wird ein Ansatz vorgestellt, bei dem die Ausweichtrajektorie anhand der Querdynamik entwickelt wird. Es wird ein Querbeschleunigungsprofil vorgegeben und daraus die gesuchte Trajektorie abgeleitet. Dieses Profil besitzt einen stetigen Verlauf um Lenkwinkelsprünge und damit Instabilitäten auszuschließen. Außerdem darf eine maximal zulässige, geschwindigkeitsabhängige Querbeschleunigung nicht überschritten werden. Ein solches Profil kann durch eine Sinusfunktion beschrieben werden, die zusätzlich ein zeitoptimales Verhalten aufweist. Daraus ergibt sich eine inhomogene und nichtlineare Differenzialgleichung 2. Ordnung, deren vollständige Lösung durch ein Polynom 5. Ordnung beschrieben wird.

Die optimale Ausweichtrajektorie stellt das in Gleichung 5.4 beschriebene Polynom 5. Grades dar, das so auch bei ESS-T hinterlegt ist. Als Gütekriterium für die Trajektorie gilt das Minimum des Integrals über die Krümmungsquadrate, wodurch sowohl die Ausweichbahn als auch das Querbeschleunigungsprofil mit den zugehörigen Maximalgrenzen eindeutig bestimmt ist.

$$y(x) = y_e \left(10 \left(\frac{x}{x_e} \right)^3 - 15 \left(\frac{x}{x_e} \right)^4 + 6 \left(\frac{x}{x_e} \right)^5 \right) \qquad \text{(Gl. 5.4)}$$

mit

$$x_e = v_0 \sqrt{\frac{10 y_e}{\sqrt{3} a_{y,\max}}} \qquad \text{(Gl. 5.5)}$$

Es gilt:

x_e:	Länge des Manövers in x-Richtung
v_0:	Fahrzeuggeschwindigkeit zu Manöverbeginn
y_e:	Breite des Manövers in y-Richtung (Endablage)
$a_{y,max}$:	Maximal zulässige Querbeschleunigung

Die Ausweichtrajektorie y(x) hängt ausschließlich von der Fahrzeuggeschwindigkeit v_0, der Endablage y_e sowie der maximal zulässigen Querbeschleunigung $a_{y,max}$ ab. Der Verlauf der beschriebenen

Ausweichtrajektorie ist in Abbildung 5.3 dargestellt. Bei der Distanz x_e ist die Endablage y_e erreicht und das Fahrzeug ist wieder parallel zur Ausgangsposition ausgerichtet. In der vorliegenden Arbeit wird ein Hindernis mit der Breite q betrachtet. Aufgrund des geringen Gierwinkels kann die Drehung des Ego-Fahrzeugs vernachlässigt werden, so dass b ungefähr der halben Fahrzeugbreite entspricht.

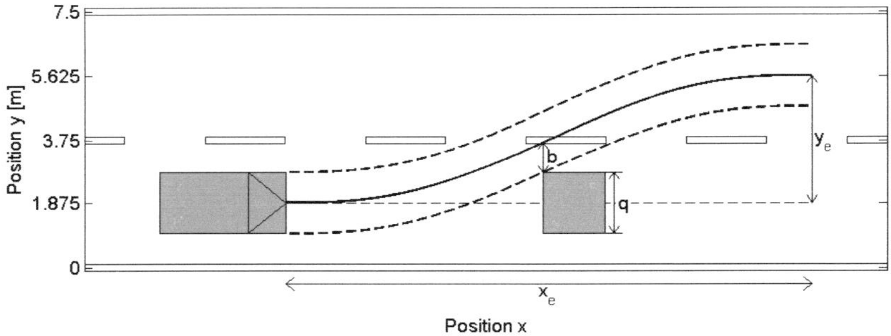

Abbildung 5.3: Verlauf Ausweichtrajektorie

Neben [Dre93] wird auch in [Hor04] zusätzlich zum Ausweichmanöver ein gleichzeitig stattfindender Bremseingriff empfohlen, was insgesamt eine hohe Anforderung an die Fahrdynamik darstellt [Kir08]. Begründet wird dies in [Hor04] durch zwei wesentliche Vorteile gegenüber einem reinen Ausweichmanöver. Zum einen wird der Maximalwert des Schwimmwinkels deutlich kleiner, zum anderen wird das Verhältnis zwischen Reifenkraft und maximal übertragbarer Kraft minimiert, wodurch ein größerer Abstand zur fahrphysikalischen Grenze erreicht wird. Für die Längsverzögerung kann zu jedem Zeitpunkt maximal die gemäß Gleichung 5.2 verbleibende Beschleunigung aufgebracht werden.

Abschließend wird in [Kir08] das simulierte Brems-Ausweich-Manöver einem realen Fahrversuch gegenübergestellt. Als Ausweichtrajektorie dient das Polynom 5. Grades (s. Gl. 5.4), das auf einem Massepunktmodell beruht. Während des Ausweichmanövers wird zusätzlich sowohl in der Simulation als auch im Realversuch gebremst. Der Vergleich der Ergebnisse ergibt, dass die Verläufe der Soll-Trajektorie (Simulation) und der Ist-Trajektorie (Fahrversuch) qualitativ übereinstimmen. Es kommt im Fahrversuch aufgrund der Dynamik der Lenkaktorik zu einer geringfügigen zeitlichen Verzögerung beim Einlenken, die jedoch später kompensiert wird. Die maximale longitudinale sowie laterale Abweichung betragen kurzzeitig maximal circa 8%. Darüber hinaus belegt der Vergleich von tatsächlichem und bereitgestelltem Kraftschlusspotenzial beim Fahrversuch, dass die Werte stets unterhalb der Maximalgrenze liegen. Somit kann gezeigt werden, dass das Polynom 5. Grades sehr gut ein Brems-Ausweich-Manöver abbildet und deshalb für die weitere Arbeit übernommen wird.

5.1.3 Parametrierung der Ausweichtrajektorie

Die Ausweichtrajektorie in Gleichung 5.4 wird wie folgt parametriert:

1. Maximale Querbeschleunigung $a_{y,max}$

   In [Sch85] werden Untersuchungen vorgestellt, deren Ziel darin besteht, die Sicherheitsgrenze von Normalfahrern zu bestimmen, ab der die auftretenden Querbeschleunigungen als unangenehm empfunden werden. Es wurden unter anderem Spurwechselvorgänge untersucht, bei denen die Fahrer angewiesen wurden, einerseits normale, andererseits scharfe Spurwechsel durchzuführen. Der Querbeschleunigungsverlauf der Spurwechsel ist in Abbildung 5.4 dargestellt.

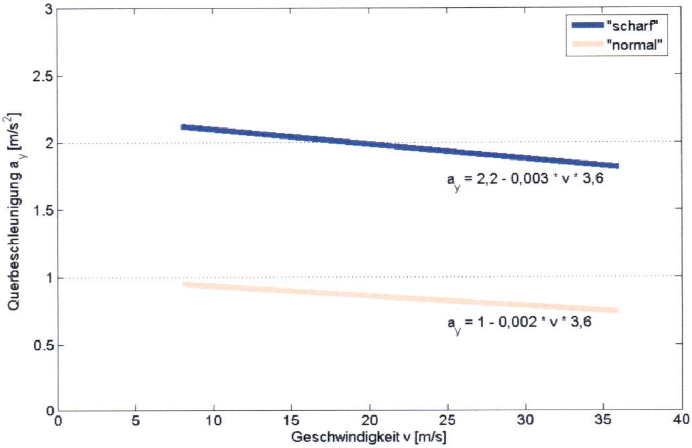

Abbildung 5.4: Querbeschleunigung bei Spurwechselvorgängen (nach [Sch85])

Die maximale Querbeschleunigung bei scharfen Spurwechsel liegt bei ungefähr 2 m/s^2. Sie nimmt mit zunehmender Geschwindigkeit ab. Der Einfluss der Geschwindigkeit auf die maximale Querbeschleunigung ist jedoch eher gering. Dieser Beschleunigungsverlauf konnte auch in einer 20 Jahre später durchgeführten Studie qualitativ bestätigt werden [Nie05]. Entgegen der Erwartung machen sich jedoch die mittlerweile weit verbreiteten aktiven Sicherheitssysteme ABS und ESP kaum positiv in der Sicherheitsgrenze eines Normalfahrers bei höheren Geschwindigkeiten bemerkbar. Dies bedeutet, dass Normalfahrer das Fahrzeug in aller Regel weit unter der Stabilitätsgrenze im Komfortbereich bewegen. Da die Fahrer bei der Durchführung des Ausweichmanövers von der Brems-Ausweich-Assistenz unterstützt werden, kann eine höhere maximale Querbeschleunigung als die von den Fahrern ohne System realisierbare Querbeschleunigung angesetzt werden. Die maximale Querbeschleunigung wird in dieser Arbeit auf $a_{y,max}$ = 5 m/s^2 festgelegt, wodurch sie noch deutlich unter der Stabilitätsgrenze $\mu_r g$ liegt, ab der das Fahrzeug instabil wird [Sch82]. Dieser Wert stellt ein Optimum zwischen Stabilität, Komfort und Nutzen dar. Somit kann der Nutzen der Brems-Ausweich-Assistenz optimal gesteigert werden. Höhere Querbeschleunigungen bringen wenig Nutzengewinn.

2. Endablage y_e

   In dieser Arbeit wird ein spurversetztes Ausweichen betrachtet. Es wird einem Hindernis ausgewichen, indem auf die benachbarte Fahrspur gewechselt wird. Da eine Fahrspur auf (modernen) deutschen Autobahnen eine Breite von 3,75 m aufweist [FSV08], wird die Endablage y_e ebenfalls auf 3,75 m parametriert.

3. Hindernisbreite q

   Da in dieser Arbeit ausschließlich PKW-Unfälle betrachtet werden, wird die Hindernisbreite q entsprechend der durchschnittlichen Breite von Oberklassefahrzeugen festgelegt. Diese beträgt 1,8 m.

5.1.4 Ausweichkriterien

Für die Durchführung eines Ausweichmanövers lässt sich anhand der Anforderungen aus Kapitel 3.2 folgender Grundsatz definieren:

Ein Ausweichmanöver wird dann in Betracht gezogen, wenn kollisionsfrei ausgewichen sowie die Situation nicht beziehungsweise nicht mehr durch reines Bremsen kollisionsfrei gelöst werden kann.

Aus diesem Grundsatz lassen sich insgesamt acht Ausweichkriterien ableiten. Die Brems-Ausweich-Assistenz lässt sich über diese Ausweichkriterien sowie die Ausweichtrajektorie (s. Kapitel 5.1.2 und 5.1.3) definieren.

1. Ausweichfläche

   Damit ein Ausweichmanöver durchgeführt werden kann, wird mindestens eine befahrbare Ausweichfläche links oder rechts benötigt. Die Ausweichfläche wird primär durch die Videosensorik erfasst.

2. Fahrerzustand

   Dem Fahrer wird eine Reaktionszeit zugestanden, innerhalb derer er entsprechend der definierten Trajektorie kollisionsfrei ausweichen kann. Der Fahrerzustand wird dabei analog zur bewährten Strategie bei der Bremsassistenz PEBS in aufmerksam und unaufmerksam unterteilt (s. Kapitel 2.2.3). Somit kann der Systemeingriff unter Berücksichtigung des Fahrers optimiert werden. Aufmerksamen Fahrern wird wieder eine Reaktionszeit von 0,9 s und unaufmerksamen Fahrern wieder eine Reaktionszeit von 1,5 s zugestanden. Die Erfassung des Fahrerzustands erfolgt wie bei der Bremsassistenz PEBS (s. Kapitel 2.2.3).

3. Bremskriterium

   Kann ein Unfall durch Vollbremsung unter Betrachtung der maximal vom Fahrerzustand abhängigen Reaktionszeiten nicht beziehungsweise nicht mehr vermieden werden, wird ein Ausweichmanöver in Betracht gezogen. Andernfalls wird dem Ausweich- ein Bremsmanöver vorgezogen, da dieses typischerweise das einfachere und zugleich sicherere Manöver darstellt. Die Berechnung erfolgt anhand der Daten der Umfeldsensorik.

4. Querversatz

   Das ausweichende Fahrzeug muss mindestens einen Querversatz in Hindernisbreite aufbauen können bevor es zum Stillstand kommt. Erst dann kann für die Ausweichassistenz ein Nutzen in Form einer kürzeren benötigten Distanz zur Manöverdurchführung gegenüber der Bremsassistenz nachgewiesen werden (s. Kapitel 5.2.2). Ansonsten wird ein Bremsmanöver vorgezogen. Die Hindernisbreite wird durch die Videosensorik erfasst.

5. Maximale Distanz zwischen auffahrendem Fahrzeug und Hindernis

   Die Aktivierung der Brems-Ausweich-Assistenz erfolgt analog der Bremsassistenz PEBS. Die maximale Distanz d_x zwischen auffahrendem Fahrzeug und Hindernis zur Aktivierung beträgt wieder 100 m.

6. Manöverplanung

   Die Sensierung der Freifläche erfolgt über Videosensorik. Dabei soll eine neue Technologie zum Einsatz kommen, deren Reichweite in dieser Arbeit auf 60 m angenommen wird. Sobald die Ausweichanzeige eingeblendet wird, soll unter ungünstigsten Bedingungen innerhalb der mittels Videosensorik einsehbaren Freifläche angehalten werden können. Somit wird der oben beschriebene Grundsatz der Kollisionsfreiheit insbesondere mit vorausfahrenden Verkehrsteilnehmern nicht verletzt. Dann besteht auch keine Kollisionsgefahr mit sich auf der Nachbarspur voraus befindenden stehenden Objekten außerhalb des Sensorsichtbereichs, die zu Beginn des Ausweichmanövers von der Videosensorik noch nicht gesehen werden konnten. Für den Fall, dass es die kritische Situation nicht erfordert, würde das Ego-Fahrzeug nicht bis in den Stillstand gebremst. Dies hat den Vorteil, dass sich das Risiko eines durch das Ausweichmanöver verursachten Heckunfalls mit sich schnell von hinten nähernden Fahrzeugen auf der linken Fahrspur verringert. Die eingesetzte Längsverzögerung entspricht maximal der freien, das heißt nicht für die Querbeschleunigung aufgewendeten Beschleunigung entsprechend dem Kamm'schen Kreis (s. Gl. 5.1). Wird zu jedem Zeitpunkt diese maximal mögliche Längsbeschleunigung während des Ausweichmanövers eingesetzt ergibt sich der kürzest mögliche Anhalteweg während des Ausweichmanövers. Unter der Annahme idealer Haftreibung zwischen Reifen und Straße (trocken und neuer Asphalt) ergibt sich für radgetriebene Fahrzeuge eine Gesamtbeschleunigung von $\mu_r g$ = 9,81 m/s^2 [Ris02]. Die Forderung, innerhalb von 60 m anhalten zu können, ist sehr konservativ. Dies hat zur Folge, dass der Parameterraum klein ist (vgl. Kapitel 5.2). Der Parameterraum könnte durch die Forderung vergrößert werden, dass die Relativgeschwindigkeit zwischen Ego-Fahrzeug und vorausfahrendem Fahrzeug auf der Fahrspur, auf die ausgewichen werden soll, in einem definierten Abstand zwischen beiden Fahrzeugen Null betragen soll. Die hierfür benötigten komplexen und auch sehr rechenintensiven Algorithmen befinden sich jedoch noch in der Entwicklung (vgl. z. B. [Sch07]). Dabei stellen insbesondere robuste Prädiktionen der Bewegungen von Ego-Fahrzeug und Hindernis eine große Herausforderung dar. Neben der Situationsinterpretation wird aber auch die Sensorik heutzutage den hohen Anforderungen für ein solches Manöver noch nicht gerecht. Aus diesem Grund wird der Abbau der Relativgeschwindigkeit in der vorliegenden Arbeit nicht weiter verfolgt.

7. Ein- und Ausschaltzeitpunkte der Ausweichanzeige

Die Ausweichanzeige ist eine klassische Hauptwarnung, die eine konkrete Handlungsaufforderung besitzt. Aus diesem Grund soll sie analog zur Bremsassistenz PEBS (s. Kapitel 2.2.3) frühestens mit der aufmerksamkeitssteigernden Vorwarnung der Bremsassistenz, die fester Bestandteil der Warnkaskade ist, aktiviert werden. Die Ausweichanzeige wird wieder ausgeblendet, sobald ein Unfall durch ein Ausweichmanöver nicht mehr vermieden werden kann oder, wenn die kritische Situation beendet ist. Für aufmerksame Fahrer muss analog zum zweiten Ausweichkriterium (Fahrerzustand) die Ausweichanzeige mindestens 0,9 s und für unaufmerksame Fahrer mindestens 1,5 s angezeigt und in dieser Zeit unfallfrei ausgewichen werden können.

8. Unfallvermeidung während des Brems-Ausweich-Manövers

Ein Unfall während des Brems-Ausweich-Manövers muss ausgeschlossen sein. Dies bedeutet, dass weder auf andere Objekte aufgefahren noch ein Heckunfall mit nachfolgenden Fahrzeugen verursacht werden darf. Ist ein Unfall durch einen zu geringen Abstand zum vorausfahrenden Fahrzeug unvermeidbar, stellt in aller Regel ein zentraler Stoß durch Auffahren auf das vorausfahrende Fahrzeug, ohne Beteiligung eines Lenkmanövers, die optimalste Crashstruktur dar [Wel09].

5.1.5 Zustandsdiagramm für die Brems-Ausweich-Assistenz

Ein Zustandsübergangsdiagramm ist eine grafische Darstellung eines endlichen Automaten. Es werden die möglichen Zustände sowie die Übergänge zu einem anderen Zustand dargestellt. Das Zustandsdiagramm besteht aus einem Anfangszustand, einer endlichen Menge von Zuständen, einer endlichen Menge von Ereignissen, einer endlichen Anzahl von Transitionen, die den Übergang von einem zum nächsten Zustand beschreiben und einem oder mehreren Endzuständen.

Abbildung 5.5 zeigt das Zustandsdiagramm für die Brems-Ausweich-Assistenz. Das Zustandsdiagramm baut auf der Bremsassistenz PEBS auf und stellt einen Auszug aus dem gesamten Zustandsdiagramm der Brems-Ausweich-Assistenz dar (s. Kapitel 5.1.1). Aus Gründen der Übersichtlichkeit sind die Fahreraktionen (Bremsung und / oder Lenkung) und die daraus resultierenden Systemreaktionen nicht abgebildet.

In Tabelle 5.1 sind die Zustände aus Abbildung 5.5 der Brems-Ausweich-Assistenz beschrieben.

Sobald die Situation kritisch wird und die Ausweichkriterien nicht erfüllt sind, läuft die Bremsassistenz PEBS an. Zustand BA1 stellt die akustische Vorwarnung dar. Zustand BA2 beinhaltet die Hauptwarnung in Form des Bremsrucks sowie die anschließende Teilver-

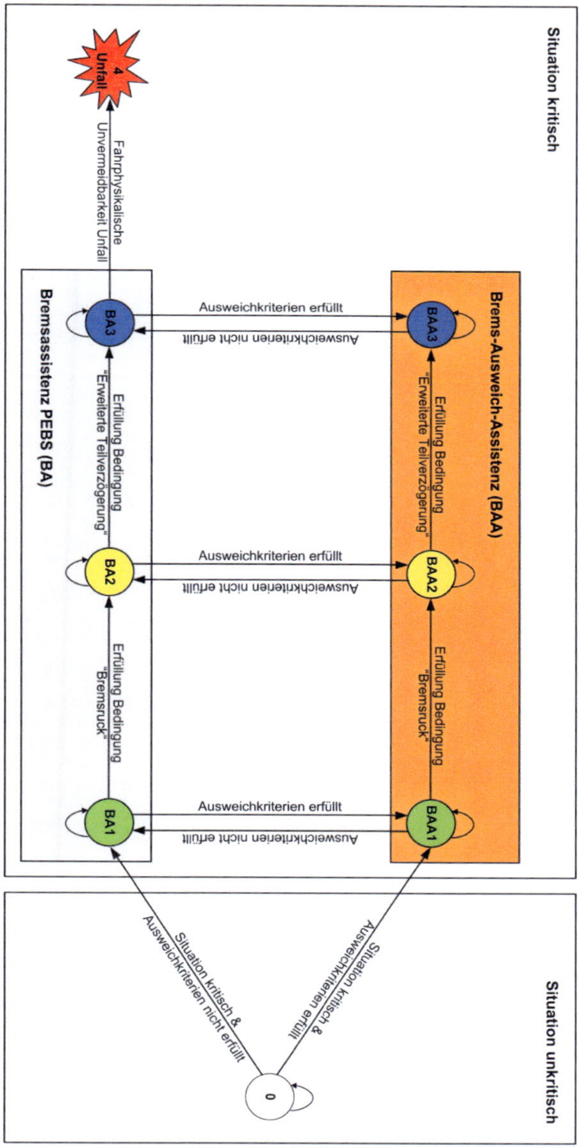

Abbildung 5.5: Zustandsdiagramm für Brems-Ausweich-Assistenz

Tabelle 5.1: Zustandsbeschreibung

Zustand	Beschreibung
0	Grundzustand, Situation unkritisch
BA1 – BA3	Bremsassistenz PEBS aktiviert, Ausweichen nicht möglich
BA1	Akustische Warnung
BA2	Bremsruck ($\|a_{x,Brems}\|$ = 4 m/s^2) und Teilverzögerung RTG ($\|a_{x,RTG1}\|$ = 3 m/s^2)
BA3	Erweiterte Teilverzögerung ($\|a_{x,RTG2}\|$ = 6 m/s^2)
BAA1 – BAA3	Entspricht Zuständen BA1 – BA3, zusätzlich ist Ausweichen möglich
4	Unfallvermeidung fahrphysikalisch weder durch Bremsung noch durch Ausweichen möglich → Automatische Vollverzögerung zur Unfallfolgenminderung → Unfall

zögerung. Zustand BA3 stellt die zweite Stufe der Teilverzögerung dar. In Zustand 4 kann weder durch ein Brems- noch durch ein Ausweichmanöver ein Unfall vermieden werden. In diesem Zustand erfolgt eine automatische Vollbremsung zur Minimierung der Unfallfolgen. Sobald die Ausweichkriterien (s. Kapitel 5.1.4) erfüllt sind, kann die Ausweichanzeige eingeblendet und der Fahrer bei der Manöverdurchführung unterstützt werden. Sind die Ausweichkriterien von Beginn der kritischen Situation an erfüllt (Zustand 0), kann direkt in den Zustand BAA1 gewechselt werden. Bei den drei Zuständen BAAx mit x $\in$ [1,2,3] sind zusätzlich zu den Bedingungen der Zustände BAx die Ausweichkriterien erfüllt. Von jedem Zustand BAx kann bei Erfüllung der Ausweichkriterien in den Zustand BAAx gewechselt werden. Befindet sich hingegen das System in einem der Zustände BAAx und mindestens ein Ausweichkriterium ist nicht mehr erfüllt, wechselt das System in den Zustand BAx. Von jedem beliebigen Zustand kann, sobald die Situation wieder unkritisch wird, in den Grundzustand 0 gewechselt werden. Diese Rückführungen sind aus Gründen der Übersichtlichkeit jedoch nicht in Abbildung 5.5 dargestellt.

5.2 Parameterraum

Der Nutzen der Brems-Ausweich-Assistenz unter Berücksichtigung des in Kapitel 5.1 definierten Systementwurfs wird anhand des Parameterraums dargestellt. Darüber hinaus kann mittels des Parameterraums ein Systemverständnis aufgebaut sowie relevante Verkehrsszenen für die Probandenstudie zur Evaluation der visuellen Anzeigen abgeleitet werden. Zunächst werden das Vorgehen sowie die grundlegenden Zusammenhänge zwischen reinen Brems- und Brems-Ausweich-Manövern beschrieben. Anschließend wird der Parameterraum für die Brems-Ausweich-Assistenz dargestellt sowie die charakteristischen Größen des Parameterraums betrachtet. Während in Kapitel 3.1 eine qualitative Darstellung der Zusammenhänge zwischen Brems- und Ausweichmanöver diskutiert wurde, wird in diesem Kapitel eine quantitative Analyse der Brems-Ausweich-Assistenz durchgeführt.

5.2.1 Vorgehen

Der Parameterraum wurde durch eine Simulation in Matlab erstellt (Version 7.5.0.342, R2007b). Ihm liegt das Zustandsdiagramm aus Kapitel 5.1.5 zugrunde. Im Zustandsdiagramm werden die Ausweichtrajektorie (s. Gl. 5.4), deren Parametrierung (s. Kapitel 5.1.3) sowie die Ausweichkriterien (s. Kapitel 5.1.4) für aufmerksame Fahrer berücksichtigt (s. Kapitel 8.4). Die Ausgangssituationen werden durch die Parameter initiale Ego-Geschwindigkeit $v_{Ego,0}$, die initiale Hindernisgeschwindigkeit $v_{Hin,0}$, die zeitlich konstante Hindernisverzögerung a_{Hin} (0 m/s^2, -2 m/s^2, -5 m/s^2, -8 m/s^2) sowie den initialen Abstand zwischen Ego-Fahrzeug und Hindernis definiert. Es sind die Ausgangssituationen dargestellt, bei denen kollisionsfrei mittels eines Brems-Ausweich-Eingriffs ausgewichen werden kann. Durch Variation des initialen Abstands werden für eine Ausgangssituation sowohl der minimale als auch der maximale initiale Abstand für ein Ausweichmanöver bestimmt. Es kann gezeigt werden, dass zwischen diesen beiden Abständen immer ein Ausweichmanöver möglich ist.

5.2.2 Grundlegende Zusammenhänge

Abbildung 5.6 zeigt die benötigte Strecke zur Durchführung eines reinen Brems- sowie eines Brems-Ausweich-Manövers.

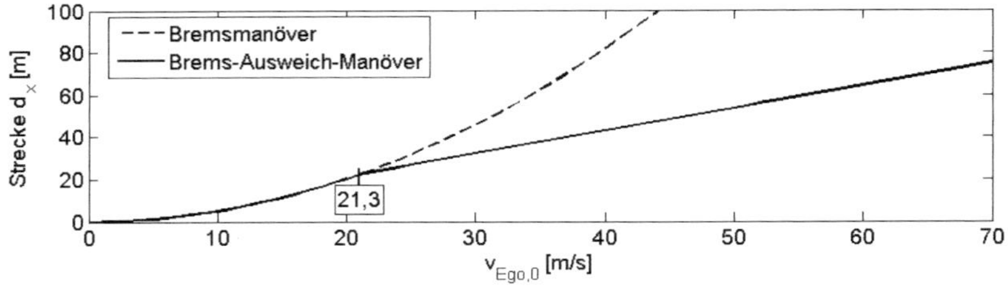

Abbildung 5.6: Vergleich der Strecken eines Brems- und eines Brems-Ausweich-Manövers

In Abbildung 5.6 ist die benötigte Strecke d_x für die beiden Manöver über der initialen Ego-Geschwindigkeit $v_{Ego,0}$ aufgetragen. Einerseits ist der Bremsweg $d_{x,B}$ eines reinen Bremsmanövers mit einer Verzögerung von $a_{x,Ego}$ = -9,81 m/s^2 dargestellt. Der Kurvenverlauf (s. gestrichelte Kurve) ist parabelförmig und führt durch den Ursprung (vgl. Gl. 3.1). Andererseits ist für den kombinierten Brems-Ausweich-Eingriff der Anhalteweg beziehungsweise die benötigte

Strecke $d_{x,A}$ bis zum Erreichen des Querversatzes in Hindernisbreite jeweils in x-Richtung dargestellt (durchgezogene Kurve). Für die initiale Ego-Geschwindigkeiten $v_{Ego,0}$ < 21,3 m/s kommt das Ego-Fahrzeug vor Aufbau des Querversatzes in Hindernisbreite zum Stehen. Da der Einfluss der Querbeschleunigung von $a_{y,Ego}$ = 5 m/s^2 für diese Geschwindigkeiten gering ist, benötigt ein kombiniertes Brems-Ausweich-Manöver eine geringfügig größere Distanz um den Stillstand zu erreichen als bei einem reinen Bremsmanöver (s. Abbildung 5.6). Aus diesem Grund wird für diesen Geschwindigkeitsbereich dem Brems-Ausweich-Manöver ein reines Bremsmanöver vorgezogen, denn Bremsmanöver sind in aller Regel ungefährlicher als Ausweichmanöver. Hinzu kommt, dass im Falle eines Unfalls zentrale Auffahrunfälle ohne Lenkmanöver bezüglich der Unfallfolgen am geringsten sind [Wel09]. Ab der Ego-Geschwindigkeit $v_{Ego,0}$ = 21,3 m/s kann, bevor das Ego-Fahrzeug zum Stillstand kommt, der Querversatz in Hindernisbreite aufgebaut werden. Ab diesem Zeitpunkt besteht keine Unfallgefahr mehr mit dem Hindernis. Da die Zeiten zum Aufbau des Querversatzes in Hindernisbreite bei der gewählten Systemauslegung nur minimal über die Variation der initialen Ego-Geschwindigkeit $v_{Ego,0}$ variieren, kann die benötigte Strecke $d_{x,A}$ in x-Richtung als Ursprungsgerade dargestellt werden (s. Abbildung 5.6). Für die Ego-Geschwindigkeiten $v_{Ego,0}$ >= 21,3 m/s sind somit die benötigten Distanzen d_x bei einem Brems-Ausweich-Eingriff geringer als bei einem Bremsmanöver. Aus diesem Grund wird für diesen Geschwindigkeitsbereich ein Brems-Ausweich-Manöver bevorzugt.

Abbildung 5.7 zeigt für einen Brems-Ausweich-Eingriff die Geschwindigkeiten in Abhängigkeit der initialen Ego-Geschwindigkeit $v_{Ego,0}$ eines kombinierten Brems-Ausweich-Eingriffs nach einer Distanz von 60 m, die der Sichtweite der Videosensorik entspricht (s. Kapitel 5.1.4, 6. Manöverplanung).

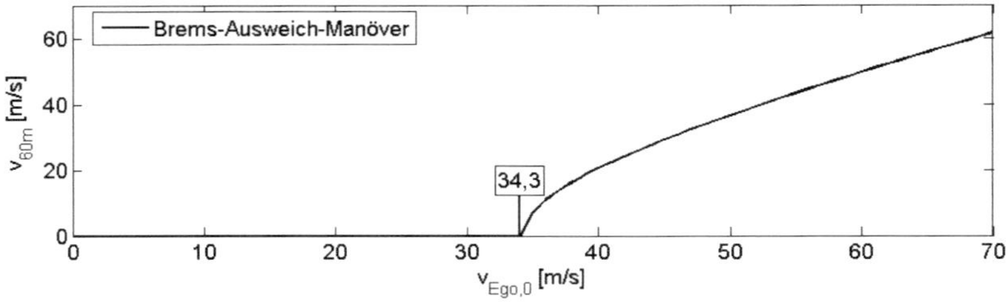

Abbildung 5.7: Geschwindigkeit eines Brems-Ausweich-Manövers nach 60 m

Es kann bis zur Ego-Geschwindigkeit $v_{Ego,0}$ = 34,3 m/s innerhalb von 60 m im Rahmen eines Brems-Ausweich-Manövers angehalten werden. Soll auch für höhere Ego-Geschwindigkeiten $v_{Ego,0}$ im Rahmen eines Ausweichmanövers innerhalb von 60 m angehalten werden können, muss zuerst auf mindestens die Geschwindigkeit 34,3 m/s abgebremst werden, bevor ausgewichen werden kann.

5.2.3 Begrenzungen des Parameterraums

Der Parameterraum weist den fahrdynamischen Bereich aus, in dem für die Brems-Ausweich-Assistenz ein Nutzen nachgewiesen werden kann. Außerhalb des Bereichs wird ein reines Bremsmanöver bevorzugt. Die im Folgenden beschriebenen Grenzen des Parameterraums ergeben sich aus den in Kapitel 5.1.4 beschriebenen Ausweichkriterien. Abbildung 5.8 zeigt die Parameterräume für verschiedene Hindernisverzögerungen $a_{Hin}(t)$ = konstant in Abhängigkeit der initialen Ego-Geschwindigkeit $v_{Ego,0}$ und der initialen Hindernisgeschwindigkeit $v_{Hin,0}$ bei Manöverbeginn.

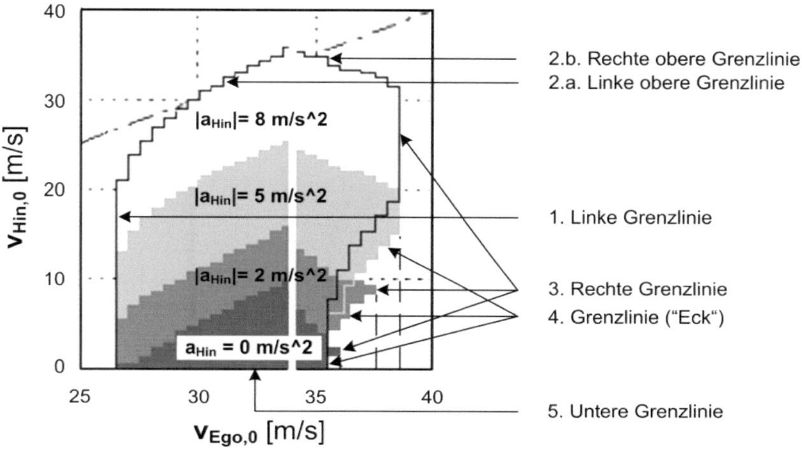

Abbildung 5.8: Parameterraum für Brems-Ausweich-Assistenz

Unterteilung des Parameterraums

Der Parameterraum, dessen Abmessungen sich mit zunehmender Hindernisverzögerung $|a_{Hin}|$ vergrößern, lässt sich wie folgt unterteilen:

Tabelle 5.2: Unterteilung Parameterraum

I	**Außerhalb Parameterraum**	
	Verletzung mindestens eines Ausweichkriteriums → Nutzen eines reinen Bremsmanövers höher als eines Brems-Ausweich-Manövers	
II	**Innerhalb Parameterraums**	
	Erfüllung aller Ausweichkriterien	
	1. 26,5 m/s <= $v_{Ego,0}$ <= 34,3 m/s:	Direktes Ausweichmanöver möglich
	2. 34,3 m/s < $v_{Ego,0}$ <= $v_{Ego,0,max}$:	Ausweichmanöver erst nach Geschwindigkeitsreduktion auf mindestens $v_{Ego,0}$ = 34,3 m/s möglich

Diskussion der Grenzlinien

Der Parameterraum wird insgesamt durch fünf Grenzlinien beschrieben:

1. <u>Linke Grenzlinie (1)</u>

   Die linke Grenzlinie (1) legt die minimale Ego-Geschwindigkeit $v_{Ego,0}$ fest, ab der ausgewichen werden kann. Sie liegt für alle initialen Hindernisgeschwindigkeiten $v_{Hin,0}$ und Hindernisverzögerungen a_{Hin} bei $v_{Ego,0}$ = 26,5 m/s und ist somit von der Hindernisverzögerung a_{Hin} und der Hindernisgeschwindigkeit $v_{Hin,0}$ unabhängig. Die maximal mögliche Hindernisgeschwindigkeit $v_{Hin,0,max,1}$ auf dieser Grenzlinie nimmt mit größer werdender Hindernisverzögerung $|a_{Hin}|$ zu. Die Zeitdauer t_{Brems}, innerhalb derer der Fahrer reagieren und somit einen Unfall durch Vollbremsung vermeiden kann, nimmt ebenfalls auf dieser Grenzlinie jeweils bis auf 0,9 s bei der Hindernisgeschwindigkeit $v_{Hin,0,max,1}$ zu. Für die Ego-Geschwindigkeiten 21,3 m/s ≤ $v_{Ego,0}$ < 26,5 m/s ist die Zeitdauer t_{Brems}, innerhalb derer der Fahrer reagieren und somit einen Unfall durch eine Vollbremsung vermeiden kann, größer als 0,9 s. Dies gilt auch, wenn der initiale Abstand zwischen Ego-Fahrzeug und Hindernis bei Manöverbeginn vergrößert würde. Somit ist das dritte Ausweichkriterium verletzt, das besagt, dass für die Unfallvermeidung durch Vollbremsung weniger als 0,9 s zur Verfügung stehen dürfen. Für den Fall, dass der initiale Abstand zwischen Ego-Fahrzeug und Hindernis bei Manöverbeginn für diesen Ego-Geschwindigkeitsbereich verkleinert würde, wäre die Zeitdauer $t_{Ausweich}$, innerhalb derer der Fahrer reagieren und somit einen Unfall durch ein Ausweichmanöver verhindern könnte, kleiner als 0,9 s. Somit wäre das siebte Ausweichkriterium verletzt, das besagt, dass die Ausweichanzeige mindestens 0,9 s angezeigt werden muss.

2. Obere Grenzlinie (2)

Die obere Grenzlinie (2) beschreibt die maximalen Hindernisgeschwindigkeiten $v_{Hin,0,max}$. Auf dieser Grenzlinie befinden sich die Geschwindigkeitskombinationen, bei denen die Zeitdauer, innerhalb derer der Fahrer reagieren und somit einen Unfall durch eine Vollbremsung (t_{Brems}) oder durch ein Ausweichmanöver ($t_{Ausweich}$) vermeiden kann, genau 0,9 s betragen. Die obere Grenzlinie hat einen Knick bei der Ego-Geschwindigkeit $v_{Ego,0}$ = 34,3 m/s, wodurch die Grenzlinie in zwei Bereiche geteilt wird. An der Knickstelle befindet sich die globale maximale Hindernisgeschwindigkeit $v_{Hin,0,Knick}$, bei der für ein Brems-Ausweich-Manöver ein höherer Nutzen als für ein reines Bremsmanöver nachgewiesen werden kann. Die Ego-Geschwindigkeit $v_{Ego,0,Knick}$, bei der der Knick liegt, ist unabhängig von der Hindernisverzögerung a_{Hin}. Der linke Teil der Grenzlinie (2.a) beginnt bei der Ego-Geschwindigkeit $v_{Ego,0}$ = 26,5 m/s (Grenzlinie 1). Die maximale Hindernisgeschwindigkeit $v_{Hin,0,max}$ nimmt mit der Ego-Geschwindigkeit $v_{Ego,0}$ zu. Für die Hindernisverzögerungen $|a_{Hin}|$ < 3 m/s^2 ist die Grenzlinie ungefähr parallel zur 1. Winkelhalbierenden. Der rechte Teil der Grenzlinie (2.b) beginnt beim Knick, der sich bei der Ego-Geschwindigkeit $v_{Ego,0,Knick}$ = 34,3 m/s befindet. Die maximale Hindernisgeschwindigkeit $v_{Hin,max,0}$ nimmt mit zunehmender Ego-Geschwindigkeit $v_{Ego,0}$ ab. Mit zunehmender Hindernisverzögerung $|a_{Hin}|$ verschiebt sich die obere Grenzlinie zu größeren Hindernisgeschwindigkeiten $v_{Hin,0,max}$. Ab einer Hindernisverzögerung $|a_{Hin}|$ = 7,2 m/s^2 kann bei kleineren Ego-Geschwindigkeiten

$v_{Ego,0}$ als Hindernisgeschwindigkeiten $v_{Hin,0}$ ausgewichen werden. Das Gebiet überschreitet somit erstmalig die erste Winkelhalbierende bei $v_{Ego,0,Knick} = v_{Hin,0} = 32{,}5$ m/s. Oberhalb der Grenzlinie ist die Zeitdauer t_{Brems}, innerhalb derer der Fahrer reagieren und somit einen Unfall durch eine Vollbremsung vermeiden kann, größer als 0,9 s. Dies gilt auch, wenn der initiale Abstand zwischen Ego-Fahrzeug und Hindernis bei Manöverbeginn vergrößert würde. Somit ist das dritte Ausweichkriterium verletzt, das besagt, dass für die Unfallvermeidung durch Vollbremsung weniger als 0,9 s zu Verfügung stehen dürfen. Für den Fall, dass der initiale Abstand zwischen Ego-Fahrzeug und Hindernis bei Manöverbeginn verkleinert würde, wäre die Zeitdauer $t_{Ausweich}$, innerhalb derer der Fahrer reagieren und somit einen Unfall durch ein Ausweichmanöver verhindern könnte, kleiner als 0,9 s. Somit wäre das siebte Ausweichkriterium verletzt, das besagt, dass die Ausweichanzeige mindestens 0,9 s angezeigt werden muss.

3. Rechte Grenzlinie (3)

Die rechte Grenzlinie (3) beschreibt die maximale Ego-Geschwindigkeit $v_{Ego,0,max}$, mit der Ausweichen noch möglich ist. Die Ego-Geschwindigkeit $v_{Ego,0,max}$ ist jeweils für eine bestimmte Hindernisverzögerung a_{Hin} konstant. Mit Erhöhung der Hindernisverzögerung $|a_{Hin}|$ verlängert sich die Grenzlinie und verschiebt sich zu größeren Ego-Geschwindigkeiten $v_{Ego,0,max}$ sowie Hindernisgeschwindigkeiten $v_{Hin,0}$. Die Zeitdauer t_{Brems}, innerhalb derer der Fahrer reagieren und somit einen Unfall durch Vollbremsung vermeiden kann, nimmt auf der Grenzlinie bis zum Maximalwert der Hindernisgeschwindigkeit $v_{Hin,0,max,3}$ auf 0,9 s zu. Die global maximale Ego-Geschwindigkeit $v_{Ego,0,global}$ zum

Ausweichen wird bereits bei der Hindernisverzögerung $|a_{Hin}| = 2{,}9$ m/s^2 erreicht und beträgt 38,5 m/s. Rechts der Grenzlinie ist die Zeitdauer $t_{Ausweich}$, innerhalb derer der Fahrer reagieren und somit einen Unfall durch ein Ausweichmanöver vermeiden kann, kleiner als 0,9 s. Dies würde auch bei Verkleinerung des initialen Abstands zwischen Ego-Fahrzeug und Hindernis bei Manöverbeginn gelten. Damit ist das siebte Ausweichkriterium verletzt, das besagt, dass die Ausweichanzeige mindestens 0,9 s angezeigt werden muss. Würde hingegen der initiale Abstand zwischen Ego-Fahrzeug und Hindernis bei Manöverbeginn vergrößert, wäre die Zeitdauer t_{Brems}, innerhalb derer der Fahrer reagieren und somit einen Unfall durch eine Vollbremsung vermeiden kann, größer als 0,9 s. Somit wäre das dritte Ausweichkriterium verletzt, das besagt, dass für die Unfallvermeidung durch Vollbremsung weniger als 0,9 s zur Verfügung stehen dürfen.

4. <u>"Eck" (Grenzlinie 4)</u>

Grenzlinie 4 ist mit den Grenzlinien 3 und 5 verbunden und kann durch eine Krümmung beschrieben werden. Durch Grenzlinie 4 wird im Parameterraum ein "Eck" beschrieben. Ausweichen ist somit für hohe Ego-Geschwindigkeiten $v_{Ego,0}$ bei niedrigen Hindernisgeschwindigkeiten $v_{Hin,0}$ nicht möglich. Das "Eck" liegt zwischen den Ego-Geschwindigkeiten 35,5 m/s und $v_{Ego,0,max}$, der maximalen Ego-Geschwindigkeit. Die Distanz zwischen Ego-Fahrzeug und Hindernis auf der Grenzlinie entsprechen zu Manöverbeginn 100 m. Unterhalb der Grenzlinie außerhalb des Parameterraums ist bei einer Distanz $s < 100$ m die Zeitdauer $t_{Ausweich}$, innerhalb derer der Fahrer reagieren und somit einen

Unfall durch ein Ausweichmanöver vermeiden kann, kleiner als 0,9 s. Damit ist das fünfte Ausweichkriterium verletzt.

5. Untere Grenzlinie (5)

Für die fünfte und damit untere Grenzlinie ist die Hindernisgeschwindigkeit $v_{Hin,0}$ = 0 m/s. Dies entspricht einem stehenden Hindernis. Die Grenzlinie verläuft zwischen der Ego-Geschwindigkeit 26,5 m/s <= $v_{Ego,0}$ <= 35,5 m/s und ist unabhängig von der Hindernisverzögerung $|a_{Hin}|$.

5.2.4 Untersuchung des Parameterraums

Für jede Kombination der Ego-Geschwindigkeit $v_{Ego,0}$ und der Hindernisgeschwindigkeit $v_{Hin,0}$ im Parameterraum kann zwischen einem definierten minimalen und maximalen initialen Abstand von Ego-Fahrzeug und Hindernis zu Manöverbeginn ausgewichen werden. Im Folgenden werden charakteristische Zeiten, Geschwindigkeiten und Abstände des Parameterraums betrachtet.

1. Zeitlicher Abstand zwischen der Aktivierung der Bremsassistenz und der Ausweichanzeige

Die Zeitdifferenz zwischen der Aktivierung der Bremsassistenz und der Ausweichanzeige beträgt immer 0 s für die Ego-Geschwindigkeiten 26,5 m/s <= $v_{Ego,0}$ <= 34,3 m/s. Somit werden die Bremsassistenz und die Ausweichanzeige zeitgleich aktiviert. Für die Ego-Geschwindigkeiten $v_{Ego,0}$ > 34,3 m/s hängt die Zeitdifferenz nur von der Ego-Geschwindigkeit $v_{Ego,0}$ ab und nimmt mit größer werdender Ego-Geschwindigkeit $v_{Ego,0}$ linear zu. Der Maximalwert liegt auf der 3. Grenzlinie und beträgt 1,3 s für die Hindernisverzögerung $|a_{Hin}|$ = 8 m/s^2. Die Zeitdifferenz zwischen der Vor- und der Hauptwarnung beträgt immer 0 s. Dies bedeutet, dass die Vor- und die Hauptwarnung zeitgleich eingeblendet werden.

2. Hindernisgeschwindigkeit bei Aktivierung der Ausweichanzeige

Für die Ego-Geschwindigkeit 26,5 m/s <= $v_{Ego,0}$ <= 34,3 m/s ist die Hindernisgeschwindigkeit bei Aktivierung der Ausweichanzeige unabhängig von der Ego-Geschwindigkeit $v_{Ego,0}$ und der Hindernisverzögerung $|a_{Hin}|$. Da Ausweichen in diesem Geschwindigkeitsbereich direkt zu Manöverbeginn (t = 0 s) möglich ist, ist die Hindernisgeschwindigkeit bei Aktivierung der Ausweichanzeige identisch der Hindernisgeschwindigkeit $v_{Hin,0}$ bei Manöverbeginn. Für Ego-Geschwindigkeiten $v_{Ego,0}$ > 34,3 m/s ist die Hindernisgeschwindigkeit bei Aktivierung der Ausweichanzeige nicht mehr identisch zu der Hindernisgeschwindigkeit $v_{Hin,0}$ bei Manöverbeginn. Sie ist nun abhängig von der Zeitdifferenz, die sich aus der Aktivierung der Bremsassistenz und der Ausweichanzeige ergibt. Für Ego-Geschwindigkeiten $v_{Ego,0}$ > 34,3 m/s muss zunächst auf v_{Ego} = 34,3 m/s heruntergebremst werden, bevor die Ausweichanzeige eingeblendet werden kann. Je schneller das Ego-Fahrzeug fährt, umso länger dauert dieser Vorgang. Das Hindernis kann dabei eine umso größere Geschwindigkeitsdifferenz abbauen, umso länger die Zeit zum Geschwindigkeitsabbau des Ego-Fahrzeugs andauert. Daher verringert sich bei Zunahme der Ego-Geschwindigkeit $v_{Ego,0}$ oder der Hindernisverzögerung $|a_{Hin}|$ die Hindernisgeschwindigkeit bei Aktivierung der Ausweichanzeige. Mit größer werdender Hindernisgeschwindigkeit $v_{Hin,0}$ bei Manöverbeginn nimmt die Hindernisgeschwindigkeit bei Aktivierung der Ausweichanzeige hingegen zu. Für einige Kombinationen von Ego-Geschwindigkeiten $v_{Ego,0}$ > 34,3 m/s und niedrigen Hindernisgeschwindigkeiten $v_{Hin,0}$ befindet sich das Hindernis bei Aktivierung der Ausweichanzeige bereits im Stillstand. Dieses Gebiet ist klein, nimmt aber mit größer werdender Hindernisverzögerung $|a_{Hin}|$ zu. Der jeweils größte Wert der Hindernisgeschwindigkeit bei Aktivierung der Ausweichanzeige liegt bei der Ego-Geschwindigkeit $v_{Ego,0,Knick}$ = 34,3 m/s, dem Knick der 2. Grenzlinie. Er nimmt mit zunehmender Hindernisverzögerung $|a_{Hin}|$ zu und beträgt 36,5 m/s für die Hindernisverzögerung $|a_{Hin}|$ = 8 m/s^2.

3. <u>Anzeigedauer der Ausweichanzeige</u>

Die Ausweichanzeige wird entsprechend dem siebten Ausweichkriterium in Kapitel 5.1.4 frühestens mit der Vorwarnung der Bremsassistenz ein- und bei Beendigung der kritischen Situation wieder ausgeblendet. Die Anzeigedauer muss mindestens 0,9 s betragen. Für den maximal möglichen Abstand beträgt die Dauer der Ausweichanzeige am Rand des Parameterraums immer 0,9 s. Mit zunehmender Ego-Geschwindigkeit $v_{Ego,0}$ nimmt die Zeitdauer bis zur Ego-Geschwindigkeit $v_{Ego,0}$ = 34,3 m/s linear zu, erreicht dort unabhängig von der Hindernisverzögerung a_{Hin} das Maximum von 1,8 s und nimmt schließlich für die Ego-Geschwindigkeiten $v_{Ego,0}$ > 34,3 m/s wieder linear ab

4. Initiale Abstände zum Ausweichen zwischen Ego-Fahrzeug und Hindernis

   Der notwendige Abstand eines Ausweichmanövers nimmt monoton mit zunehmender Ego-Geschwindigkeit $v_{Ego,0}$, mit abnehmender Hindernisgeschwindigkeit $v_{Hin,0}$ oder mit zunehmender Hindernisverzögerung $|a_{Hin}|$ zu. Die Maximalwerte liegen auf der 4. Grenzlinie und betragen 100 m. Das Minimum befindet sich bei der Ego-Geschwindigkeit $v_{Ego,0,Knick}$ = 34,3 m/s, dem Knick der 2. Grenzlinie. Der minimale Wert nimmt mit zunehmender Hindernisverzögerung $|a_{Hin}|$ zu und beträgt 14,6 m für die Hindernisverzögerung $|a_{Hin}|$ = 8 m/s^2.

5.3 Nutzenanalyse

In Kapitel 5.2.3 wird für die Brems-Ausweich-Assistenz der fahrdynamische Bereich ausgewiesen, in dem für Ausweichmanöver ein Nutzen nachgewiesen werden kann. Dieser Betrachtung liegt der Systementwurf in Kapitel 5.1 zugrunde. Der Parameterraum in Abbildung 5.8 macht deutlich, dass Ausweichen in einer Vielzahl von kritischen Situationen möglich ist. Der Nutzen eines Ausweichmanövers kann dabei deutlich durch die Integration der Ausweich- in die Bremsassistenz insbesondere bei initialen Ego-Geschwindigkeiten größer als 34,3 m/s erhöht werden. Mit den Ausweichmanövern können der in Kapitel 3.3.1 definierte Straßentyp Autobahn und die in Kapitel 3.3.2 definierten Unfalltypen Spurwechselunfall und Auffahrunfall adressiert werden. Außerdem decken sich die über die Fahrsimulation gewonnen Erkenntnisse zum Nutzen von Ausweichmanövern mit den Ergebnissen aus der Unfallforschung in Kapitel 4.1. Die qualitative Fahrdynamiksimulation zeigt jedoch auch, dass die initialen Hindernisgeschwindigkeiten $v_{Hin,0}$ und die

Hindernisverzögerungen a_{Hin}, für die ein Nutzen hinsichtlich eines Ausweichmanövers nachweisbar ist, im realen Straßenverkehr nur bedingt relevant sind. Es muss einerseits die Relativgeschwindigkeit zwischen Ego-Fahrzeug und Hindernis groß, andererseits die Hindernisverzögerung hoch sein. Eine wirksame Maßnahme zur Erhöhung des Nutzens, insbesondere von Ausweichmanövern, wäre der Einsatz von C2X (s. Kapitel 4.4).

Use-Cases

Im Folgenden werden aus der Fahrdynamiksimulation in Kapitel 5.2 die Use-Cases abgeleitet. Sie sind mit der in Tabelle 4.1 vorgenommenen Klassifizierung der Unfalltypen identisch. Es wird zwischen stehenden, gleichförmig bewegten und bremsenden Hindernissen unterschieden. Während im ersten Use-Case lediglich Auffahrunfälle betrachtet werden, sind in den andern beiden Use-Cases gleichermaßen die Spurwechselunfälle und Auffahrunfälle abgedeckt.

Use-Case 1: Stehendes Hindernis

Bei stehenden Hindernissen kann es sich um ein Stauende oder um ein sich auf der Fahrbahn befindendes Objekt wie zum Beispiel eine Baustellenabsperrung, eine Unfallstelle oder einen verlorenen Gegenstand handeln. Die Geschwindigkeit des Ego-Fahrzeugs muss zwischen 26,5 m/s $<= v_{Ego,0} <=$ 34,3 m/s liegen. Der minimale initiale Abstand für ein Ausweichmanöver befindet sich bei der Ego-Geschwindigkeit $v_{Ego,0}$ = 26,5 m/s und beträgt 64,5 m.

Use-Case 2: Gleichförmig bewegtes Hindernis

Bei gleichförmig bewegten Hindernissen handelt es sich um bewegte Objekte, die weder beschleunigen noch verzögern ($a_{Hin}(t) = 0$ m/s). Das Ego-Fahrzeug muss sich deutlich schneller als das Hindernis bewegen. Die maximale initiale Hindernisgeschwindigkeit $v_{Hin,0}$, bei der ein Ausweichmanöver noch sinnvoll ist, kann für die Ego-Geschwindigkeit $v_{Ego,0}$ = 34,3 m/s gefunden werden und beträgt 10,5 m/s. Für diese Geschwindigkeitskombination kann auch der minimale initiale Abstand für ein Ausweichmanöver gefunden werden. Er beträgt 52,8 m. Der Parameterraum ist für gleichförmig bewegte Objekte sehr klein. Da die für gleichförmig bewegte Hindernisse relevanten Kombinationen von Ego- und Hindernisgeschwindigkeit in der Realität und vor allem auf der Autobahn äußerst selten auftreten, ist dieser Use-Case weniger relevant. Von größerer Bedeutung wäre dieser Use-Case für Landstraßen. Dort befinden sich regelmäßig langsam fahrende Fahrzeuge auf der Fahrbahn (z. B. landwirtschaftliche Fahrzeuge oder Fahrradfahrer / Rollerfahrer).

Use-Case 3: Bremsendes Hindernis

Der größte Nutzen der Brems-Ausweich-Assistenz ist für bremsende Hindernisse nachweisbar. Umso stärker das Hindernis bremst, desto größer ist der Nutzen. Mit Erhöhung der Hindernisverzögerung $|a_{Hin}|$ kann auch die maximale initiale Hindernisgeschwindigkeit $v_{Hin,0,max}$ erhöht werden. Die Ego-Geschwindigkeit kann zwischen 26 m/s < $v_{Ego,0}$ < $v_{Ego,0,max}$ liegen, wobei $v_{Ego,0,max}$ abhängig von der Hindernisverzögerung a_{Hin} ist und einen Wert zwischen 35,5 m/s < $v_{Ego,0,max}$ <= 38,5 m/s annehmen kann. Der minimale initiale Abstand für ein Ausweichmanöver kann an der Knickstelle der

2. Grenzlinie bei einer Hindernisverzögerung von $|a_{Hin}|$ = 8 m/s^2 gefunden werden. Er beträgt 14,6 m. Der maximale initiale Abstand für ein Ausweichmanöver liegt auf der 4. Grenzlinie und beträgt immer 100 m. Typischerweise bewegt sich das Hindernis langsamer als das Ego-Fahrzeug fort. Ein Brems-Ausweich-Eingriff aus der Folgefahrt ist ab einer Hindernisverzögerung von $|a_{Hin}|$ = 7,2 m/s^2 möglich. In diesem Fall liegen die Geschwindigkeiten für das Ego-Fahrzeug und das Hindernis bei circa 34,3 m/s. Es wird ein initaler Mindestabstand von 20,1 m zwischen Ego-Fahrzeug und Hindernis für ein Ausweichmanöver benötigt.

6. Entwurf und Vorauswahl visueller Anzeigen

Zunächst werden die Ziele und Anforderungen an die Anzeigen definiert. Darauf werden die Kollisionsanzeigen und anschließend die Ausweichanzeigen vorgestellt. Für jede Anzeigekomponente werden sowohl die Vor- als auch die Nachteile diskutiert. Anschließend werden die Kollisions- und die Ausweichanzeigen zu ganzheitlichen Anzeigekonzepten zusammengeführt und die für die Probandenstudie vorausgewählten Konzepte vorgestellt. Der Bewertung liegen Voruntersuchungen in einem statischen Fahrsimulator zugrunde. Dort wurden stichprobenartig die in diesem Kapitel definierten Hypothesen zu den Anzeigekonzepten überprüft.

6.1 Ziele und Anforderungen an die Anzeigen

Es werden Anzeigen für die in Kapitel 5.1.1 beschriebene semiautonome Brems-Ausweich-Assistenz vorgestellt. Durch die Anzeigen soll der Fahrer in kritischen Situationen zu geeigneten Handlungen angeleitet werden. Die Manöverunterstützung durch das System für das Brems- und das Ausweichmanöver muss dabei vom Fahrer initiiert werden. Zur Absicht, ob der Fahrer ein Ausweich- oder nur ein Bremsmanöver beabsichtigt, kann jedoch kein exaktes Wissen über technische Sensoren erhalten werden [Don99]. Aus diesem Grund wird für das HMI der Brems-Ausweich-Assistenz neben der Ausweich- auch immer eine Kollisionsanzeige berücksichtigt. Die Grundlage des HMI stellen die Anzeigen der Bremsassistenz PEBS dar. Dies sind einerseits die Vorwarnung in Form eines Warntons und andererseits die Hauptwarnung in Form eines Bremsrucks (s. Kapitel 2.2.3). Ergänzend werden bisher kaum erforschte visuelle

Kollisions- und Ausweichanzeigen entwickelt und untersucht. Die Informationsdarbietung erfolgt auf dem visuellen Kanal des Fahrers. Visuell wahrgenommene Informationen machen im Straßenverkehr einen Anteil von über 90% aller beim Fahren wahrgenommenen Informationen aus [Bie84]. Aus diesem Grund besteht die begründete Annahme, dass visuelle Anzeigen in kritischen Situationen besonders effektiv sind. Gleichzeitig muss jedoch sichergestellt werden, dass die zur Verfügung stehende Kapazität des Fahrers hinsichtlich des bereits sehr beanspruchten visuellen Kanals nicht überschritten wird (s. [Bra83]). Das zentrale Ziel dieser Arbeit besteht nun im Nachweis, ob visuelle Ausweichanzeigen einen Nutzen haben. Der Nutzen lässt sich daran messen, ob der Anteil der ausweichenden Fahrer mit diesen Anzeigen erhöht und damit die Anzahl der Kollisionen verringert werden kann. Für diese Grundlagenuntersuchung werden die visuellen Anzeigen Head-Up eingeblendet, da sie dann ihre maximale Wirksamkeit entfalten können. In nahezu allen Literaturquellen werden dabei HUD als überlegen im Vergleich zu herkömmlichen Anzeigen angesehen (s. z. B. [Lan03]). Mit dem HUD kann nicht nur effektiv die benötigte Zeit zur Informationsaufnahme verkürzt werden, da der Blick nicht mehr von der Szene abgewendet werden muss, sondern es können dem Fahrer auch Informationen gegeben werden, die durch akustische oder haptische Anzeigen nicht darzustellen sind [Bro05b]. Der größte Nutzen wird bei kontaktanaloger Einblendung der Anzeigen erwartet. Kontaktanaloge Anzeigen sind am geeignetsten, da mit den Anzeigen ein direkter Bezug zur Szene hergestellt werden kann. Da jedoch kein Prototyp dieses weltweit neuartigen kHUD für die Untersuchungen im Rahmen dieser Arbeit zur Verfügung stand, wurden die Anzeigen im Fahrsimulator synthetisch dargestellt. Dabei wurde darauf geachtet, dass die Anzeigen vor allem hinsichtlich der Helligkeit aber auch des Kontrasts so realitätsnah wie möglich dargestellt sind. Die synthetische Darstellung der Anzeigen ermöglicht darüber hinaus, dass die Anzeigen im Gegensatz zur Realität immer passgenau in der Fahrszene dargestellt werden können. Auch wenn ein kHUD technisch sehr aufwendig und teuer ist, werden visuelle Low-Cost-Anzeigen in dieser Arbeit nicht vertieft. Low-Cost-Anzeigen wie LED-Leisten in der Scheibenwurzel oder auch konventionelle planare HUD sind zum generellen Nutzennachweis weniger geeignet als kontaktanaloge Anzeigen, da die Anzeigen nicht kontaktanalog dargestellt werden können.

Für die Realisierung der visuellen Anzeigen steht der Anzeigebereich des kHUD zur Verfügung (s. Abbildung 2.4 und 2.5). Bei der Entwicklung der visuellen Anzeigen ist darauf zu achten, dass es zu keiner räumlichen Überdeckung der Kollisions- und der Ausweichanzeige kommt. Außerdem müssen die Anzeigen für die identifizierten Unfalltypen Folgefahrt und Einscherer geeignet sein (s. Kapitel 3.3.2). Auch verschiedene Fahrer- beziehungsweise Systemeingriffe sind bei der Entwicklung der Anzeigen zu beachten. Denn durch die starre Kopplung des kHUD mit dem Fahrzeug können insbesondere bei Brems- und Lenkmanövern die kontaktanalogen Anzeigen typischerweise zu einem bestimmten Zeitpunkt nicht mehr vollständig angezeigt werden. Außerdem sollte bei der Entwicklung der Anzeigen berücksichtigt werden, dass die Anzahl der Auslösungen für die Ausweichassistenz in der Größenordnung der autonomen Teilbremsung liegt. Für sie erfolgt eine Auslösung ein- bis zweimal pro 100.000 km [Bre09]. Würde das HUD ausschließlich für die Brems-Ausweich-Assistenz genutzt werden, wären bei vielen Kunden die Akzeptanz und damit auch die Kaufbereitschaft für die insgesamt teure Brems-Ausweich-Assistenz niedrig. Denn der hohe Kaufpreis käme vor allem durch das teure HUD zustande. Aus diesem Grund ist der Anzeigebereich so aufgeteilt (s. Abbildungen 2.4 und 2.5) und die Kollisions- und die Ausweichanzeige sollten so gestaltet sein, dass weitere Informationen mit dem HUD dargestellt werden können. Dies können zum Beispiel Fahrzeugstatusanzeigen sowie Ausgaben der Informations- und Komfortsysteme sein. Im Idealfall sind die Kollisions- und die Ausweichanzeige in ein übergeordnetes HMI-Konzept eingebettet. Die Idee beruht dabei auf einem konsistenten HMI über alle Fahrerassistenzfunktionen hinweg mit klarer Zuordnung und Unterscheidbarkeit einer Anzeige zu einer Assistenzfunktion. Somit kommt dem Fahrer in den selten auftretenden kritischen Situationen ein Trainingseffekt zu gute. Durch die aus dem Komfortbereich gut bekannten und vertrauten Anzeigen kann mit minimaler Transferleistung auch in den kritischen Situationen schnell und angemessen reagiert werden. Ein Ansatz für die Kollisionsanzeige besteht darin, dass sich die Anzeige für den radarbasierten Abstandsregeltempomat Adaptive Cruise Control (ACC) bei kritisch werdender Verkehrsszene stufenlos zur Kollisionsanzeige entwickelt. Die Anzeigen einer Überholassistenz könnten sich hingegen bei kritisch werdender Verkehrsszene stufenlos zur Ausweichanzeige entwickeln.

6.2 Entwurf visueller Kollisionsanzeigen

Zunächst werden die Ziele der Kollisionsanzeigen dargestellt und anschließend verschiedene Kollisionsanzeigen mit ihren Vor- und Nachteilen vorgestellt.

Ziele der Kollisionsanzeige

Primär sollen die Kollisionsanzeigen die Aufmerksamkeit des Fahrers in einer kritischen Situation steigern. Die Kollisionsanzeigen sind zwar unspezifisch, weil mit den Anzeigen lediglich eine Gefahr angezeigt, aber kein konkreter Handlungsvorschlag den Fahrern unterbreitet wird. Dennoch soll sich die Aufmerksamkeitssteigerung in einer Erhöhung des Anteils der bremsenden Fahrer sowie in einer schnelleren (Brems-)Reaktion als ohne Kollisionsanzeige widerspiegeln. Ein weiteres Ziel der Kollisionsanzeigen besteht in der Visualisierung der Gefahr [Arn10a]. Durch die kontaktanaloge Anzeige soll der Fahrer die Kollisionsanzeige direkt mit der Gefahr in Verbindung setzen können. Somit soll dem Fahrer ein schnelles und adäquates Handeln in der kritischen Situation erleichtert werden.

Bodenprojektion Radarteppich

Die Kollisionsanzeige Radarteppich ist eine Bodenprojektion (s. Abbildung 6.1). Sie wird im kHUD-Anzeigebereich (s. Abbildung 2.5) dargestellt und auf die Fahrbahn projiziert. Die Gestaltung des Radarteppichs ist an eine oft für Marketingzwecke verwendete Darstellung zur Visualisierung der sich ausbreitenden Signale der Radarsensorik angelehnt. Charakterisierend für diese Darstellung ist die kegelförmige Verbreiterung des sich vom Ego-Fahrzeug ausbreitenden Signals zum Hindernis, das mittels des Radars erfasst wird. Durch die großflächige Anzeige werden eine hohe Sichtbarkeit und dadurch eine kurze Reaktionszeit beim Fahrer erwartet. Außerdem soll durch den Radarteppich eine Verbindung zwischen Ego-Fahrzeug und Hindernis hergestellt werden, die vorteilhaft für die Erkennung der Gefahrenquelle sein soll.

Das obere Ende der Anzeige reicht bis zum Hindernis und liegt mittig auf der Fahrspur des Ego-Fahrzeugs. Das untere Ende der Anzeige beginnt immer mittig an der Unterkante des kHUD-Anzeigebereichs. Durch diese Darstellung der Anzeige soll ein Bezug zwischen Ego-Fahrzeug und Hindernis hergestellt werden. Dem

Fahrer soll vermittelt werden, dass er sofort reagieren muss. Würde der erste (unterste) Balken der Anzeige dicht vor dem Hindernis eingeblendet werden, könnte beim Fahrer fälschlicherweise der Eindruck entstehen, dass erst Handlungsbedarf besteht, sobald dieser Balken erreicht ist. Die Balken sind gerade und orthogonal zur Fahrbahnmarkierung ausgerichtet. Die Balkentiefe sowie die Balkenabstände sind konstant. Sie betragen jeweils 3,5 m. Der Radarteppich wird somit nicht gestaucht, sondern je geringer der Abstand zwischen Ego-Fahrzeug und Hindernis ist, desto weniger Balken sind auch sichtbar. Der breiteste Balken befindet sich am Hindernis und entspricht der Fahrspurbreite. Der schmalste Balken befindet sich am unteren Ende des kHUD-Anzeigebereichs und ist 0,2 m breit. Die seitliche Begrenzung der Balken erfolgt durch Geraden, die jeweils mit dem schmälsten und dem breitesten Balken verbunden sind. Die Kollisionsanzeige ist vom Ego-Fahrzeug nicht überfahrbar. Somit verändert sich der Öffnungswinkel abhängig vom Abstand zum Hindernis und der lateralen Position des Ego-Fahrzeugs. Voruntersuchungen im Fahrsimulator haben gezeigt, dass weitere Ausprägungen des Radarteppichs, bei denen die Anzahl und die Form der Balken variiert werden, nicht ausschlaggebend für die Wahrnehmung sind. Diese Variationen können in der zur Verfügung stehenden extrem kurzen Zeit von den Fahrern nicht wahrgenommen werden.

Der wesentliche Vorteil des Radarteppichs liegt darin, dass eine hohe Sichtbarkeit erwartet wird. Dies wird dadurch begründet, dass die großflächige Kollisionsanzeige nicht nur mit der Gefahr in Verbindung gebracht werden kann, sondern dem Fahrer auch die Dringlichkeit vermittelt wird, dass sofort eine Handlung eingeleitet werden soll. Voruntersuchungen im Fahrsimulator haben gezeigt,

Abbildung 6.1: Bodenprojektion Kollisionsanzeige Radarteppich

dass der Aufforderungscharakter zum Bremsen hoch ist. Dies wird auf die Form und die Farbwahl des Radarteppichs zurückgeführt. Außerdem konnte im Fahrsimulator gezeigt werden, dass die auf die Straße projizierte Kollisionsanzeige aufgrund des homogenen Fahrbahnbelags gut vom Fahrer wahrgenommen werden kann. Auf der anderen Seite wird erwartet, dass der Radarteppich jedoch durch seine Größe sehr dominierend ist. Zur Realisierung wird außerdem eine große Anzeigefläche benötigt. Hinzu kommt, dass die Anzeige einen Teil der Straße verdeckt, die jedoch in aller Regel im Rahmen des Manövers befahrbar ist.

Heckprojektion Warndreieck

Die Kollisionsanzeige Warndreieck ist eine Heckprojektion (s. Abbildung 6.2). Sie wird im kHUD-Anzeigebereich (s. Abbildung 2.5) dargestellt. Das aus dem Straßenverkehr bekannte Verkehrszeichen soll auf eine Gefahr aufmerksam machen und zur Folge haben, dass die Geschwindigkeit gegebenenfalls bis zum Stillstand reduziert wird. Dabei soll die Projektion des Warndreiecks auf das Hindernisheck unterstützen, da somit ein Bezug zwischen Anzeige und Gefahrenquelle hergestellt werden soll [Arn10a]. Außerdem soll sich die Projektion der Anzeige auf das Fahrzeugheck positiv in den Reaktionszeiten des Fahrers bemerkbar machen.

Das Warndreieck entspricht im Wesentlichen dem Gefahrenzeichen (Zeichen 101) der StVO. Es ist dahingehend modifiziert, dass es einen transparenten Hintergrund, ein rotes Ausrufezeichen und keine schwarze Umrandung besitzt. Der transparente Hintergrund soll es dem Fahrer ermöglichen, dass das Hindernis, das die kritische Situation ausgelöst hat und aufgrund dessen gehandelt werden muss, hinter der Kollisionsanzeige noch sichtbar bleibt. Das Warndreieck wird mittig auf der Fahrspur des Ego-Fahrzeugs stehend als Projektion auf das Heck des Hindernisses eingeblendet. Die Breite und die Höhe des Warndreiecks entsprechen der Breite des Hindernisses (ca. 1,8 m). Die Abmessungen des Warndreiecks sind so ausgelegt, dass die Rückleuchten des Hindernisses, die wichtiger Bestandteil von kritischen Situationen sind [Fae86], durch die Anzeige nicht permanent verdeckt sind.

Abbildung 6.2: Heckprojektion Kollisionsanzeige Warndreieck

Der wesentliche Vorteil des Warndreiecks wird darin erwartet, dass die Symbolik aus dem Straßenverkehr bekannt ist. Das Warndreieck, mit dem im Straßenverkehr typischerweise eine Geschwindigkeitsreduktion verknüpft wird, soll somit einen hohen Aufforderungscharakter zum Bremsen besitzen. Darüber hinaus wird erwartet, dass das Warndreieck wie der Radarteppich eine hohe Sichtbarkeit besitzt und gut mit der Gefahr in Verbindung gebracht werden.

Durch seine Größe soll das Warndreieck jedoch nicht so dominierend wie der Radarteppich sein. Außerdem ist die für das Warndreieck benötigte Anzeigefläche klein. Nachteilig scheint zu sein, dass die Anzeige einen Teil des Hindernisses und damit der Verkehrsszene verdeckt. Die Anzeige ist jedoch so gestaltet, dass die hinter dem Warndreieck liegende Verkehrsszene eingesehen werden kann.

6.3 Entwurf visueller Ausweichanzeigen

Zunächst werden die Ziele der Ausweichanzeigen dargestellt und anschließend verschiedene Ausweichanzeigen mit ihren Vor- und Nachteilen vorgestellt

Ziele der Ausweichanzeige

Mit den Ausweichanzeigen werden verschiedene Ziele verfolgt. Der Anteil der ausweichenden Fahrer soll erhöht werden, die (Lenk-)Reaktion schneller erfolgen als ohne Anzeige und die Ausweichrichtung in True-Positive-Fällen der Anzeigerichtung entsprechen. Dabei umfassen True-Positive-Fälle die Situationen, in denen unfallfrei der Ausweichanzeige gefolgt werden kann. Eine wichtige Voraussetzung für die Ausweichanzeigen besteht darin, dass der Fahrer den Anzeigen vertraut. Hierfür muss die Absicherung des Ausweichmanövers vom System übernommen sowie die Angst ohne eigene Absicherung auszuweichen dem Fahrer genommen werden. Außerdem sollen die Ausweichanzeigen die oftmals beim Fahrer vorherrschende Blockade brechen, die durch visuell motorische Verkettung entsteht. Hierzu muss der Blick des Fahrers durch die Ausweichanzeigen auf den Freiraum, der zum Ausweichen genutzt werden soll, gelenkt werden [Rea02]. Bleibt der Blick des Fahrers auf das Hindernis fixiert, weicht er typischerweise nicht aus.

Bodenprojektionen

Die Bodenprojektionen sind im kHUD-Anzeigebereich (s. Abbildung 2.5) dargestellt und werden auf die Fahrbahn projiziert. Durch die Projektion auf die Fahrbahn soll der Fahrer zum Nachfahren animiert werden, indem er zum Ausweichen den durch die Anzeige ausgewiesenen Freiraum nutzt.

Es wird zwischen dem Vorankündigungspfeil und dem Ausweichpfad unterschieden. Der Vorankündigungspfeil (s. Abbildung 6.3, links) entspricht dem Zeichen 297 der StVO. Der Fahrer soll entsprechend der Pfeilrichtung ausweichen. Die Unterkante des Pfeils (Basis) beginnt immer mittig an der Unterkante des kHUD-Anzeigebereichs, die Längsachse des Pfeils ist parallel zur Fahrspur ausgerichtet. Der Pfeil liegt auf der Straße und wird vor dem Ego-Fahrzeug hergeschoben. Er ist 6 m lang, die Basis des Pfeils beträgt 0,3 m. Durch die gelbe Pfeilfarbe soll im Gegensatz zu grün, das eine korrekte Anzeige suggeriert, die Anzeige vom Fahrer leichter hinterfragbar sein, was sich insbesondere bei Fehlauslösungen positiv bemerkbar machen soll [Tim90]. Der Ausweichpfad (s. Abbildung 6.3, rechts) ist ein Polynom 5. Grades (vgl. Kapitel 5.1.2). Somit ist der Ausweichpfad im Rahmen eines Ausweichmanövers nachfahrbar. Zum Zeitpunkt der Einblendung beginnt der Ausweichpfad mittig an der Unterkante des kHUD-Anzeigebereichs und endet ebenfalls mittig auf der Nachbarspur hinter dem Hindernis. Dabei ist der Abstand zum Hindernis so ausgelegt, dass kollisionsfrei auf dem Ausweichpfad am Hindernis vorbeigefahren werden kann. Der Ausweichpfad ist an das Hindernis gekoppelt und ist durch das Ego-Fahrzeug überfahrbar. Die Breite des Ausweichpfads beträgt 0,3 m.

Die Farbe des Ausweichpfads ist aus den beim Vorankündigungspfeil genannten Gründen gelb. Zur Vermeidung von Überdeckungen mit den Kollisionsanzeigen bieten sich für diese Art der Ausweichanzeigen vor allem Heckprojektionen für die Kollisionsanzeigen an.

Abbildung 6.3: Bodenprojektion Ausweichanzeige
Links: Vorankündigungspfeil
Rechts: Ausweichpfad

Durch die großflächigen Bodenprojektionen wird erwartet, dass sie gut wahrnehmbar sind. Außerdem haben Voruntersuchungen im Fahrsimulator gezeigt, dass sie einen hohen Aufforderungscharakter zum Lenken besitzen sowie die Richtungsvermittlung eindeutig ist. Außerdem konnte in Voruntersuchungen im Fahrsimulator gezeigt werden, dass die beiden Anzeigen aufgrund des homogenen und dunklen Fahrbahnbelags vom Fahrer gut wahrgenommen werden können. Allerdings benötigen beide Anzeigen eine große Anzeigefläche. Zusätzlich verdecken sie einen Teil der Straße, der in aller Regel jedoch im Rahmen des Manövers befahrbar ist.

Ein weiterer Vorteil des Vorankündigungspfeils besteht darin, dass die Symbolik aus dem Straßenverkehr bekannt ist. Es ist davon auszugehen, dass sich dies im Gegensatz zu nicht aus dem Straßenverkehr bekannter Symbolik positiv in der Fahrerreaktion bemerkbar macht. Nachteilig hingegen kann sein, dass der Vorankündigungspfeil durch die große Distanz zum Hindernis zu entkoppelt vom diesem erscheint. Dies kann sich in einem verzögerten Lenkverhalten des Fahrers bemerkbar machen. Außerdem ist zu erwähnen, dass der Vorankündigungspfeil im Straßenverkehr in einem anderen Kontext eingesetzt wird. Er gibt eine Verpflichtung zur Einordnung bekannt. Nur durch Missachtung der Verkehrsregeln durch andere Verkehrsteilnehmer kann es dazu kommen, dass der Fahrstreifen nicht zur Verfügung steht. Anders ist es im Falle des Ausweichens. Dort soll auf einen freien Fahrstreifen ausgewichen werden, bei dem jedoch zunächst nicht davon ausgegangen werden kann, dass er auch frei ist. Das Recht zur Benutzung liegt nicht beim Ego-Fahrzeug sondern beim rückwärtigen Verkehr auf der betroffenen Spur. Dadurch kann die Verwendung dieses Verkehrszeichens zu einer uneindeutigen Situation führen, die ein Abwägen sowie eine Entscheidung und damit mehr Zeit erfordert.

Die Einzigartigkeit des Ausweichpfads besteht darin, dass der Fahrer von der Initiierung der Lenkung bis zum kollisionsfreien Zielzustand durch das Manöver geleitet wird. Korrigierende Anpassungen des Lenkverhaltens während des Manövers sollen dem Fahrer durch den führenden Charakter der Ausweichanzeige erleichtert werden. Gleichzeitig wird jedoch erwartet, dass der Fahrer durch den Ausweichpfad in seiner Handlung determiniert wird, da das gesamte Ausweichmanöver vorgegeben ist. Dies ist insbesondere unter den Gesichtspunkten der Fehlauslösung sowie der Produkthaftung kritisch zu bewerten.

Heckprojektion

Die Heckprojektionen sind im kHUD-Anzeigebereich (s. Abbildung 2.5) dargestellt. Vorteilhaft auf die Handlung des Fahrers soll sich auswirken, dass sie Verkehrszeichen und Verkehrseinrichtungen der StVO darstellen. Dies soll zu einer schnellen Handlung des Fahrers entsprechend der angezeigten Ausweichrichtung führen. Die Anzeigen werden wie in der Realität auf dem Hindernis angezeigt, an dem vorbeigefahren werden muss.

Die Ausweichanzeigen sind die vorgeschriebene Vorbeifahrt (Zeichen 222), die Richtungstafel in Kurven (Zeichen 625) und der Blinkpfeil einer fahrbaren Absperrtafel (s. Abbildung 6.4). Es kann in Pfeilrichtung ausgewichen werden. Die Heckprojektionen werden mittig auf der Fahrspur des Ego-Fahrzeugs etwas über der Fahrbahn schwebend als Projektion auf das Heck des Hindernisses eingeblendet. Die Abmessungen der Ausweichanzeigen sind so ausgelegt, dass die Anzeigen zwischen die Heckleuchten des Hindernisses passen, die originalen Seitenverhältnisse jedoch beibehalten werden. Die Heckleuchten des Hindernisses sind wichtiger Bestandteil von kritischen Situationen [Fae86] und dürfen daher nicht permanent von den Anzeigen verdeckt werden. Zur Vermeidung von Überdeckungen mit den Kollisionsanzeigen bieten sich für diese Art der Ausweichanzeigen vor allem Bodenprojektionen für die Kollisionsanzeigen an.

Abbildung 6.4: Heckprojektion Ausweichanzeige
Links: Vorgeschriebene Vorbeifahrt
Mitte: Richtungstafel in Kurven
Rechts: Blinkpfeil einer fahrbaren Absperrtafel

Die Vorteile der Heckprojektionen bestehen darin, dass die Symbolik aus dem Straßenverkehr bekannt ist. Es ist davon auszugehen, dass sich dies auch hier im Gegensatz zu nicht aus dem Straßenverkehr bekannter Symbolik positiv in der Fahrerreaktion bemerkbar macht. Darüber hinaus benötigen die Anzeigen nur eine kleine Anzeigefläche. Voruntersuchungen im Fahrsimulator haben jedoch ergeben, dass der Inhalt der Anzeigen aufgrund ihrer Größe erst spät vom Fahrer erkannt wird. Außerdem scheint das Ausweichen erschwert zu sein, da der Fahrer durch die Anordnung der Anzeige das Hindernis und nicht den Freiraum, in den er ausweichen soll, fixiert. Des Weiteren verdecken die Anzeigen einen Teil des Hindernisses und damit der Verkehrsszene, wodurch das Hindernis, das die kritische Situation ausgelöst hat und aufgrund dessen gehandelt werden muss, hinter der Kollisionsanzeige teilweise verdeckt wird. Hinzu kommt, dass die Probanden in den Vorversuchen die Rückmeldung gaben, dass die Ausweichanzeigen nicht eindeutig sind. Bei der vorgeschriebenen Vorbeifahrt sowie dem Blinkpfeil einer fahrbaren Absperrtafel wunderten sich einige Probanden, dass die Anzeigen auf den Reifen des Hindernisses zeigen. Die Richtungstafeln in Kurven werden in einigen Ländern sogar entgegen der Anzeigerichtung in Deutschland genutzt. Insgesamt ist jedoch der Blinkpfeil einer fahrbaren Absperrtafel besser als die beiden anderen Ausweichanzeigen geeignet. Der Pfeil scheint einerseits deutlicher sichtbar und es wird andererseits weniger durch die Anzeige von der Verkehrsszene verdeckt. Insgesamt wird erwartet, dass die Blinkanzeige am eindeutigsten ist. Denn sie wird im allen Verkehrsteilnehmern bekannten Verwendungszweck vor Spursperrungen auf der Autobahn eingesetzt. Damit erfordert sie, genau wie im Fall der Ausweichassistenz, einen eigenverantwortlich gefahrenen Spurwechsel. Dem Fahrer ist klar, dass für ihn nicht ein eigener

Fahrstreifen zur Verfügung steht, sondern er sich ihn mit anderen Verkehrsteilnehmern teilen muss. Im Gegensatz dazu ist bei Zeichen 222 und bei Zeichen 625 immer eine Fortsetzung des eigenen Fahrstreifens vorhanden, der auch von keinen anderen Verkehrsteilnehmern genutzt werden darf. Der Fahrer kann somit der Richtungsempfehlung ohne Absicherung folgen, was bei kollisionsvermeidendem Ausweichen nicht der Fall ist.

6.4 Vorauswahl visueller Anzeigekonzepte für die Brems-Ausweich-Assistenz

Es wurde das Ziel definiert, ein geeignetes visuelles Anzeigekonzept, bestehend aus Kollisions- und Ausweichanzeige auszuwählen, das im Rahmen einer Probandenstudie detailliert untersucht werden soll. So müssen die Probanden nicht auf mehrere Anzeigekonzepte aufgeteilt werden, wodurch die Ergebnisse der Probandenstudie am aussagekräftigsten werden. Denn die Erwartung der Probanden auf die kritische Situation ist nur bei erstmaliger Manöverauslösung gering. Zunächst wurden aus den Kollisionsanzeigen (s. Kapitel 6.2) und den Ausweichanzeigen (s. Kapitel 6.3) Gesamtanzeigen zusammengestellt. Die Kombinationen beider Anzeigen wurden dabei so gewählt, dass es zu keinen räumlichen Überdeckungen der Kollisions- und Ausweichanzeige kommt. Darauf wurden die geeignetsten Anzeigekonzepte bestimmt. Dazu wurden mit einigen wenigen Probanden Untersuchungen in einem statischen Fahrsimulator durchgeführt um Trendaussagen zu den einzelnen Anzeigekonzepten zu erhalten. Anschließend wurden die so ausgewählten Anzeigekonzepte in einer Expertenrunde bewertet. Der eintägige Workshop unter Teilnahme von internen und externen Experten hatte das Ziel, das Zielkonzept für die Probandenstudie zu bestimmen. Die Experten bewerteten die Anzeigen anhand der Kriterien Zweckerfüllung, Verständlichkeit sowie Aufforderungscharakter, Verdeckung mit anderen Objekten der Verkehrsszene, Größe sowie Darstellungsart und Kombinierbarkeit der Ausweich- mit der Kollisionsanzeige. Die Bestimmung eines Zielkonzepts war jedoch im Rahmen der Expertenrunde nicht möglich. Die Experten bewerteten vier Anzeigekonzepte sehr ähnlich. Aus diesem Grund wurde in der Expertenrunde beschlossen, das Zielkonzept aus diesen vier Anzeigekonzepten unter Erhebung von Fahrdaten durchzuführen. Der Untersuchungsplan wurde deshalb dahingehend angepasst, dass in einem ersten Schritt mit einigen wenigen Probanden das Zielkonzept im Rahmen einer Probandenstudie bestimmt und in einem zweiten Schritt dieses wie geplant, allerdings mit weniger Probanden, im Detail untersucht wird. Im Folgenden werden die vier Anzeigekonzepte vorgestellt.

Vorankündigungspfeil und Radarteppich (Pfeil+Radar)

Es werden zwei Bodenprojektionen, der Radarteppich und der Vorankündigungspfeil, kombiniert (s. Abbildung 6.5).

Abbildung 6.5: Vorankündigungspfeil und Radarteppich (Pfeil+Radar)

Die Kollisions- und die Ausweichanzeige werden abwechselnd mit einer Frequenz von 3 Hz eingeblendet. So kommt es zu keinem

Konflikt zwischen den beiden Anzeigen. Die gewählte Blinkfrequenz von 3 Hz wird einerseits der kritischen Situation gerecht, so dass beide Anzeigen mindestens einmal eingeblendet werden können. Andererseits ist die Blinkfrequenz nicht zu hoch, so dass die Anzeigen noch vom Fahrer wahrgenommen und verarbeitet werden können. Entgegen der Erwartung lassen sich keine Scheinbewegungen entgegen der Anzeigerichtung der Ausweichanzeige durch die abwechselnde Einblendung der Anzeigen beobachten.

Vorankündigungspfeil und Warndreieck (Pfeil+Dreieck)

Es wird die Heckprojektion Warndreieck mit der Bodeprojektion Vorankündigungspfeil kombiniert (s. Abbildung 6.6). Zu keinem Zeitpunkt kommt es zu Überdeckungen der beiden Anzeigen.

Abbildung 6.6: Vorankündigungspfeil und Warndreieck (Pfeil+Dreieck)

Zur Aufmerksamkeitssteigerung wird die Kollisionsanzeige nach einmaligem Blinken mit einer Frequenz von 3 Hz permanent eingeblendet. Die Ausweichanzeige wird im Gegensatz dazu sofort eingeblendet. Auch hier ist die Blinkfrequenz einerseits auf die kritische Situation, andererseits auf die Wahrnehmung des Fahrers abgestimmt.

Ausweichpfad und Warndreieck (Pfad+Dreieck)

Es wird die Heckprojektion Warndreieck mit der Bodenprojektion Ausweichpfad kombiniert (s. Abbildung 6.7). Zu keinem Zeitpunkt kommt es zu Überdeckungen der beiden Anzeigen.

Abbildung 6.7: Ausweichpfad und Warndreieck (Pfad+Dreieck)

Zur Aufmerksamkeitssteigerung wird die Kollisionsanzeige nach einmaligem Blinken mit einer Frequenz von 3 Hz permanent eingeblendet. Die Ausweichanzeige wird im Gegensatz dazu sofort eingeblendet. Auch hier ist wieder die Blinkfrequenz einerseits auf die kritische Situation, andererseits auf die Wahrnehmung des Fahrers abgestimmt.

Blinkpfeil einer fahrbaren Absperrtafel (Baustelle)

Es wird lediglich eine Heckprojektion eingeblendet (Abbildung 6.8). Sie ist die Ausweichanzeige in Form des Blinkpfeils einer fahrbaren Absperrtafel.

Die Ausweichanzeige ist leicht versetzt zum Hindernis, so dass der Pfeil nicht mehr auf den Reifen, sondern am Hindernis vorbei zeigt, das Rücklicht des Hindernisses aber trotzdem nicht verdeckt. Zur Aufmerksamkeitssteigerung wird die Ausweichanzeige nach

Abbildung 6.8: Blinkpfeil einer fahrbaren Absperrtafel (Baustelle)

einmaligem Blinken mit einer Frequenz von 3 Hz permanent eingeblendet. Im Gegensatz zu den anderen drei Anzeigekonzepten wird keine Kollisionsanzeige eingeblendet. Voruntersuchungen haben ergeben, dass eine Kollisionsanzeige als Bodenprojektion für diese Ausweichanzeige zu dominant ist und die Probanden daraufhin nicht mehr ausweichen.

BLOCK III

Probandenstudie: Untersuchung der visuellen Anzeigen

Ziel der Probandenstudie ist die Untersuchung des Fahrverhaltens sowie der Akzeptanz auf visuelle Ausweichanzeigen im kHUD in kritischen Auffahrsituationen. Zunächst wird das geeignetste Anzeigekonzept aus den vier vorausgewählten Konzepten bestimmt und anschließend diese Ausweichanzeige im Detail untersucht. Die Datenerhebung erfolgt in einem dynamischen Fahrsimulator mit 80 Probanden.

In Kapitel 7 werden die für die Untersuchung einer Ausweichassistenz relevanten Fragestellungen sowie die zugehörigen Hypothesen vorgestellt. Kapitel 8 enthält neben den Methoden der Datenerhebung auch eine Beschreibung zur Durchführung der Probandenstudie. In Kapitel 9 werden die Ergebnisse der Auswertung vorgestellt, die anschließend in Kapitel 10 diskutiert werden.

7. Fragestellungen und Hypothesen

In Kapitel 7 werden die für die Untersuchung einer Ausweichassistenz relevanten Fragestellungen definiert. Im Fokus der Untersuchung liegt dabei das Fahrverhalten in kritischen Auffahrsituationen. Für jede Fragestellung wird eine Hypothese aufgestellt sowie deren Begründung formuliert. Die Reihenfolge der Hypothesen orientiert sich an einem typischen chronologischen Ablauf eines Ausweichmanövers. Das Kapitel besteht aus drei Teilen. Zunächst werden in Kapitel 7.1 die wesentlichen Rahmenbedingungen der Probandenstudie vorgestellt. Anschließend werden in Kapitel 7.2 die Fragestellungen zum Fahrverhalten für die Auswahl des Zielkonzepts aus den vier vorausgewählten Anzeigekonzepten formuliert. Abschließend werden in Kapitel 7.3 die Fragestellungen für die detaillierte Untersuchung des Zielkonzepts festgelegt.

7.1 Rahmenbedingungen der Probandenstudie

Zunächst werden die Rahmenbedingungen der Probandenstudie vorgestellt, die für die Erstellung der Fragestellungen sowie deren Hypothesen und Begründungen erforderlich sind. Es werden kritische Auffahrsituationen auf einer mehrspurigen Autobahn dargestellt. Ein Unfall kann für einen Durchschnittsfahrer fahrdynamisch sowie unter Berücksichtigung einer durchschnittlichen Reaktionszeit nur noch mittels eines Ausweichmanövers über eine benachbarte Fahrspur vermieden werden, nicht mehr jedoch mittels eines reinen Bremsmanövers. Jeder Proband wird für die Untersuchung einer von drei Gruppen zugeordnet. Die Probanden in der Kontrollgruppe (KG) fahren ohne jegliche akustische, haptische oder visuelle Anzeige. Die Anzeigen der Kontrollgruppe Bremsassistenz (KGBA) entsprechen im Wesentlichen denen der Bremsassistenz PEBS (s. Kapitel 2.2.3). Die Vorwarnung besteht aus einem Warnton, einer dreiteiligen Tonfolge (Piepsen) mit 5 Hz und der Bremsruck hat eine Verzögerung von a_{Ruck} = -4 m/s^2 für eine Zeitdauer von insgesamt 0,5 s. Zusätzlich zum Warnton und zum Bremsruck wird die im Rahmen dieser Arbeit entwickelte unspezifische visuelle Kollisionsanzeige eingeblendet. Den Probanden der Gruppe Brems-Ausweich-Assistenz (BAA) wird zusätzlich zu den Anzeigen der KGBA noch die visuelle Ausweichanzeige eingeblendet.

Die beiden Gruppen KGBA und BAA unterscheiden sich somit lediglich durch die visuelle Ausweichanzeige. Da bereits in der Kontrollgruppe Bremsassistenz (KGBA) die visuelle Kollisionsanzeige dargestellt ist, kann die Wirksamkeit der visuellen Ausweichanzeige in der Gruppe Brems-Ausweich-Assistenz (BAA) besonders gut ermittelt werden. Ein weiteres Argument für die Realisierung der visuellen Kollisionsanzeige bereits in der KGBA ist, dass bei Vorhandensein eines geeigneten Anzeigegeräts aller Voraussicht nach auch eine visuelle Kollisionsanzeige realisiert würde. Somit stellt die KGBA einen modifizierten Stand der Technik dar. Alle Anzeigekomponenten (akustisch, haptisch und visuell) werden in dieser Untersuchung sowohl in der KGBA als auch in der Gruppe BAA zeitgleich dargestellt. Eine Übersicht mit Zuordnung der Anzeigen zu den Gruppen ist in Tabelle 7.1 dargestellt.

Der Aufbau der folgenden zwei Kapitel richtet sich nach der in Tabelle 7.2 dargestellten Gliederung. Die bei der ersten Manöverauslösung eingeblendete Anzeige wird für die wiederholten Manöverauslösungen beibehalten.

Tabelle 7.1: Anzeigekomponenten der verschiedenen Gruppen

Gruppe		Gesamtanzeige	Anzeigekomponenten		
			Akustisch / Haptisch	Visuell (dargestellt im kHUD)	
			Warnton / Bremsruck	Kollisionsanzeige	Ausweichanzeige
1.	**Kontrollgruppe (KG)**	Keine Anzeige	----	----	----
2.	**Kontrollgruppe Bremsassistenz (KGBA)**	PEBS + vis. Kollisionsanzeige	✓	✓	----
3.	**Brems-Ausweich-Assistenz (BAA)**	PEBS + vis. Kollisionsanzeige + vis. Ausweichanzeige	✓	✓	✓
			Bremsassistenz PEBS		

Tabelle 7.2: Übersicht Auswertung Probandenstudie

Daten		Untersuchungsziel	Thematischer Block	
A	Fahrphysikalische Messdaten	Auswahl Zielkonzept	I.	1. Manöverauslösung
		Untersuchung Zielkonzept	II.	1. Manöverauslösung
			III.	2. + 3. Manöverauslösung
			IV.	Fehlauslösung
B	Probanden-befragung		V.	Fahrbegleitendes Interview
			VI.	Akzeptanzfragebogen

Die Hypothesen werden aus Gründen der Übersichtlichkeit statistisch formuliert. Dabei gilt folgende Symbolik: π wird als Anteil der untersuchten Grundgesamtheit definiert, der das in der Fragstellung definierte Kriterium erfüllt, μ als Mittelwert der Reaktionszeiten in der jeweiligen Gruppe und Fx mit $x \in [1,2,3]$ die im Rahmen der wiederholtem Manöverauslösung betrachtete Fahrt.

7.2 Auswahl des Zielkonzepts

Zunächst wird im Rahmen der Probandenstudie aus den vier vorausgewählten Anzeigekonzepten (s. Kapitel 6.4) das Zielkonzept bestimmt (Thematischer Block I, s. Tabelle 7.2). Jeder Proband ist der Gruppe BAA zugeordnet. Es wird das Fahrverhalten bei erstmaliger Präsentation der Anzeigen untersucht. Es kann der Ausweichanzeige gefolgt und unfallfrei auf die Nachbarspur ausgewichen werden. Tabelle 7.3 zeigt eine Übersicht der sechs Fragestellungen.

Tabelle 7.3: Übersicht Fragestellungen: Auswahl Zielkonzept

Kategorie	Fragestellung
Bremsung	1. Häufigkeit Bremsmanöver
	2. Reaktionszeit Bremsung
Lenkung	3. Häufigkeit Lenkmanöver
	4. Reaktionszeit Lenkung
Sonstiges	5. Kollisionshäufigkeit
	6. Stabilisierungsbedarf

1. Häufigkeit Bremsmanöver

   a) *Fragestellung*:
   Wie unterscheiden sich die Anzeigekonzepte bezüglich der Häufigkeit der Bremsmanöver?

   b) *Hypothese*:
   H_{I1}: $\pi_{Pfad+Dreieck} = \pi_{Pfeil+Radar} = \pi_{Pfeil+Dreieck} > \pi_{Baustelle}$

c) *Begründung*:
Durch die fehlende Kollisionsanzeige sowie die insgesamt kleine und damit weniger auffällige Ausweichanzeige beim Anzeigekonzept Baustelle bremsen anteilig weniger Probanden als bei den anderen drei Anzeigekonzepten. Für diese Anzeigekonzepte unterscheidet sich die Häufigkeit der Bremsmanöver nicht, da die Anzeigen hinsichtlich Größe und Intensität vergleichbar sind und somit gleich stark auf die Kritikalität der Situation hinweisen.

2. Reaktionszeit Bremsung

a) *Fragestellung*:
Wie unterscheiden sich die Anzeigekonzepte bezüglich der Bremsreaktionszeit?

b) *Hypothese*:
H_{I2}: $\mu_{Baustelle} > \mu_{Pfeil+Dreieck} = \mu_{Pfad+Dreieck} > \mu_{Pfeil+Radar}$

c) *Begründung*:
Der auffällige Radarteppich beim Anzeigekonzept Pfeil+Radar bewirkt die geringste Bremsreaktionszeit. Es ist ein schnelles Erkennen der kritischen Situation möglich. Die Bremsreaktionszeiten bei den Anzeigekonzepte Pfad+Dreieck und Pfeil+Dreieck sind höher als beim Anzeigekonzept Pfeil+Radar, da die kleinere Kollisionsanzeige Dreieck weniger auffällig ist als der Radarteppich. Die Bremsreaktionszeiten bei den Anzeigekonzepten Pfad+Dreieck und Pfeil+Radar unterscheiden sich nicht, da beide Anzeigekonzepte dieselbe Kollisionsanzeige besitzen und die Gesamtkonzepte hinsichtlich Größe und Intensität vergleichbar sind. Beim Anzeigekonzept Baustelle bewirken die fehlende Kollisionsanzeige sowie die insgesamt kleine

Ausweichanzeige, dass die Kritikalität der Situation später erkannt wird als bei den anderen Anzeigekonzepten.

3. Häufigkeit Lenkmanöver

a) *Fragestellung*:
Wie unterscheiden sich die Anzeigekonzepte bezüglich der Häufigkeit initialer Lenkmanöver?

b) *Hypothese*:
H_{I3}: $\pi_{Pfad+Dreieck} > \pi_{Pfeil+Radar} > \pi_{Pfeil+Dreieck} > \pi_{Baustelle}$

c) *Begründung*:
Die Ausweichanzeige Pfad ist die größte und auffälligste Ausweichanzeige und fordert so besonders zum Lenken auf. Mit dem Baustellenpfeil lenken die wenigsten Probanden, da die Ausweichanzeige klein und weit entfernt ist, so dass sie am wenigsten zum Lenken auffordert. Etwas häufiger lenken die Probanden mit der größeren und näher auf der Straße liegenden Ausweichanzeige Pfeil. Das Anzeigekonzept Pfeil+Radar bewirkt dabei etwas mehr Lenkmanöver als das Anzeigekonzept Pfeil+Dreieck, da die abwechselnde Einblendung der Kollisions- und der Ausweichanzeige mehr Aufmerksamkeit beim Probanden bindet [ISO10].

4. Reaktionszeit Lenkung

a) *Fragestellung*:
Wie unterscheiden sich die Anzeigekonzepte bezüglich der Lenkreaktionszeit?

b) *Hypothese*:
H_{I4}: $\mu_{Baustelle} > \mu_{Pfeil+Radar} = \mu_{Pfeil+Dreieck} > \mu_{Pfad+Dreieck}$

c) *Begründung*:

Die Ausweichanzeige Pfad ermöglicht dem Probanden durch die Größe ein schnelles Erkennen. Darüber hinaus wird dem Probanden eine konkrete Ausweichtrajektorie vorgeschlagen. Sie enthält eine zeitliche Dimension, beginnend von der Initialreaktion bis hin zu einem kollisionsfreien Zielzustand. Darüber hinaus führt der Blick in die empfohlene Ausweichrichtung. Die anderen Anzeigekonzepte sind hingegen nur handlungsinitiierend, was sich in längeren Lenkreaktionszeiten widerspiegelt. Die Lenkreaktionszeiten des Anzeigekonzepts Pfeil+Radar bewirkt wieder durch die abwechselnde Einblendung der Kollisions- und der Ausweichanzeige eine hohe Aufmerksamkeitsbindung. Dadurch ist die Lenkreaktionszeit etwas geringer als beim Anzeigekonzept Pfeil+Dreieck, bei dem die Ausweichanzeige identisch ist. Für das Anzeigekonzept Baustelle wird die längste Lenkreaktionszeit erwartet. Es wird zwar ausschließlich eine Ausweichanzeige präsentiert, wodurch die Suche nach möglichen Handlungsalternativen eigentlich verkürzt werden würde. Die Ausweichanzeige ist aber klein und zudem weit entfernt, wodurch sie erst spät erkannt wird.

5. Kollisionshäufigkeit

a) *Fragestellung*:

Wie unterscheiden sich die Anzeigekonzepte bezüglich der Kollisionshäufigkeiten?

b) *Hypothese*:

H_{I5}: $\pi_{Baustelle} > \pi_{Pfeil+Dreieck} = \pi_{Pfeil+Radar} > \pi_{Pfad+Dreieck}$

c) *Begründung*:

Das Anzeigekonzept Pfad+Dreieck initiiert durch die auffällige und führende Ausweichanzeige die meisten Ausweichmanöver mit den kürzesten Lenkreaktionszeiten. Dadurch können mit diesem Anzeigekonzept am meisten Kollisionen vermieden werden (Kollisionsvermeidung nur durch Ausweichen möglich, s. Kapitel 7.1). Mit dem Anzeigekonzept Baustelle können am wenigsten Kollisionen vermieden werden. Es fehlt hier nicht nur die Kollisionsanzeige, sondern der Baustellenpfeil ist zudem klein sowie weit entfernt und fordert daher weniger zum Lenken auf als der auf der Straße liegende Pfeil bei den Anzeigekonzepten Pfeil+Radar beziehungsweise Pfeil+Dreieck. Diese beiden Anzeigekonzepte wiederum unterscheiden sich nicht, da die identische Ausweichanzeige gleich stark zum Lenken auffordert.

6. Stabilisierungsbedarf

a) *Fragestellung*:

Wie unterscheiden sich die Anzeigekonzepte bezüglich des Stabilisierungsbedarfs?

b) *Hypothese*:

H_{I6}: $\pi_{Baustelle} = \pi_{Pfeil+Radar} = \pi_{Pfeil+Dreieck} > \pi_{Pfad+Dreieck}$

c) *Begründung*:

Die Probanden mit der Anzeigekonzept Pfad+Dreieck zeigen den geringsten Stabilisierungsbedarf, da die Probanden hier zu jedem Zeitpunkt des Ausweichmanövers eine Handlungsempfehlung bezüglich des weiteren Ausweichweges erhalten und stabil entlang der vorgeschlagenen Trajektorie kollisionsfrei ausweichen können. Bei den anderen Konzepten wird den Probanden lediglich eine Ausweichrichtung vorgeschlagen und sie müssen dann selbstständig entscheiden, wie sie das Ausweichmanöver umsetzen. Dies kann dazu führen, dass das Fahrzeug durch die Probanden beim Ausweichen nicht ausreichend stabilisiert werden kann.

7.3 Untersuchung des Zielkonzepts

Der Schwerpunkt der Probandenstudie liegt auf der detaillierten Untersuchung des Zielkonzepts. Dazu werden Daten in den drei Gruppen KG, KGBA und BAA erhoben (s. Tabelle 7.1). Es wird das Fahrverhalten bei der ersten Manöverauslösung, bei wiederholten Manöverauslösungen sowie bei Fehlauslösung untersucht. Darüber hinaus wird die Einstellung der Probanden gegenüber dem System dargestellt.

7.3.1 Fahrverhalten bei der ersten Manöverauslösung

Am aussagekräftigsten für die Untersuchung und Bewertung der Ausweichanzeige ist das Fahrverhalten bei der ersten Manöverauslösung (Thematischer Block II, s. Tabelle 7.2). Dort ist die kritische Situation für die Probanden noch überraschend, da mit keinem Trainingseffekt durch vorherige Fahrten gerechnet werden muss [Gis01]. Es kann der Ausweichanzeige gefolgt und unfallfrei auf die Nachbarspur ausgewichen werden. Tabelle 7.4 zeigt eine Übersicht der zehn relevanten Fragestellungen.

Tabelle 7.4: Übersicht Fragestellungen: Erste Manöverauslösung

Kategorie	Fragestellung
Bremsung	1. Häufigkeit Bremsmanöver
	2. Reaktionszeit Bremsung
Lenkung	3. Häufigkeit Lenkmanöver
	4. Reaktionszeit Lenkung
Ausweichrichtung	5. Ausweichrichtung in Kontrollgruppen
	6. Ausweichrichtung mit Ausweichanzeige
Zusammenspiel Bremsung und Lenkung	7. Kombination Brems- und Lenkmanöver
	8. Reihenfolge Bremsung und Lenkung
Sonstiges	9. Kollisionshäufigkeit
	10. Stabilisierungsbedarf

1. Häufigkeit Bremsmanöver

   a) *Fragestellung*:
   Wie unterscheiden sich die Gruppen KG, KGBA und BAA bezüglich der Häufigkeit der Bremsmanöver?

   b) *Hypothese*:
   H_{II1}: $\pi_{KGBA} > \pi_{BAA} > \pi_{KG}$

   c) *Begründung*:
   In der KG bremsen weniger Probanden als in der KGBA und der Gruppe BAA, bei denen visuelle, haptische und akustische Anzeigen existieren. In der KGBA bremsen wiederum mehr Probanden als in der Gruppe BAA, da die visuelle Anzeige in der KGBA nicht so komplex wie in der Gruppe BAA ist.

2. Reaktionszeit Bremsung

   a) *Fragestellung*:
   Wie unterscheiden sich die Gruppen KG, KGBA und BAA bezüglich der Bremsreaktionszeit?

   b) *Hypothese*:
   H_{II2}: $\mu_{KG} > \mu_{BAA} > \mu_{KGBA}$

   c) *Begründung*:
   Die Probanden in der KGBA bremsen am schnellsten, da die Kollisionsanzeige unmittelbar mit einer Bremsreaktion verknüpft ist. Im Gegensatz zur KGBA haben die Probanden der Gruppe BAA höhere Bremsreaktionszeiten, da die Anzeige komplexer ist. Die fehlenden akustischen, haptischen und visuellen Anzeigen in der KG gehen mit der längsten Bremsreaktionszeit einher. Es wird aber erwartet, dass die Unterschiede zwischen der KGBA und der Gruppe BAA geringer ausfallen als die Unterschiede zwischen den beiden Kontrollgruppen beziehungsweise der KG und der Gruppe BAA, da sowohl in der KGBA als auch in der Gruppe BAA visuelle Anzeigen realisiert sind.

3. Häufigkeit Lenkmanöver

   a) *Fragestellung*:
   Wie unterscheiden sich die Gruppen KG, KGBA und BAA bezüglich der Häufigkeit initialer Lenkmanöver?

   b) *Hypothese*:
   H_{II3}: $\pi_{BAA} > \pi_{KGBA} > \pi_{KG}$

   c) *Begründung*:
   Das Anzeigekonzept der Gruppe BAA fordert durch die Ausweichanzeige am stärksten zum Lenken auf. In der

KGBA lenken mehr Probanden als in der KG, da in der KGBA eine Kollisionsanzeige erfolgt. Die Kollisionsanzeige initiiert zwar primär das Bremsen, verstärkt bei einigen Probanden aber auch das letztmögliche Lenken, sobald sie erkennen, dass Bremsen allein nicht ausreichend zur Kollisionsvermeidung ist.

4. Reaktionszeit Lenkung

a) *Fragestellung*:
Wie unterscheiden sich die Gruppen KG, KGBA und BAA bezüglich der initialen Lenkreaktionszeit?

b) *Hypothese*:
H_{II4}: $\mu_{KG} > \mu_{KGBA} > \mu_{BAA}$

c) *Begründung*:
Die Probanden in der Gruppe BAA lenken früher als in der KGBA, da die Ausweichanzeige unmittelbar zum Lenken auffordert. In der KGBA wird durch die reine Kollisionsanzeige zunächst eine Bremsung initiiert, das Lenkmanöver zur Kollisionsvermeidung erfolgt verzögert. Die Probanden in der KG zeigen die längsten initialen Lenkreaktionszeiten, da die kritische Situation ohne akustische, haptische oder visuelle Anzeige erst spät erkannt wird.

5. Ausweichrichtung in Kontrollgruppen

a) *Fragestellung*:
In welche Richtung weichen die Probanden ohne Ausweichanzeige aus?

b) *Hypothese*:
H_{II5}: $\pi_{Links} = \pi_{Rechts}$

c) *Begründung*:
In kritischen Auffahrsituationen, in denen gleichberechtigt nach links und nach rechts ausgewichen werden kann, weichen gleich viele Probanden nach links wie nach rechts aus [Kie99]. Das Ausweichmanöver nach links kann als Erweiterung eines stark gelernten Überholmanövers gesehen werden, das in der Regel nach links durchgeführt wird. Die Probanden, die nach rechts ausweichen, könnten ein geringeres Schadensrisiko als bei einem Ausweichmanöver nach links erwarten. Dies kann durch die in aller Regel langsameren Fahrzeuge auf der rechten Fahrspur sowie die Nutzung des Standstreifens für die Durchführung des Ausweichmanövers begründet werden.

6. <u>Ausweichrichtung mit Ausweichanzeige</u>

a) *Fragestellung*:
In welche Richtung weichen die Probanden mit Ausweichanzeige aus?

b) *Hypothese*:

H_{II6}: $\pi_{\text{Ausweichen in Anzeigerichtung}} > \pi_{\text{Ausweichen entgegen Anzeigerichtung}}$

c) *Begründung*:
Die Probanden weichen in Richtung der Ausweichanzeige aus. Die vom System vorgeschlagene Ausweichrichtung wird von den Probanden als die beste Handlungsalternative gewertet um kollisionsfrei auszuweichen. Zudem ist das Ausweichen in Anzeigerichtung eines der intendierten Ziele, das mit der Ausweichanzeige erreicht werden soll.

7. Kombination Brems- und Lenkmanöver

a) *Fragestellung*:
Wie unterscheiden sich die Gruppen KG, KGBA und BAA bezüglich der Häufigkeit kombinierter Brems-Ausweich-Manöver?

b) *Hypothese*:
H_{II7}: $\pi_{BAA} > \pi_{KGBA} > \pi_{KG}$

c) *Begründung*:
In der Gruppe BAA führen anteilig am meisten Probanden aufgrund der Kollisions- und der Ausweichanzeige ein Brems-Ausweich-Manöver durch. In der KG ist der Anteil der bremsenden und lenkenden Probanden am geringsten, da in dieser Gruppe keine Anzeigen existieren. Die reine Kollisionsanzeige in der KGBA bewirkt bei einigen Probanden zusätzlich zum Brems- auch ein Lenkmanöver.

8. Reihenfolge Bremsung und Lenkung

a) *Fragestellung*:
In welcher Reihenfolge erfolgen Bremsung (B) und Lenkung (L)?

b) *Hypothese*:
H_{II8}: $\pi_{BL} > \pi_{LB}$
(für alle drei Gruppen KG, KGBA und BAA)

c) *Begründung*:
Bei Brems-Ausweich-Manövern wird am häufigsten zuerst gebremst und dann gelenkt [Maz99]. Dies ist einerseits darauf zurückzuführen, dass Bremsen von den Probanden sehr stark gelernt ist. Andererseits wird Ausweichen von den Probanden bei geringen Geschwindigkeiten und Querbe-

schleunigungen bevorzugt, da dann die subjektiv empfundene Sicherheit für ein Ausweichmanöver höher ist.

9. Kollisionshäufigkeit

   a) *Fragestellung*:
   Gibt es Unterschiede zwischen den Gruppen KG, KGBA und BAA bezüglich der Kollisionshäufigkeiten?
   b) *Hypothese*:
   H_{II9}: $\pi_{KG} > \pi_{KGBA} > \pi_{BAA}$
   c) *Begründung*:
   Das Anzeigekonzept der Gruppe BAA initiiert am meisten Ausweichmanöver (s. H_{II3}) und die kürzesten Lenkreaktionszeiten (s. H_{II4}). Daher können die Probanden der Gruppe BAA anteilig am häufigsten Kollisionen vermeiden (Kollisionsvermeidung durch Szenenauslegung nur durch Ausweichen möglich, s. Kapitel 7.1). Da angenommen wird, dass in der KGBA anteilig mehr Probanden lenken als in der KG (s. H_{II3}), können anteilig am wenigsten Kollisionen in der KG vermieden werden.

10. Stabilisierungsbedarf

   a) *Fragestellung*:
   Gibt es Unterschiede zwischen den Gruppen KG, KGBA und BAA bezüglich des Stabilisierungsbedarfs?
   b) *Hypothese*:
      a. **Wenn Ausweichanzeige = Pfad:**
      H_{II10}: $\pi_{KG} = \pi_{KGBA} > \pi_{BAA}$
      b. **Wenn Ausweichanzeige ≠ Pfad:**
      H_{II10}: $\pi_{KG} = \pi_{KGBA} = \pi_{BAA}$

c) *Begründung*:

a. Wenn Ausweichanzeige = Pfad:

Mit der Ausweichanzeige Pfad zeigen die Probanden den geringsten Stabilisierungsbedarf, da sie zu jedem Zeitpunkt des Ausweichmanövers eine Handlungsempfehlung bezüglich des weiteren Ausweichweges erhalten und stabil entlang der vorgeschlagenen Trajektorie ausweichen können. Zwischen den Kontrollgruppen werden keine Unterschiede bezüglich des Stabilisierungsbedarfs erwartet, da in beiden Gruppen durch das Manöver führende Ausweichanzeigen fehlen.

b. Wenn Ausweichanzeige ≠ Pfad:

Es werden keine Unterschiede zwischen den Gruppen bezüglich des Stabilisierungsbedarfs erwartet, da in den beiden Kontrollgruppen KG und KGBA eine Ausweichanzeige fehlt und die Ausweichanzeige in Gruppe BAA keinen führenden Charakter besitzt.

7.3.2 Fahrverhalten bei wiederholter Manöverauslösung

Im Folgenden wird der Einfluss von wiederholten Manöverauslösungen auf das Fahrverhalten in kritischen Auffahrsituationen untersucht. Jeder Proband durchfährt im Rahmen der Probandenstudie drei kritische Situationen, bei denen der Ausweichanzeige gefolgt und unfallfrei auf die Nachbarspur ausgewichen werden kann (Thematischer Block III, s. Tabelle 7.2). Tabelle 7.5 zeigt eine Übersicht der sechs relevanten Fragestellungen.

Tabelle 7.5: Übersicht Fragestellungen: Wiederholte Manöverauslösung

Kategorie	Fragestellung
Bremsung	1. Häufigkeit Bremsmanöver
	2. Reaktionszeit Bremsung
Lenkung	3. Häufigkeit Lenkmanöver
	4. Reaktionszeit Lenkung
Ausweichrichtung	5. Ausweichrichtung mit Ausweichanzeige
Sonstiges	6. Kollisionshäufigkeit

1. Häufigkeit Bremsmanöver

   a) *Fragestellung*:
   Gibt es Veränderungen bezüglich der Bremshäufigkeiten?

   b) *Hypothese*:
   H_{III1}: $\pi_{F3} > \pi_{F2} > \pi_{F1}$

   c) *Begründung*:
   Es zeigen sich Trainingseffekte, die sich in einem Zuwachs an Bremsmanövern über die Fahrten widerspiegeln. Die Trainingseffekte sind begründet durch größere Erwartung des Hindernisses ab der 2. Fahrt (vgl. [Ben08]) und häufigeres Bremsen der Probanden, die in der/den vorherigen Fahrt(en) nicht bremsten und daher kollidierten.

2. Reaktionszeit Bremsung

   a) *Fragestellung*:
   Gibt es Veränderungen bezüglich der Bremsreaktionszeit?

   b) *Hypothese*:
   H_{III2}: $\mu_{F1} > \mu_{F2} > \mu_{F3}$

c) *Begründung*:
Es zeigen sich Trainingseffekte, die sich aus der höheren Erwartung des Hindernisses ab der 2. Fahrt ergeben (vgl. [Gre00]). Dies spiegelt sich in einer Reduzierung der Bremsreaktionszeiten über die Fahrten wider.

3. Häufigkeit Lenkmanöver

a) *Fragestellung*:
Gibt es Veränderungen bezüglich der Lenkhäufigkeiten?
b) *Hypothese*:
H_{III3}: $\pi_{F3} > \pi_{F2} > \pi_{F1}$
c) *Begründung*:
Es zeigen sich Trainingseffekte, die sich in einem Zuwachs an initialen Lenkmanövern über die Fahrten widerspiegeln. Die Trainingseffekte sind begründet durch größere Erwartung des Hindernisses ab der 2. Fahrt und durch häufigere initiale Lenkmanöver der Probanden, die in der/den vorherigen Fahrt(en) nicht lenkten und deshalb kollidierten.

4. Reaktionszeit Lenkung

a) *Fragestellung*:
Gibt es Veränderungen bezüglich der initialen Lenkreaktionszeit?
b) *Hypothese*:
H_{III4}: $\mu_{F1} > \mu_{F2} > \mu_{F3}$
c) *Begründung*:
Es zeigen sich Trainingseffekte, die sich aus der höheren Erwartung des Hindernisses ab der 2. Fahrt ergeben (vgl.

[Gre00]). Dies spiegelt sich in einer Reduzierung der Lenkreaktionszeiten über die Fahrten wider.

5. Ausweichrichtung mit Ausweichanzeige

   a) *Fragestellung*:
   Gibt es Veränderungen bezüglich der Ausweichrichtung mit dem Zielkonzept?
   b) *Hypothese*:
   H_{III5}: $\pi_{F1} = \pi_{F2} = \pi_{F3}$
   c) *Begründung*:
   Die Probanden weichen bei allen Fahrten in Richtung der Ausweichanzeige aus. Die vom System vorgeschlagene Ausweichrichtung wird vom Probanden als die beste Handlungsalternative gewertet kollisionsfrei auszuweichen.

6. Kollisionshäufigkeit

   a) *Fragestellung*:
   Gibt es Veränderungen bezüglich der Kollisionshäufigkeiten?
   b) *Hypothese*:
   H_{III6}: $\pi_{F1} > \pi_{F2} > \pi_{F3}$
   c) *Begründung*:
   Es zeigen sich Trainingseffekte, die sich in einer Abnahme der Kollisionshäufigkeiten über die Fahrten widerspiegeln. Die Zunahme der Brems- und Lenkmanöver (s. H_{III1} und H_{III3}) sowie die Abnahme der Brems- und Lenkreaktionszeiten (s. H_{III2} und H_{III4}) der Fahrten wirken sich positiv auf die Kollisionsvermeidung aus, die nur durch ein Ausweichmanöver möglich ist.

7.3.3 Fahrverhalten bei Fehlauslösung der Ausweichanzeige

Im Folgenden wird das Fahrverhalten in kritischen Auffahrsituationen bei Fehlauslösung der Ausweichanzeige untersucht. Fehlauslösungen sind nicht nur störend und führen zu geringerer Produktakzeptanz, was die Abschaltung des Systems zur Folge haben kann, sondern auch zu langsameren und weniger zuverlässigeren Reaktionen auf gültige Warnungen [Ler96]. Aus diesem Grund müssen Fehlauslösungen bei der Entwicklung und Bewertung der Anzeigen berücksichtigt werden. Die Probanden der Gruppe BAA erhalten als vierte und somit letzte Fahrt eine Fehlauslösung der Ausweichanzeige (Thematischer Block IV, s. Tabelle 7.2). Dabei zeigt die Ausweichanzeige auf die linke Fahrspur, die durch weitere Verkehrsteilnehmer belegt ist. Eine Kollision kann nur durch ein Ausweichmanöver entgegen der Anzeigerichtung vermieden werden. Tabelle 7.6 zeigt eine Übersicht der zwei relevanten Fragestellungen.

Tabelle 7.6: Übersicht Fragestellungen: Fehlauslösung

Kategorie	Fragestellung	
Ausweichrichtung	1.	Ausweichrichtung
Sonstiges	2.	Kollisionshäufigkeit

1. Ausweichrichtung

   a) *Fragestellung*:
   In welche Richtung weichen die Probanden mit dem Zielkonzept bei Fehlauslösung der Ausweichanzeige aus?

b) *Hypothese*:

H_{IV1}: $\pi_{\text{Ausweichen entgegen Anzeigerichtung}} >$

$\pi_{\text{Ausweichen in Anzeigerichtung}} >$

$\pi_{\text{Kein Ausweichen}}$

c) *Begründung*:

Die meisten Probanden erkennen richtig, dass die Fahrspur in Anzeigerichtung von weiteren Verkehrsteilnehmern belegt ist. Infolge dessen weichen mehr Probanden entgegen der Anzeigerichtung auf die freie rechte Fahrspur als in Anzeigerichtung auf die belegte linke Fahrspur aus. Es wird erwartet, dass die wenigsten Probanden nicht ausweichen, da die Probanden bereits in drei vorherigen Fahrten gelernt haben, dass nur durch Ausweichen eine Kollision vermieden werden kann.

2. Kollisionshäufigkeit

a) *Fragestellung*:

Gibt es Unterschiede zwischen den Ausweichrichtungen mit Zielkonzept bezüglich der Kollisionshäufigkeiten?

b) *Hypothese*:

H_{IV2}: $\pi_{\text{Kollision bei Ausweichen in Anzeigerichtung}} >$

$\pi_{\text{Kollision bei Ausweichen entgegen Anzeigerichtung}} >$

$\pi_{\text{Kollision ohne Ausweichen}}$

c) *Begründung*:

Es wird gemäß H_{IV1} einerseits erwartet, dass mehr Probanden entgegen der Anzeigerichtung als in Anzeigerichtung ausweichen, andererseits der Anteil der nicht ausweichenden Probanden verschwindend gering ist. Außerdem ist die kritische Situation dermaßen ausgelegt, dass nur beim Ausweichen entgegen der Anzeigerichtung ein Unfall vermieden werden kann. Deshalb wird erwartet, dass der Anteil der Probanden, die in Anzeigerichtung ausweichen und daher kollidieren, am höchsten ist. Da die meisten Probanden entgegen der Anzeigerichtung ausweichen und nur in diese Richtung auch eine Kollision vermieden werden kann, ist dort trotz Fehlauslösung die Kollisionshäufigkeit gering. Die wenigsten Probanden werden in dieser Situation nicht lenken und in Folge dessen kollidieren.

7.3.4 Fahrbegleitendes Interview

In dem fahrbegleitenden Interview (s. Anhang A5) werden die Probanden zu den Fahrten befragt. Es wird ausschließlich die erste Fahrt der Probanden aus den drei Gruppen KG, KGBA und BAA ausgewertet (Thematischer Block V, s. Tabelle 7.2). Diese Fahrten sind am aussagekräftigsten, da keine Trainingseffekte berücksichtigt werden müssen. Die detaillierte Beschreibung des Interviews erfolgt im Methodenteil (Kapitel 8.1.2).

1. Beschreibung und Bewertung der kritischen Situation

   a) *Fragestellung*:
   Wie wird die kritische Situation von den Probanden beschrieben und bewertet?

   b) *Erläuterung*:
   Diese Fragestellung gibt Aufschluss zur Wahrnehmung der Probanden in der kritischen Situation. Einerseits soll die Frage beantwortet werden, ob die Probanden wissen, wie die kritische Situation zustande kam. Dies ist eine wichtige Voraussetzung für die Einordnung der Anzeigen in den Kontext der Fahrszene. Andererseits werden die Probanden be-

fragt, ob sich in der kritischen Situation weitere Verkehrsteilnehmer hinter oder neben ihnen befanden. Der Nutzen der Ausweichanzeige ist besonders hoch, wenn die Probanden aufmerksam sind und wissen, was um sie herum geschieht und in dieser Situation dann beim Ausweichen unterstützt werden. Dies sind gute Voraussetzungen für ein unfallfreies Ausweichen mit kurzen Reaktionszeiten. Anhand der Angaben der Probanden zu ihrer Überraschung und der Realistik werden einerseits die Anforderungen an die Fahrszenen überprüft und andererseits Rückschlüsse auf das Fahrverhalten der Probanden gezogen.

2. Beschreibung und Bewertung der Anzeigen

   a) *Fragestellung*:
   Wie werden die Anzeigen von den Probanden beschrieben und bewertet?

   b) *Erläuterung*:
   Es wird die Wirkung der Anzeigen auf die Probanden dargestellt. Zunächst wird die Wahrnehmung der Probanden untersucht. Dazu beschreiben die Probanden die erkannten Anzeigekomponenten sowie die dominanteste Anzeigekomponente. Anschließend bewerten die Probanden die Anzeigen. Sie werden nach dem Grad ihres Erschreckens, der Überforderung durch die Anzeigen und zu deren Vor- und Nachteilen befragt. Schließlich werden die Probanden aufgefordert Verbesserungsvorschläge für die Anzeigen zu machen.

3. Bewertung der Verlässlichkeit der Anzeigen

   a) *Fragestellung*:
      Wie bewerten die Probanden die Verlässlichkeit der Anzeigen?
   b) *Erläuterung*:
      Die Probanden werden zu ihrer Einschätzung der Gefährlichkeit der Ausweichanzeige sowie zum Systemvertrauen gegenüber der Brems-Ausweich-Assistenz befragt. Es soll die Frage beantwortet werden, ob die Probanden der Ausweichempfehlungen vertrauen.

7.3.5 Akzeptanzfragebogen

Für die Akzeptanzbewertung (s. Anhang A6.1) wird die Bremsassistenz (Gruppe KGBA) mit der Brems-Ausweich-Assistenz (Gruppe BAA) verglichen. Hierfür werden die ersten drei Fahrten, die jeder Proband durchläuft, ausgewertet (Thematischer Block VI, s. Tabelle 7.2). Die detaillierte Beschreibung des Akzeptanzfragebogens erfolgt im Methodenteil (in Kapitel 8.1.3).

1. Eigenschaften und Nutzen

   a) *Fragestellung*:
      Welche Eigenschaften und welchen Nutzen verbinden die Probanden mit der Brems-Ausweich-Assistenz?
   b) *Erläuterung*:
      Diese Frage beantwortet im Wesentlichen die Einordnung der Brems-Ausweich-Assistenz durch die Probanden, auch gegenüber anderen Sicherheitssystemen. Neben der Attrak-

tivität des Systems fließen auch die Eigenschaften des Systems und der von den Probanden erhoffte Nutzen mit ein.

2. Subjektive Norm

   a) *Fragestellung*:
      Was erwarten die Probanden zur Einstellung Anderer zum System?
   b) *Erläuterung*:
      Es soll die Meinung der Probanden, was Andere über die Brems-Ausweich-Assistenz denken, untersucht werden. Diese Meinungen sind ein wichtiger Einflussfaktor für eine Kaufentscheidung [Arn08].

3. Marktpotenzial

   a) *Fragestellung*:
      Wie hoch ist die Kaufbereitschaft für die Brems-Ausweich-Assistenz?
   b) *Erläuterung*:
      Die Kaufbereitschaft entscheidet darüber, wie erfolgreich die Brems-Ausweich-Assistenz am Markt sein wird. Für die Bestimmung der Kaufbereitschaft wird zunächst die Brems-Ausweich-Assistenz mit anderen aktiven Sicherheitssystemen verglichen, um den Stellenwert des Systems gegenüber anderen etablierten Systemen zu bestimmen. Anschließend werden die Probanden zum Besitzwunsch befragt, der mit der tatsächlichen Kaufbereitschaft verglichen wird. Abschließend wird die Zahlungsbereitschaft der Probanden für das System bestimmt.

8. Methode und Durchführung der Probandenstudie

Dieses Kapitel behandelt die Messinstrumente der Probandenstudie und den Untersuchungsplan. Danach wird die Zusammensetzung der Probandenkohorte vorgestellt. Nach der Herleitung der kritischen Situationen wird schließlich auf den Ablauf der Probandenstudie sowie die Methoden der Datenauswertung eingegangen.

8.1 Messinstrumente

Die Daten zur Bewertung der Ausweichanzeige werden anhand der Messinstrumente erhoben. Zunächst wird die Untersuchungsumgebung vorgestellt, in der die Probandenstudie durchgeführt wird. Anschließend wird das im Rahmen der Probandenbefragung eingesetzte fahrbegleitende Interview sowie der Akzeptanzfragebogen vorgestellt.

8.1.1 Untersuchungsumgebung dynamischer Fahrsimulator

Die Wirksamkeit der Anzeigen kann nur unter möglichst realen Bedingungen und unter Berücksichtigung der Reaktionen von Endnutzern untersucht werden. Aus diesem Grund erfolgt die Evaluation der Anzeigen im Rahmen einer Probandenstudie. Zur Erhebung von physikalischen Fahrdaten muss eine geeignete Untersuchungsumgebung ausgewählt werden. Zentrales Auswahlkriterium hierbei ist, dass die in Kapitel 7 formulierten Fragestellungen untersucht werden können. Im Rahmen dieser Arbeit wurden die folgenden drei Untersuchungsumgebungen in Betracht gezogen, die prinzipiell für die Untersuchung der Fragestellungen geeignet sind. Neben einem dynamischen Fahrsimulator bietet sich für die Durchführung der Probandenstudie ein Versuchsträger an. Dafür muss das zu untersuchende System in das Fahrzeug integriert werden. Eine dritte Möglichkeit stellt Vehicle in the Loop (VIL) der Carmeq GmbH dar [Boc08]. VIL ist eine Test- und Simulationsumgebung für Fahrerassistenzsysteme, die die Vorzüge eines realen Versuchsfahrzeugs mit der Sicherheit und Reproduzierbarkeit von Fahrsimulatoren kombiniert. Anzeigen können durch ein Head-Mounted-Display (Videobrille) während der Fahrt realitätsnah und kontaktanalog realisiert werden. Die kritischen Situationen würden sowohl bei Untersuchungen mit dem Versuchsträger als auch mit VIL auf einer Teststrecke gestellt werden.

Nach der Bewertung sowohl der Vor- als auch der Nachteile der einzelnen Systeme (s. Anhang A1) fiel die Entscheidung auf den dynamischen Fahrsimulator des Würzburger Instituts für Verkehrswissenschaften GmbH (WIVW GmbH). Die wichtigsten Eigenschaften des Fahrsimulators sind in [Kau03] beschrieben. Durch die Stewart-Plattform mit sechs Freiheitsgraden können lineare Beschleunigungen bis 5 m/s^2 dargestellt werden. Die Fahrzeugkonsole im Simulator ist voll instrumentiert und identisch mit der eines Serienfahrzeugs mit Automatikgetriebe. Auch die Lenkmomente werden realistisch über einen Servomotor auf Basis eines Lenkmodells umgesetzt. Eine großflächige 180°-Leinwand, auf die über drei Projektoren die jeweilige Fahrszene projiziert wird, wird durch drei LCD-Displays erweitert, die als Innen- und Außenspiegel am Fahrzeug eingesetzt werden. Die Updaterate der Daten beträgt 120 Hz. Die Auflösung des Gaspedals liegt bei 0,025 (Wertebereich: [0,1]), die des Bremspedals bei 0,0025 (Wertebereich: [0,3]) und die des Lenkrads bei 0,1°.

Im Folgenden werden die Vor- und die Nachteile des dynamischen Fahrsimulators diskutiert (vgl. [Bul03]). Der dynamische Fahrsimulator ist für die Untersuchung des Ausweichverhaltens mit visuellen Ausweichanzeigen in kritischen Auffahrsituationen und somit zur Beantwortung der Fragestellungen in Kapitel 7 geeignet (s. dazu Bewertung der Untersuchungsumgebungen, Anhang A1). Kontrollierte Versuchsbedingungen ermöglichen eine hohe Reproduzierbarkeit, wodurch die intra- und die interindividuelle Vergleichbarkeit des Fahrverhaltens der Probanden gewährleistet werden kann [Sch04]. Außerdem besteht bei Simulatoren ein maximaler Gestaltungsspielraum für die realistische Einbettung der kritischen Situation in einer Fahrszene, ohne die Probanden oder das Material zu gefährden. Des Weiteren bestand im dynamischen Fahrsimulator bei der WIVW GmbH das beste Kosten-Nutzen-Verhältnis. Nachteilig ist hingegen, dass in einem dynamischen Fahrsimulator insbesondere die Querbeschleunigung aufgrund der Beschränkungen der Bewegungsplattform nur bedingt realistisch abgebildet werden kann.

Da die Querbeschleunigung einen direkten Einfluss auf das Ausweichverhalten der Probanden hat, liegt der Fokus der Untersuchung auf dem Fahrverhalten bis zur Initialreaktion des Probanden an der Lenkung. Dennoch wird zur Beantwortung des Stabilisierungsbedarfs und zur Identifikation einer Kollision das Fahrverhalten nach der Initialreaktion am Lenkrad aufgezeichnet und ausgewertet. Es soll für diese Fragstellung ein Trend aufgezeigt werden.

8.1.2 Fahrbegleitendes Interview

Mittels des fahrbegleitenden Interviews (s. Anhang A5) werden die kritische Situation, die Anzeigen sowie die Verlässlichkeit der Anzeigen durch die Probanden bewertet. Für die Datenerhebung wird ein standardisiertes direkt ermittelndes Einzelinterview mit vorgegebenen und teils freien Antwortmöglichkeiten eingesetzt. Der Wortlaut und die Abfolge der Fragen sind nach [Bor06] eindeutig definiert und für den Interviewer verbindlich. Die präzise formulierten Fragen können von den Probanden kurz beantwortet werden. Das Interview ist so vorbereitet, dass ein Großteil der Antwortmöglichkeiten vorgegeben ist und der Interviewer die vom Probanden genannte Alternative ankreuzen kann. Einzelne standardisierte Fragen haben einen offenen Antwortcharakter. Die Vergleichbarkeit der Antworten zwischen den Probanden sowie die Vollständigkeit der Antworten wird dabei durch standardisierte Vorgaben zum Vorgehen bei der Befragung gewährleistet. Die Antworten der Probanden werden in Stichworten mit protokolliert. Der Proband bleibt zur Befragung im Fahrsimulator sitzen und wird vom Versuchsleiter über Gegensprechanlage interviewt. Der Versuchsleiter liest hierfür die Fragen und gegebenenfalls die Antwortmöglichkeiten vor. Das Interview dauert circa fünfzehn Minuten. Je nach Gruppenzugehörigkeit des Probanden wird das Interview angepasst. Einige Fragen beziehen sich auf die Anzeigen, die nur in den Gruppen KGBA und BAA eingeblendet werden.

8.1.3 Akzeptanzfragebogen

Mit dem Akzeptanzfragebogen nach [Arn08] (s. Anhang A6.1) werden die Eigenschaften und der Nutzen der Brems-Ausweich-Assistenz, die subjektive Norm sowie das Marktpotenzial bewertet. Diese Untersuchung basiert auf dem Hintergrund, dass sich innovative Fahrerassistenzsysteme teilweise trotz hoher funktionaltechnischer Performanz nur zögerlich am Markt durchsetzen [Kas06]. Ein Grund dafür ist die mangelnde Akzeptanz beim Endkunden. Endkunden können Fahrerassistenzsysteme positiv bewerten, auch wenn sie dann von ihnen nicht gekauft würden. Deshalb soll herausgefunden werden, welche Faktoren neben einer positiven Bewertung den Kauf eines Fahrerassistenzsystems bewirken. Durch die systematische Einbeziehung der Endkundensicht können somit innovative Fahrerassistenzsysteme frühzeitig im Entwicklungsprozess funktional optimiert und so die Produktentwicklung effizienter gestaltet werden. Mit der eingesetzten Akzeptanzmethode [Arn08] können zum einen Kauf- und Zahlungsbereitschaft potentieller Kunden vorhergesagt und zum anderen die Hintergründe von Kaufbarrieren analysiert werden. Neben den Vorhersagen der Akzeptanz können Stärken und Schwächen von Fahrerassistenzsystemen ermittelt und Optimierungsempfehlungen abgeleitet werden. Der größte Gewinn der Methode zur Akzeptanzmessung liegt darin, dass durch sie das Kaufverhalten relativ zuverlässig abgeschätzt werden kann. Hierbei wird auf eine Methode von van Westendorp [Wes76] zurückgegriffen. Die Erfahrungen aus anderen Studien zeigen, dass die Preisspannen der Westendorp-Methode sehr realistisch sind [Mue05].

Die im Rahmen der Probandenstudie eingesetzte Akzeptanzbewertung besteht aus einer zweiteiligen Befragung mittels standardisierten Fragebögen (s. [Arn08]). Der erste Teil der Befragung ist systemunabhängig und bezieht sich vorwiegend auf persönliche und verkehrsdemografische Angaben der Probanden sowie deren Fahrmotive. Das Ausfüllen des Fragebogens dauert circa sieben Minuten. Anschließend wird den Probanden das zu untersuchende System vorgestellt. Wichtig ist dabei, dass das System während der Testfahrt tatsächlich so erlebt beziehungsweise präsentiert wird, wie es auch in der Realität erlebbar sein wird, also mit seinen Vorzügen aber auch den Systemgrenzen. Denn nur so können aus den Bewertungen der Probanden auch Rückschlüsse auf ihre Einstellung gegenüber dem System gezogen werden. Die Probanden haben in der vorliegenden Studie keinerlei Kenntnis über das System vor der ersten Manöverauslösung. Der zweite Teil der Befragung beinhaltet die Befragung zur Systembewertung. Die Datenerhebung für den zweiten Teil des Akzeptanzfragebogens erfolgt für jeden Probanden nach der dritten Manöverauslösung. Bei allen drei Manöverauslösungen zeigt die Ausweichanzeige auf eine freie Fahrspur und ein Durchschnittsfahrer kann ihr kollisionsfrei folgen. Somit sind alle drei Manöverauslösungen berechtigt. Die Probanden sollen zur Bewertung das System ausführlich kennen lernen. Außerdem könnte eine Befragung nach der ersten Fahrt dazu führen, dass die Probanden ihr Fahrverhalten auf der Grundlage ihres Antwortverhaltens in den folgenden Fahrten ändern, da sie ihre erste Meinung gerne bestätigt sehen wollten. Die Fehlauslösung wird für die Akzeptanzbewertung nicht berücksichtigt, da sie als eine von vier Fahrten überrepräsentiert ist. Die Bewertung erfolgt für die meisten Fragen auf einer fünfstufigen Ratingskala. Dabei sind Werte mit einem Betrag größer Eins im Spektrum von minus bis plus zwei aussagekräftig für die jeweilige Fragestellung [Arn10b]. Der zweite Teil des Fragebogens nimmt circa fünfzehn Minuten in Anspruch. Beide Fragebogenteile werden von den Probanden außerhalb des Fahrsimulators ausgefüllt.

8.2 Untersuchungsplan

Dieses Kapitel umfasst die Beschreibung des Versuchsdesigns und der Stichprobengröße.

8.2.1 Versuchsdesign

Das Versuchsdesign enthält unabhängige und abhängige Variablen. Die unabhängige Variable (uV) ist die Variable, die in einer Untersuchung variiert wird, um deren Auswirkungen auf die abhängige Variable zu erfassen. Die abhängige Variable (aV) ist die Variable, deren Veränderung infolge der unabhängigen Variablen gemessen wird.

Unabhängige Variablen (uV)

Der Evaluation des Fahrverhaltens mit berechtigter Anzeigerichtung auf eine freie Fahrspur liegt ein partielles faktorielles Messwiederholungsdesign zugrunde. Zur Kontrolle des Einflusses möglicher Alters- und Geschlechtsunterschiede werden die Versuchsgruppen homogen bezüglich dieser Variablen zusammengesetzt. Insgesamt werden vier unabhängige Variablen definiert (s. Tabelle 8.1).

Die unabhängigen Variablen sind auf folgende Art und Weise miteinander verknüpft: Die Probanden werden zu Beginn des Experiments in drei Gruppen eingeteilt. Es ist keine Variation während des Experimentes mehr möglich. Die Kontrollgruppe (KG) fährt ohne Anzeigen, die Kontrollgruppe Bremsassistenz (KGBA) mit der Bremsassistenz PEBS sowie der unspezifischen visuellen Kollisionsanzeige und die Gruppe Brems-Ausweich-Assistenz (BAA) mit der Bremsassistenz PEBS sowie der unspezifischen visuellen Kollisions- sowie der Ausweichanzeige (s. Tabellen 7.1 und 8.1). Die Probanden fahren insgesamt dreimal in derselben Gruppe. Die Fahrbedingungen werden über die Fahrten so variiert, dass jeder Proband eine Einschersituation und zwei Folgefahrten durchfährt. Die doppelte Durchführung der Folgefahrt resultiert in erster Linie daraus, dass für jeden Probanden in der Gruppe BAA die Ausweichanzeige in der Folgefahrt einmal nach links und einmal nach rechts zeigt. Um die Vergleichbarkeit zu der Gruppe BAA bezüglich

Tabelle 8.1: Unabhängige Variablen

Unabhängige Variable	Faktorstufe
1. **Art der Assistenz (Gruppe)**	• *Kontrollgruppe (KG):* Keine Assistenz • *Kontrollgruppe Bremsassistenz (KGBA):* PEBS + unspezifische visuelle Kollisionsanzeige • *Brems-Ausweich-Assistenz (BAA):* PEBS + unspezifische visuelle Kollisions- + visuelle Ausweichanzeige
2. **Fahrbedingung**	• *Einschersituation* (entspricht Spurwechselunfall in Kapitel 4.1) • *Folgefahrt* (entspricht Auffahrunfall in Kapitel 4.1)
3. **Anzeigerichtung der Ausweichanzeige**	• Links auf freie Fahrspur • Rechts auf freie Fahrspur
4. **Messwiederholung**	• 1. Fahrt • 2. Fahrt • 3. Fahrt • (4. Fahrt: Fehlauslösung)

der Anzahl der Fahrbedingungen herzustellen, durchfahren auch die Probanden in den Kontrollgruppen die Folgefahrten doppelt. Die Fahrbedingungen werden über alle Fahrten einer Gruppe so permutiert, dass das Verhältnis von Einschersituation und Folgefahrt in den einzelnen Fahrten (1., 2. und 3. Fahrt) gleich bleibt. Für die Gruppe BAA erfolgt eine Variation der Anzeigerichtung nur in der Folgefahrt. Dabei wird in jeder der drei Fahrten der Hälfte der Probanden in der Folgefahrt die Ausweichanzeige nach links und der anderen Hälfte die Ausweichanzeige nach rechts angezeigt. Für die Evaluation des Fahrverhaltens mit unberechtigter Anzeigerichtung (Fehlauslösung) werden nur Probanden der Gruppe BAA erhoben.

Die Fehlauslösung erfolgt immer als vierte Fahrt. Die Fahrbedingung ist eine Folgefahrt.

Tabelle 8.2 zeigt für die Gruppe BAA in Abhängigkeit der Fahrbedingung, auf welche Fahrspur die Ausweichanzeige zeigt und ob die Ausweichanzeige berechtigt eingeblendet wird.

Tabelle 8.2: Anzeigerichtung und Berechtigung der Ausweichanzeige

<table>
<tr><th rowspan="2">Gruppe</th><th colspan="4">Fahrbedingung</th></tr>
<tr><th>Einscherer</th><th>Folgefahrt links</th><th>Folgefahrt rechts</th><th>Fehlauslösung</th></tr>
<tr><td rowspan="2">BAA</td><td colspan="2">Ausweichanzeige auf linke Fahrspur</td><td>Ausweichanzeige auf rechte Fahrspur</td><td>Ausweichanzeige auf linke Fahrspur</td></tr>
<tr><td colspan="3">Berechtigte Ausweichanzeige auf freie Fahrspur
(True-Positive)</td><td>Unberechtigte Ausweichanzeige auf belegte Fahrspur
(False-Positive)</td></tr>
</table>

Abhängige Variablen (aV)

In Tabelle 8.3 sind die insgesamt zehn abhängigen Variablen sowie deren Operationalisierung für die Auswertung der im Fahrsimulator erhobenen Messdaten dargestellt. Für die Auswertung sind die Daten ab der Manöverauslösung relevant. Die Grundgesamtheit und die Messgröße für jede abhängige Variable sind in Anhang A3 dargestellt.

Tabelle 8.3: Abhängige Variablen

Abhängige Variable	Operationalisierung
1. Häufigkeit Bremsmanöver	Bremsung ja / nein
2. Reaktionszeit Bremsung	Zeit von Manöverbeginn bis zur Bremspedalbetätigung
3. Häufigkeit Lenkmanöver	Lenkung ja / nein
4. Reaktionszeit Lenkung	Zeit von Manöverbeginn bis zur initialen Lenkung
5. Ausweichrichtung in Kontrollgruppen	Ausweichrichtung links / rechts
6. Ausweichrichtung mit Ausweichanzeige	In oder entgegen der Anzeigerichtung
7. Kombination Brems- und Lenkmanöver	• Keine Reaktion • Nur gebremst • Nur gelenkt • Gebremst und gelenkt
8. Reihenfolge Bremsung und Lenkung	• Bremsung vor Lenkung • Lenkung vor Bremsung
9. Kollisionshäufigkeit	Kollision ja / nein
10. Stabilisierungsbedarf	Stabilisierungsbedarf ja / nein

Definition ausgewählter Messgrößen

Im Folgenden werden die zur Auswertung der Probandenstudie benötigten Messgrößen definiert, die nicht direkt als physikalische im Fahrsimulator erhobene Messdaten vorliegen. Dies sind die initiale Lenkung, die Ausweichrichtung sowie der Stabilisierungsbedarf.

Initiale Lenkung

Mit der initialen Lenkung (s. dazu Anhang A4) wird einerseits die Lenkreaktionszeit ermittelt, andererseits der Lenkwunsch bestimmt, der der Aktivierung der Lenkunterstützung ESS-T dient (s. Kapitel 2.2.4). Hierfür wird ein Algorithmus eingesetzt, der bereits bei der Robert Bosch GmbH im Rahmen einer Probandenstudie zur Untersuchung der Lenkunterstützung ESS-T zum Einsatz kam. Im Wesentlichen werden dort der Lenkgradwinkel δ_L und der Lenkgradwinkelgradient $\dot{\delta}_L$ ausgewertet. Für die vorliegende Probandenstudie wird lediglich die Schwelle des Lenkgradwinkelgradienten angepasst. Es gilt:

$$\text{Kriterien für Initiale Lenkung: } |\delta_L| > 5° \;\wedge\; |\dot{\delta}_L| > 36°/s \qquad \text{(Gl 8.1)}$$

Zur Bestimmung der optimalen Schwellen (Ergebnis in Gl. 8.1 dargestellt) wird zunächst das Fahrverhalten in den kritischen Situationen mit Hilfe der Messdaten sowie während der Messfahrt aufgezeichneter Videos klassifiziert. Die Videos zeigen den Blick auf die Szene aus der Perspektive der Probanden sowie eine Frontalansicht des Probanden. Bei der Klassifizierung wird bestmöglich eine Unterteilung in bremsende und lenkende Probanden vorgenommen. Anschließend werden die Algorithmusschwellen angepasst. Die Herausforderung bei der Ermittlung der optimalen Schwellen besteht darin, sicher zwischen bremsenden und lenkenden Probanden zu unterscheiden. Denn auch die Probanden, die ein reines Bremsmanöver beabsichtigen, weisen typischerweise gewisse Lenkgradwinkel sowie Lenkgradwinkelgradienten auf. Würde die Lenkunterstützung ESS-T bei Fahrern aktiviert, die lediglich einen Bremseingriff beabsichtigen, würde dies einen gefährlichen Systemeingriff darstellen. Dies würde sich zudem negativ in der Akzeptanz der

Kunden gegenüber dem System auswirken. Durch den modifizierten Algorithmus in Gleichung 8.1 ist es jedoch möglich bei maximal vielen Fahrern den Lenkwunsch sicher zu detektieren.

In 96% aller in der Probandenstudie erhobenen Messfahrten (N_{gesamt} = 262) werden die Lenkwünsche der Probanden richtig erkannt. Es existieren zwei Ursachen dafür, dass für die verbleibenden 4% eine falsche Zuordnung erfolgt. Eine Ursache besteht darin, dass einige Probanden zu schwach lenken um vom Lenkalgorithmus erfasst zu werden. Dies sind überwiegend routinierte Fahrer, die sehr ruhig und überlegt ein Ausweichmanöver durchführen. Die Lenkbewegung wird nicht oder erst sehr spät erkannt, typischerweise gegen Ende des Manövers, wenn der Proband doch etwas stärker lenkt. Da diese Probanden in aller Regel eine Kollision auch ohne Lenkunterstützung vermeiden können, kommt hier der Lenkwunscherkennung eine eher geringe Bedeutung zu. Würde die Schwelle des Lenkradwinkelgradienten weiter gesenkt werden, dann könnten zwar mehr lenkende Probanden erfasst werden, es würden jedoch auch mehr Probanden vom Algorithmus als lenkend detektiert werden, die nur zu bremsen beabsichtigen. Eine weitere Ursache besteht darin, dass einige Probanden vor dem bewusst durchgeführten Lenkmanöver, das zum Spurwechsel führt, kurze schwache Bewegungen am Lenkrad zeigen. Diese bestehen immer aus einer Auslenkung sowie der zugehörigen Kompensation in Form eines Zurücklenkens. Bei einigen Probanden wird je nach Lenkbewegung bereits die Auslenkung und bei einigen das Zurücklenken als initiale Lenkung durch den Algorithmus erkannt. Würde die Schwelle des Lenkradwinkelgradienten weiter erhöht werden, dann würden weniger lenkende Probanden durch den Algorithmus erkannt werden, da sie fälschlicherweise der Probandengruppe zugeordnet würden, die nur ein Bremsmanöver beabsichtigen. Trotz der

Optimierung wird der Algorithmus zur Detektion der initialen Lenkung aufgrund des sehr unterschiedlich ausgeprägten Lenkverhaltens der Fahrer immer mit einer gewissen Unsicherheit verbunden sein. Ziel ist es jedoch, diese durch Optimierungsverfahren so gering wie möglich zu halten. Die geringen Unsicherheiten, die sich aus den beschriebenen Ausreißern ergeben, müssen in Kauf genommen werden. Daher wird für die Auswertung der Probandenstudie für alle Fahrten der in Gleichung 8.1 beschriebene Algorithmus zur Detektion der initialen Lenkung genutzt.

Ausweichrichtung

Zur Bestimmung der Ausweichrichtung muss der Proband überhaupt initial gelenkt haben. Die Ausweichrichtung wird auf dem geraden Streckenabschnitt über den Vergleich der y-Position des Ego-Fahrzeugs zum Zeitpunkt des Stillstands beziehungsweise beim Erreichen des Hindernisses mit der y-Position zum Zeitpunkt der initialen Lenkung, die den Referenzpunkt darstellt, bestimmt. Bei 1% der Fahrten unterscheiden sich die initiale Lenkrichtung und die Ausweichrichtung. Dies tritt bei den Probanden auf, bei denen der Algorithmus zum Zeitpunkt der Kompensation der kurzen schwachen Lenkradbewegung vor dem bewusst durchgeführten Lenkmanöver anschlägt (s. Initiale Lenkung). Sobald die Probanden jedoch bewusst lenken, entspricht die Lenkrichtung der Ausweichrichtung.

Stabilisierungsbedarf

Zur Bestimmung des Stabilisierungsbedarfs muss der Proband einerseits gelenkt haben, andererseits kollisionsfrei ausgewichen sein. Der Proband hat keinen Stabilisierungsbedarf, falls er nach erstmaligem Erreichen der benachbarten Fahrspur bis zum Stillstand oder dem Erreichen des Hindernisses auf dieser Fahrspur bleibt. Bei einem Ausweichmanöver nach rechts darf der Standstreifen mitgenutzt werden.

8.2.2 Stichprobengröße

In Kapitel 7 sind unspezifische Hypothesen formuliert. Sie machen keine Aussage über die Größe des erwarteten Unterschieds beziehungsweise Zusammenhangs. Für deren Prüfung existieren keine genauen Richtlinien bezüglich der Stichprobengröße [Bor06]. Die Wahrscheinlichkeit, eine unspezifische Hypothese zu bestätigen, steigt aber mit zunehmender Stichprobengröße. Es muss daher aus inhaltlichen Überlegungen abgewogen werden, wie groß die Stichprobe sein muss, um die Fragestellung adäquat beantworten zu können. Da auch ökonomische Aspekte beachtet werden, sollen einerseits möglichst wenig Probanden erhoben werden, andererseits aber noch so viele mit derselben Konfiguration der unabhängigen Variablen, damit keine Untersuchung auf Einzelfallebene durchgeführt werden muss. Auf diese Weise können sinnvolle und statistisch prüfbare Aussagen in Bezug zu den Hypothesen getroffen werden.

Insgesamt werden in der Probandenstudie 80 Probanden erhoben. Mit einem Teil der Probanden wird in einem ersten Schritt das geeignetste Anzeigekonzept bestimmt, mit dem verbleibenden Teil in einem zweiten Schritt eine detaillierte Untersuchung dieses Anzeigekonzepts durchgeführt. Insgesamt 12 Probanden werden sowohl für die Bestimmung als auch für die Untersuchung des Zielkonzepts erhoben. Mit den insgesamt 80 Probanden ist es möglich, die Hypothesen in Kapitel 7 statistisch prüfen zu können. In Tabelle 8.4 ist eine Übersicht zur Verteilung der Probanden dargestellt.

Tabelle 8.4: Verteilung der Probanden

<table>
<tr><th rowspan="2">Iteration</th><th colspan="4">Auswahl Zielkonzept</th><th colspan="3">Untersuchung Zielkonzept</th></tr>
<tr><th>Konzept 1</th><th>Konzept 2</th><th>Konzept 3</th><th colspan="2">Konzept 4 = Ziel-konzept (BAA)</th><th>KG</th><th>KGBA</th></tr>
<tr><td>1. Iteration</td><td>6</td><td>6</td><td>6</td><td colspan="2">← 6 →</td><td>----</td><td>----</td></tr>
<tr><td>2. Iteration</td><td>6</td><td>----</td><td>----</td><td colspan="2">← 6 →</td><td>----</td><td>----</td></tr>
<tr><td>3. Iteration</td><td>----</td><td>----</td><td>----</td><td>----</td><td>12</td><td>16</td><td>16</td></tr>
<tr><td rowspan="2">Teil-Summen</td><td>12</td><td>6</td><td>6</td><td>12</td><td>24</td><td>16</td><td>16</td></tr>
<tr><td colspan="4">36</td><td colspan="3">56</td></tr>
<tr><td>Gesamt-Summe</td><td colspan="7">80</td></tr>
</table>

Auswahl Zielkonzept

Der Auswahl des Zielkonzepts liegen vier Anzeigekonzepte zu Grunde (s. Kapitel 6.4). Es werden dafür nur Probanden erhoben, die mit Ausweichanzeige fahren (Gruppe BAA). Bei der Auswahl wird iterativ vorgegangen. In der ersten Iteration mit jeweils sechs Probanden pro Anzeigekonzept werden die zwei weniger geeigneten Anzeigekonzepte aussortiert. In einer zweiten Iteration werden die beiden favorisierten Anzeigekonzepte nochmals genauer untersucht. Hierfür werden jeweils sechs Probanden pro Anzeigekonzept aufgestockt. Für die Auswahl des Zielkonzepts werden somit insgesamt 36 Probanden erhoben. Mögliche Einschränkungen bei den statistischen Auswertungen durch geringe Probandenanzahlen werden im Rahmen dieser Voruntersuchung in Kauf genommen. Die Ergebnisse (s. Kapitel 9.1) zeigen jedoch, dass eine solide Auswahl des Zielkonzepts trotz der geringen Probandenanzahl getroffen werden kann. Die Unterschiede zwischen den Anzeigekonzepten werden sichtbar und die Ergebnisse damit aussagekräftig. Wäre eine Auswahl des Zielkonzepts mit den insgesamt 36 Probanden nicht möglich gewesen, wäre die Anzahl der Probanden aufgestockt sowie weichere Kriterien wie zum Beispiel die Realisierbarkeit der Ausweichanzeige herangezogen worden.

Untersuchung des Zielkonzepts

Um das Fahrverhalten mit Anzeigen möglichst genau analysieren zu können, wird in der dritten Iteration die Probandenanzahl des Zielkonzepts (Gruppe BAA) um weitere 12 Probanden aufgestockt. Zusätzlich werden dem Zielkonzept mit dann insgesamt 24 erhobenen Probanden die beiden Kontrollgruppen KG und KGBA mit jeweils 16 Probanden gegenübergestellt. Somit stehen für die Untersuchung des Zielkonzepts 56 Probanden zur Verfügung.

8.3 Zusammensetzung der Probandenkohorte

Im Folgenden wird die Zusammensetzung der Probandenkohorte vorgestellt, die für die Untersuchung des Zielkonzepts eingesetzt wird. Die Probanden sind im Fahrsimulator trainiert und stammen aus der Datenbank der WIVW GmbH. Zunächst wird auf die demographischen Daten der Probanden eingegangen. Dies sind Alter, Geschlecht und Beruf. Anschließend werden die Angaben der Probanden zum Fahrverhalten vorgestellt. Dies sind die Fahrerfahrung, die Fahrzeugnutzung und die Selbsteinschätzung.

Demographische Angaben

Das Alter der Probanden stellt einen Querschnitt durch den Anteil der Bevölkerung mit Führerscheinbesitz dar. Es werden nicht nur ältere Probanden erhoben, die sich eher das Assistenzsystem leisten können und somit die vornehmliche Käuferschicht von Fahrerassistenzsystemen darstellen, sondern auch jüngere Fahrer berücksichtigt. Die Probanden werden in zwei Altersgruppen eingeteilt: Gruppe 1 von 25 – 49 Jahre und Gruppe 2 von 50 – 70 Jahre. Es wird das Ziel, eine Gleichverteilung des Alters in den Gruppen KG, KGBA und BAA zu erreichen, sehr gut realisiert. Eine Auswertung des Alters im Hinblick auf mögliche Wechselwirkungen mit dem Fahrverhalten wird aufgrund der eher geringen, durch ökonomische Gesichtspunkte bedingte Stichprobengröße nicht durchgeführt. In den Kontrollgruppen wird beispielsweise angenommen, dass sehr wenige Probanden lenken (s. Hypothese H_{II3}). Würde diese geringe Anzahl der Probanden zusätzlich noch in Altersgruppen unterteilt, wäre eine Auswertung weder inferenzstatistisch möglich noch deskriptiv sinnvoll. Außerdem kann nachgewiesen werden, dass der Einfluss des Alters eher gering ist (s. z. B. [Ols86]). In der Studie werden Frauen und Männer gleichermaßen betrachtet, da die Assistenz sowohl an Frauen als auch an Männer adressiert ist. Tatsächlich gestaltet sich die Erhebung hier aber so, dass in den Kontrollgruppen KG und KGBA durch den Probandenpool bedingt etwas mehr Männer als Frauen und in der Gruppe BAA hingegen etwas mehr Frauen als Männer untersucht sind. Insgesamt wird jedoch das Ziel, die Probanden bezüglich des Geschlechts gleich verteilt auszuwählen, gut erreicht. Eine Auswertung des Geschlechts im Hinblick auf mögliche Wechselwirkungen mit dem Fahrverhalten wird nicht durchgeführt. Einerseits kann gezeigt werden, dass der Einfluss des Geschlechts auf das Fahrverhalten gering ist (s. z. B. [Par01]). Andererseits ist wie beim Alter wieder mit geringen Stichprobengrößen zu rechnen. In der Gesamtstichprobe sind verschiedene Berufsgruppen abgebildet. Es besteht somit keine Beschränkung auf eine beziehungsweise sehr wenige Berufsgruppen, beispielsweise nur Studenten. Auch diesbezüglich ist der Bevölkerungsquerschnitt sehr gut abgebildet.

Angaben der Probanden zum eigenen Fahrverhalten

Zu Gunsten einer homogenen Stichprobe werden nur erfahrene Probanden erhoben. Die Fahrerfahrung wird über das Kriterium der zurückgelegten Kilometer definiert. Betrachtet werden Probanden, die entweder in den letzten zwölf Monaten mehr als 15.000 km gefahren sind oder in den letzten zwölf Monaten mehr als 5.000 km zurückgelegt haben und zusätzlich eine Fahrerfahrung von insgesamt mehr als 100.000 km nachweisen können. Außerdem geben die Probanden an, dass die drei Straßentypen Stadt, Land und Autobahn von ihnen gleichermaßen genutzt werden. Damit besteht kein Übergewicht eines bestimmten Straßentyps. Darüber hinaus schätzen die Probanden sich so ein, dass ihnen die Fahraufgaben eher leicht fallen. Dies trifft vor allem auf die Beobachtung des rückwärtigen Verkehrs, die Einschätzung der eigenen Bremsstärke, die Einschätzung des Abstands zum vorausfahrenden Fahrzeug sowie die Einschätzung der Geschwindigkeit des vorausfahrenden Fahrzeugs zu. Die Einschätzung der Bremsstärke des vorausfahrenden Fahrzeugs wird von den Probanden eher als schwierig angesehen.

8.4 Beschreibung der kritischen Situationen

In diesem Kapitel werden die kritischen Situationen hergeleitet, die der Probandenstudie zugrunde liegen. Als kritische Situationen sind Fahrsituationen definiert, in denen sich der Fahrer in akuter Unfallgefahr befindet. Dies kann dadurch geschehen, dass sich die Verkehrssituation plötzlich ändert, der Fahrer die Situation falsch einschätzt oder unangemessen reagiert [Wel02]. Die im Rahmen der Probandenstudie untersuchten kritischen Situationen leiten sich aus der Unfallforschung (s. Kapitel 4.1) sowie aus dem Parameterraum (s. Kapitel 5.2.3) ab und sind damit repräsentativ für die Brems-Ausweich-Assistenz. Es wird für jede der beiden Unfalltypen Auffahrunfall und Spurwechselunfall (s. Kapitel 3.3.2) eine relevante Situation auf der Autobahn (s. Kapitel 3.3.1) betrachtet. Zunächst werden die Anforderungen an die kritischen Situationen definiert, anschließend die Gestaltung der Szenen vorgestellt.

Anforderungen an die kritischen Situationen

Für die Ableitung der kritischen Situationen müssen mehrere Anforderungen erfüllt werden. Einerseits müssen die definierten Ausweichkriterien erfüllt sein (s. Kapitel 5.1.4). Andererseits soll eine kritische Situation für einen Durchschnittsfahrer, für den die kritische Situation unerwartet eintritt, nicht durch eine reine Bremsung vermeidbar sein. Dadurch kann die Anzahl der Probanden, die durch eine reine Bremsung einen Unfall vermeiden und somit nicht für die Studie relevant sind, reduziert werden. Die kritischen Situationen werden dafür so ausgelegt, dass den Probanden eine Reaktionszeit kleiner als maximal 0,8 s zugestanden wird, innerhalb derer eine Kollision noch durch eine Vollbremsung vermieden werden kann. Das 98%-Perzentil der Reaktionszeit auf unerwartete Ereignisse wird hingegen dazu in [Bur81] mit 1,03 s angegeben. Außerdem werden für die Probandenstudie aufmerksame, das heißt keine visuell abgelenkten Probanden erhoben. Die visuelle Ablenkung wäre als zusätzliche Einflussgröße auf das Fahrverhalten anzusehen [Gis01]. Daher ist es das Ziel, die Probanden nicht durch Nebenaufgaben zusätzlich zu beanspruchen. So kann das Fahrverhalten in der kritischen Situation bestmöglich auf die unterschiedlichen Stufungen und Konfigurationen der definierten unabhängigen Variablen zurückgeführt werden. Eine Wechselwirkung zwischen einer Nebenaufgabe mit visueller Ablenkung und dem Anzeigekonzept soll vermieden werden. Auch wenn die Probanden nicht visuell abgelenkt sind, ist es wichtig, dass die kritischen Situationen überraschend erscheinen. Für die Auslösung der kritischen Situation durch den Versuchsleiter müssen mehrere Auslösekriterien erfüllt sein, die eine Vergleichbarkeit zwischen den Probanden ermöglichen. Die vollständige Liste der Auslösekriterien ist in Anhang A2 zu finden.

Allgemeine Szenengestaltung

Zunächst werden für die fahrdynamische Auslegung der kritischen Situationen die Geschwindigkeiten des Ego-Fahrzeugs, das vom Probanden gefahren wird, sowie des Hindernisses festgelegt. Anschließend wird ein typischer Abstand zwischen beiden Fahrzeugen für die abgeleiteten Geschwindigkeiten bestimmt. Die Geschwindigkeiten sowie die Nettozeitlücken, aus denen die Abstände berechnet werden können, lassen sich einer Untersuchung entnehmen, bei der anhand einer Induktionsschleife auf einer deutschen Autobahn für eine Fahrtrichtung mit zwei Fahrspuren 24 Stunden lang Daten aufgezeichnet wurden [FKA01]. Abbildung 8.1 zeigt die Verteilung der Geschwindigkeiten. Es sind zwei Peaks zu erkennen. Der erste Peak liegt bei v = 18 m/s und wird durch LKW verursacht. Der zweite Peak liegt bei v = 32 m/s, was ungefähr der Richtgeschwindigkeit auf deutschen Autobahnen (v_{Richt} = 36 m/s) entspricht und wird durch PKW verursacht. Die Einschersituation wird mit diesen Daten so ausgelegt, dass bei Auslösung der kritischen Situation der Proband 33 m/s und das auf die Fahrspur des Probanden einscherende Fahrzeug 22 m/s fährt. Bei der Folgefahrt fahren der Proband und das vorausfahrende Fahrzeug 33 m/s.

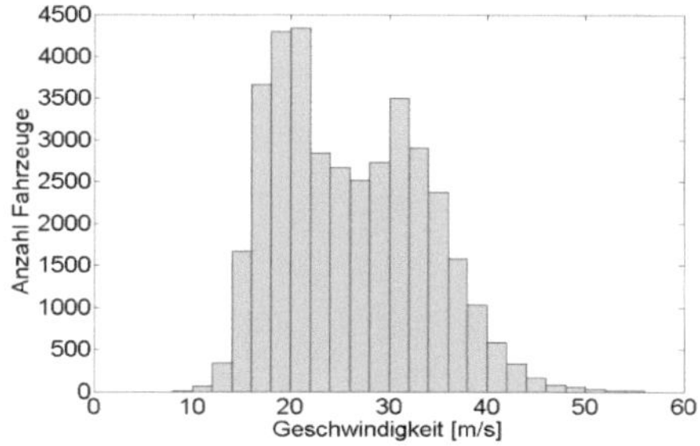

Abbildung 8.1: Verteilung Geschwindigkeiten auf Autobahn

Abbildung 8.2 zeigt die Verteilung der Nettozeitlücken. Es ist ein Peak bei t = 1,1 s zu erkennen. Diese Zeitlücke entspricht bei einer Geschwindigkeit von 33 m/s einem Abstand von 36 m. In Deutschland ist ein Sicherheitsabstand von mindestens einem "halben Tachowert in Metern" vorgeschrieben. Dies entspricht einer geschwindigkeitsunabhängigen Zeitlücke von t = 3,6/2 s = 1,8 s. Somit halten alle Fahrer mit Zeitlücken unter 1,8 s den Sicherheitsabstand nicht ein.

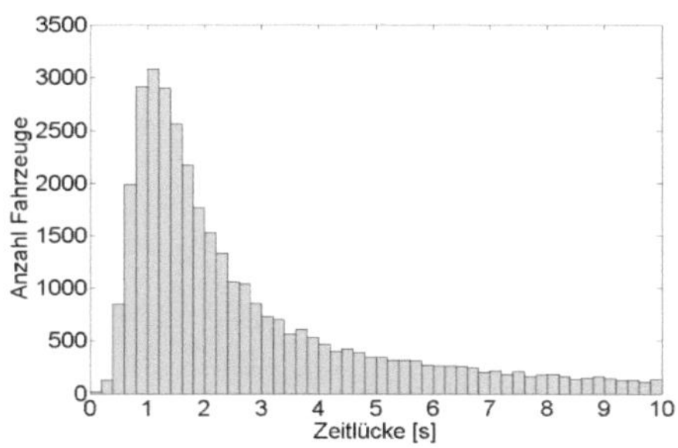

Abbildung 8.2: Verteilung Nettozeitlücken auf Autobahn

Die kritischen Situationen sind auf einer dreispurigen Autobahn mit Standstreifen und mittlerer Verkehrsdichte realisiert. Es ist Tag, trocken (μ_r = 1), außerdem herrschen gute Sichtverhältnisse. Die kritische Situation wird durch einen PKW ausgelöst. Fahrdynamisch bestimmt werden die kritischen Situationen neben den Geschwindigkeiten und dem Abstand auch über die Verzögerung des Hindernisses (s. Kapitel 5.2.3). Die Parametersätze der beiden kritischen Situationen wurden einerseits über Fahrdynamiksimulationen, andererseits mit Hilfe von Vorversuchen im Fahrsimulator optimiert. Die kritischen Situationen für das Einscheren und die Folgefahrt entsprechenden den Use-Cases in Kapitel 5.3 und sind wie folgt definiert.

Einschersituation

In der Einschersituation (s. Abbildung 8.3) schert von der rechten Fahrspur ein Fahrzeug auf die mittlere Fahrspur zwischen das Ego-Fahrzeug und das vorausfahrende Fahrzeug (Hasenfahrzeug) ein, das sich ebenfalls auf der mittleren Fahrspur befindet. Der Einscherer ist das mittlere Fahrzeug einer sich mit 22 m/s bewegenden Wagenkolonne auf der rechten Fahrspur, die insgesamt aus drei Fahrzeugen besteht. Die Sicht des Probanden auf den Einscherer wird vor Beginn des Einschervorgangs durch einen sich dicht hinter dem Einscherer befindenden Verkehrsteilnehmer (LKW, Bus) erschwert. Das Ausweichmanöver des Einscherers stellt eine kollisionsvermeidende Strategie dar, verursacht durch die Bremsung des Fahrzeugs in der Wagenkolonne vor dem einscherenden Fahrzeug. Das Bremsmanöver des Einscherers wiederum ist durch das ebenfalls bremsende Fahrzeug auf der mittleren Fahrspur (Hasenfahrzeug) begründet, das bis in den Stillstand bremst. Der Abstand zwischen dem vorausfahrenden Fahrzeug auf der mittleren Fahrspur (Hasenfahrzeug) und dem Einscherer ist bei Manöverbeginn so ausgelegt, dass der Einscherer so nahe wie möglich hinter dem vorausfahrenden Fahrzeug (Hasenfahrzeug) zum Stehen kommt. Durch die Belegung der rechten Fahrspur durch die Wagenkolonne steht für den Probanden nur die linke Fahrspur als Freifläche zum Ausweichen zur Verfügung. Es kann kollisionsfrei der Ausweichanzeige gefolgt werden.

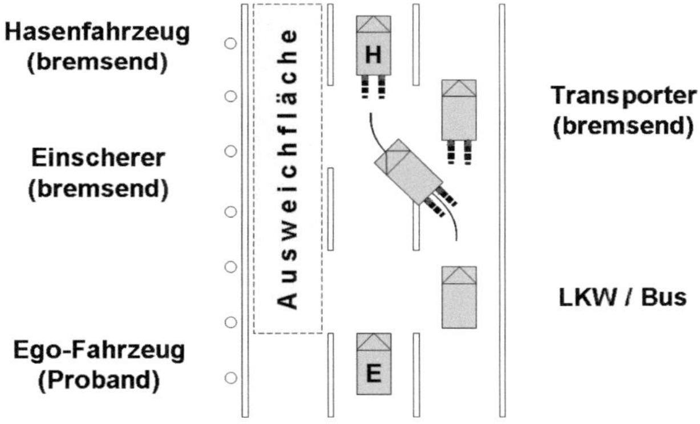

Abbildung 8.3: Erzeugung kritische Situation in Fahrbedingung Einscherer

Abbildung 8.4 zeigt die fahrdynamische Auslegung der Szene für die Einschersituation. Es sind die Systemzustände (blau) über der Zeit aufgetragen. Die Zustände entsprechen den Zuständen des Zustandsdiagramms in Abbildung 5.5. Im Zustand 0 ist die Situation noch unkritisch. In den Zuständen BAA kann ein Unfall durch ein Brems-Ausweich-Manöver vermieden werden.

Der Einscherer fährt 22 m/s und schert vor dem Probanden ein, der 33 m/s fährt. Der Einscherer kann frühestens dann als kritisch eingestuft werden, wenn der Spurwechsel vom System des Fahrzeugs, vor das er einschert, zuverlässig erkannt wird. Es wird definiert, dass eine solche Detektion frühestens dann möglich ist, wenn

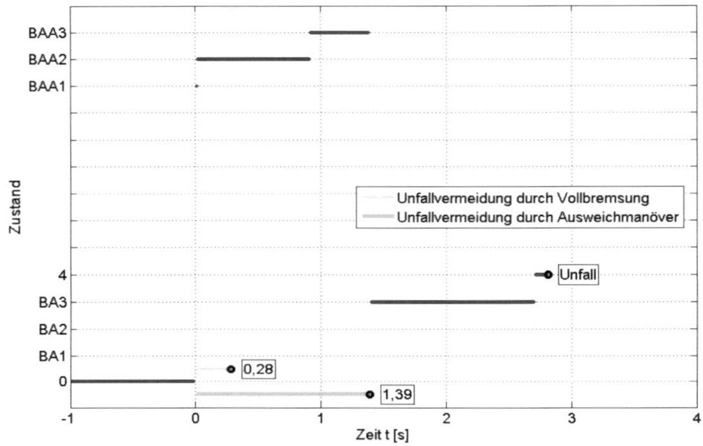

$v_{Ego,0}$ (t=0) = 33 m/s, $v_{Hin,0}$ (t=0) = 22 m/s,
$d_{Ego\text{-}Einscherer}$ (t=0) = 54 m, $|a_{Hin}|$ = 9 m/s^2

Abbildung 8.4: Parametrierung kritische Situation in Einschersituation

sich der Einscherer mit seinem Schwerpunkt auf der Fahrspurmarkierung befindet. Eine frühere Detektion des Einscherers ist sensorisch zum Beispiel durch Sichtverdeckung eines Fahrzeugs, das hinter dem Einscherer fährt, nicht möglich. Zwischen dem Beginn des Einschermanövers und dem Überfahren der Fahrspurmarkierung hat der Einscherer unbeschleunigt eine Distanz von 10 m innerhalb einer Zeit von 0,45 s zurückgelegt. Sobald der Einscherer mit seinem Schwerpunkt die Fahrspurmarkierung überfährt, beträgt der Abstand zwischen Ego-Fahrzeug und Hindernis bei gleichbleibender Geschwindigkeit des Ego-Fahrzeugs 54 m. Zu diesem Zeitpunkt, der auch den Beginn der kritischen Situation und somit die Referenz für die Reaktionszeiten darstellt (t = 0 s in Abbildung 8.4), beginnt der Einscherer zusätzlich mit einer zeitlich konstanten Verzögerung von $|a_{Hin}|$ = 9 m/s^2 in den Stillstand zu bremsen. Der Proband müsste mit dieser Szenenauslegung eine Vollbremsung innerhalb von t = 0,28 s und ein Ausweichmanöver innerhalb von t = 1,39 s einleiten, damit eine Kollision vermieden werden kann. Charakteristisch für die kritische Situation ist, dass die Verzögerung des Einscherers sehr hoch ist. Die hohe Verzögerung ist jedoch erforderlich, damit die Ausweichkriterien in Kapitel 5.1.4 erfüllt sind (s. dazu auch Parameterraum in Abbildung 5.8).

Folgefahrt

Die Folgefahrt ist als eine gebundene, das heißt nicht freie Fahrt im eingeschwungenen Zustand definiert. Es wird einem vorausfahrenden Fahrzeug (Hasenfahrzeug) bei annähernd gleicher Geschwindigkeit und in relativ konstantem Abstand gefolgt [Fas98]. Zu einem definierten Zeitpunkt bremst das vor dem Ego-Fahrzeug fahrende Fahrzeug (Hasenfahrzeug), das sich ebenfalls auf der mittleren Fahrspur befindet, in den Stillstand (s. Abbildung 8.5). Die Szene ist so konzipiert, dass sowohl auf der linken als auch auf der rechten Fahrspur Freiflächen zum Ausweichen zur Verfügung stehen. Es kann kollisionsfrei der Ausweichanzeige gefolgt werden.

Abbildung 8.6 zeigt die fahrdynamische Auslegung der Szene für die Folgefahrt. Es sind wieder die Systemzustände (blau) über der Zeit aufgetragen. Im Zustand 0 ist die Situation noch unkritisch. In den Zuständen BAA kann ein Unfall wieder durch ein Brems-Ausweich-Manöver vermieden werden.

Das Ego- und das vorausfahrende Fahrzeug (Hasenfahrzeug) fahren bei Auslösung der kritischen Situation (t = 0 s in Abbildung 8.6) mit einer Geschwindigkeit von 33 m/s, der Abstand be-

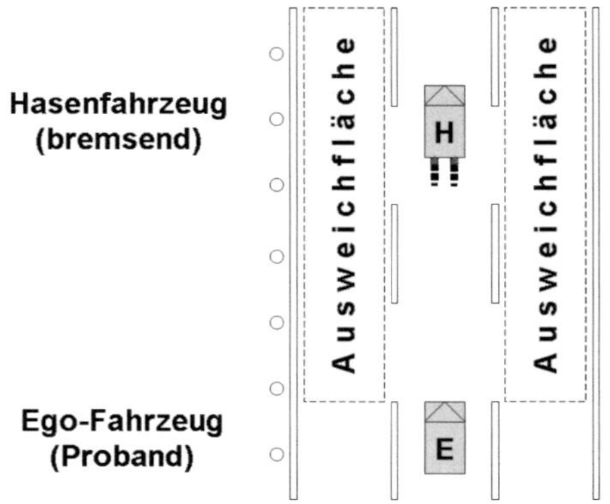

Abbildung 8.5: Erzeugung kritische Situation in Fahrbedingung Folgefahrt

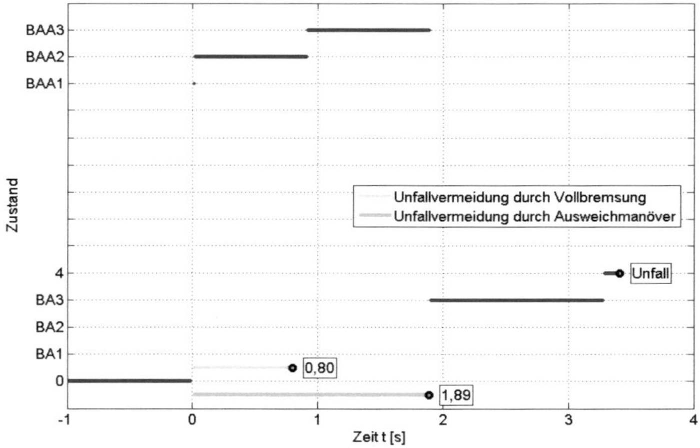

$$v_{Ego,0}\ (t=0) = v_{Hin,0}\ (t=0) = 33\ m/s,$$
$$d_{Ego\text{-}Hindernis}\ (t=0) = 42\ m,\ |a_{Hin}| = 11\ m/s^2$$

Abbildung 8.6: Parametrierung kritische Situation bei Fahrbedingung Folgefahrt

trägt 42 m. Dieser Zeitpunkt stellt den Beginn der kritischen Situation und somit die Referenz für die Reaktionszeiten dar. In diesem Moment beginnt zusätzlich das vorausfahrende Fahrzeug (Hasenfahrzeug) mit einer zeitlich konstanten Verzögerung von $|a_{Hin}|$ = 11 m/s^2 in den Stillstand zu bremsen. Der Proband müsste mit dieser Szenenauslegung einer Vollbremsung innerhalb von t = 0,80 s und ein Ausweichmanöver innerhalb von t = 1,89 s einleiten, damit eine Kollision vermieden werden kann. Charakteristisch für die kritische Situation ist wie bei der Einschersituation, dass die Verzögerung des Hindernisses sehr hoch ist. Die hohe, für diese Szene sogar über 1 g liegende Verzögerung ist jedoch wieder erforderlich, damit die Ausweichkriterien in Kapitel 5.1.4 erfüllt sind (s. dazu auch Parameterraum in Abbildung 5.8).

Fehlauslösung

Die Fehlauslösung (s. Abbildung 8.7) ist bis auf die Belegung der linken Fahrspur durch weitere Verkehrsteilnehmer identisch zur Folgefahrt. Die Verkehrsdichte auf der linken Fahrspur ist sehr hoch, der Abstand zwischen den Fahrzeugen sehr klein. Die Verkehrsteilnehmer auf dieser Fahrspur fahren mit einer Geschwindigkeit von 36 m/s. Sobald die kritische Situation ausgelöst wird, bremst das sich direkt vor dem Ego-Fahrzeug auf der linken Fahrspur befindende Fahrzeug zeitlich konstant mit einer Verzögerung von $|a_{Hin}|$ = 5 m/s^2 in den Stillstand. Führe dieses Fahrzeug ungebremst weiter, könnte der Proband nach einer kurzen Bremsphase über die frei gewordene linke Fahrbahn ausweichen. Die kritische Szene ist so konzipiert, dass nur auf der rechten Fahrspur Freifläche zum Ausweichen zur Verfügung steht. Es kann nicht kollisionsfrei der Ausweichanzeige gefolgt werden.

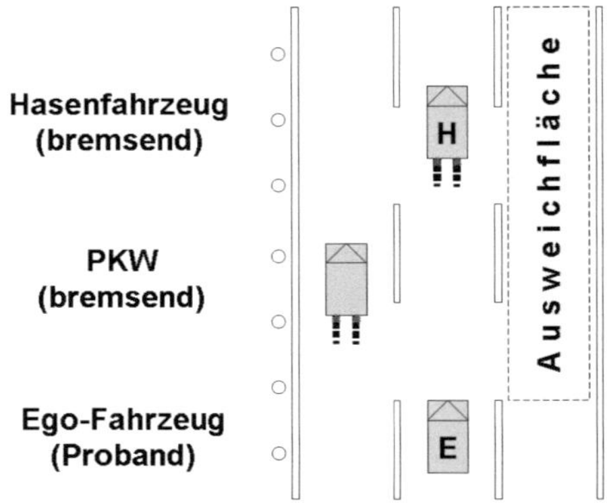

Abbildung 8.7: Erzeugung kritische Situation für die Fehlauslösung

8.5 Ablauf der Probandenstudie

Abbildung 8.8 zeigt in chronologischer Reihenfolge die einzelnen Schritte der Probandenstudie, mittels der die Datenerhebung durchgeführt wird. Die Durchführung der Probandenstudie beträgt pro Proband circa 2,5 bis 3 Stunden.

Im Folgenden werden die wichtigsten Schritte der Probandenstudie vorgestellt.

1. <u>Akzeptanzfragebogen (Schritt 3 und 15)</u>

   Der Akzeptanzfragebogen besteht aus zwei Teilen [Arn08]. Teil 1 ist die Vorbefragung und wird vor der ersten Messfahrt durchgeführt. Teil 2 stellt die Hauptbefragung dar und wird nach den drei Fahrten mit berechtigt eingeblendeten Ausweichanzeigen, dem Nutzenfall, erhoben. Die Fehlauslösung soll bei der Akzeptanzbewertung nicht berücksichtigt werden, da sie in ihrer

Auftretenswahrscheinlichkeit (eine von vier Fahrten) deutlich überrepräsentiert ist.

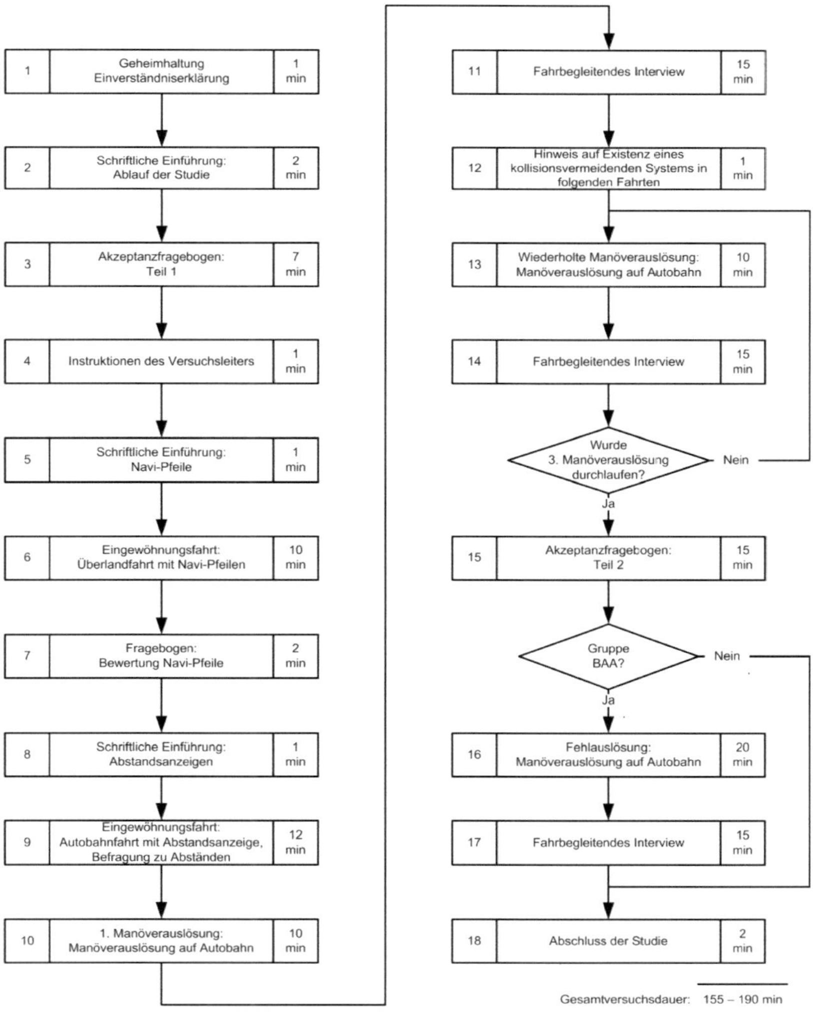

Abbildung 8.8: Ablauf Probandenstudie

2. Eingewöhnung: Kontaktanaloge Navigationspfeile (Schritt 5 bis 7)

HUD sind noch kaum verbreitet, kontaktanaloge Anzeigen derzeit noch nicht käuflich zu erwerben. Aus diesem Grund werden mit der Eingewöhnungsfahrt, in der den Probanden kontaktanaloge Navigationspfeile eingeblendet werden, zwei Ziele verfolgt. Einerseits werden die Probanden über die Existenz eines kHUD informiert, andererseits werden sie mit den kontaktanalogen Anzeigen vertraut gemacht. Die Eingewöhnungsfahrt besteht aus drei Teilen. Zunächst erhalten die Probanden eine kurze schriftliche Einführung. Danach erfolgt eine Überlandfahrt. Die Aufgabe für die Probanden besteht darin, unter Einhaltung der StVO den kontaktanalog auf der Straße eingeblendeten Navigationspfeilen zu folgen (s. Abbildung 8.9). Die Navigationshinweise erfolgen zusätzlich akustisch. Zusätzlich zu den Navigationspfeilen wird im HUD die gefahrene Geschwindigkeit angezeigt. Nach der zehnminütigen Fahrt füllen die Probanden einen kurzen Fragebogen zur Bewertung der kontaktanalogen Navigationspfeile aus.

Abbildung 8.9: Kontaktanaloge Navigationspfeile

3. Eingewöhnung: Abstandsanzeige (Schritt 8 und 9)

Die Abstandsanzeige verfolgt zwei Ziele. Erstens soll sichergestellt werden, dass das Auslösekriterium Abstand von den Probanden erfüllt wird (s. Anhang A2). Zweitens dient die Abstandsanzeige als Coverstory. Den Probanden wird mitgeteilt, dass dieses neuartige visuelle Assistenzsystem in den folgenden Fahrten untersucht werden soll. Zunächst erhalten die Probanden eine kurze schriftliche Einführung. Danach erfolgt die Fahrt auf einer dreispurigen Autobahn. Die Aufgabe der Probanden besteht darin, einen bestimmten Abstand (Sollabstand) zum vorausfahrenden Fahrzeug (Hasenfahrzeug), das 33 m/s fährt, einzustellen. Unterstützt wird der Proband dabei durch eine visuelle Abstandsanzeige im HUD. Sie ist oberhalb der Geschwindigkeit positioniert und als Rundinstrument gestaltet (s. Abbildung 8.10). Der rote Zeiger bewegt sich entsprechend des Abstands zum vorausfahrenden Fahrzeug (Hasenfahrzeug) auf dem Halbkreis. Fährt der Proband im vorgegebenen Sollabstand (orangener Bereich), wird die Abstandsanzeige ausgeblendet, andernfalls eingeblendet. Die Einstellung des Abstands auf die Sollvorgabe wird durch kurvige und hügelige Streckenabschnitte erschwert, während auf den ebenen und geraden Streckenabschnitten der vorgegebene Abstand von den Probanden sehr schnell eingestellt und gehalten werden kann. Die kurvigen und hügeligen Streckenabschnitte stellen somit eine Abwechslung zu den monotonen geraden und ebenen Abschnitten dar, auf denen später das Manöver ausgelöst wird. Dadurch wird eine zeitweise Beanspruchung der Probanden in unkritischen Situationen erreicht, so dass die Coverstory für die Probanden glaubhaft erscheint. Außerdem werden die Probanden über die Gegensprechanlage zum Sicherheitsempfinden beim vorgegebenen Abstand befragt, bevor der Sollabstand vom Versuchsleiter nach Vorankündigung während des Fahrbetriebs verändert wird.

Abbildung 8.10: Abstandsanzeige

4. <u>Erste Manöverauslösung (Schritt 10)</u>

Den Probanden wird mitgeteilt, dass sie wieder die über die Abstandsanzeige vorgegebenen Abstände einstellen und anschließend bewerten sollen. Die Strecke und die Fahraufgabe entsprechen dabei denen der Fahrt zuvor. Die Manöverauslösung erfolgt nach einer Fahrzeit von 5 bis 10 Minuten entsprechend den Kriterien in Anhang A2. Nach der kritischen Situation wird die Messfahrt durch den Versuchsleiter beendet.

5. <u>Fahrbegleitende Interviews (Schritt 11, 14 und 17)</u>

Im Anschluss an die Messfahrten führt der Versuchsleiter mit den Probanden über die Gegensprechanlage das fahrbegleitende Interview durch, das circa 15 Minuten dauert. Nach der ersten Manöverauslösung werden die Probanden darüber informiert, dass sie neben der Abstandsanzeige auch ein kollisionsvermeidendes System kennengelernt haben, das bei den folgenden Fahrten wieder aktiv sein kann (Schritt 12). Die Probanden werden jedoch erst zum Abschluss der Probandenstudie (Schritt 18) explizit über den wahren Untersuchungsgegenstand der Probandenstudie, der Brems-Ausweich-Assistenz, aufgeklärt.

6. Zweite und dritte Manöverauslösung (Schritt 13 und 14)

Nach der ersten Manöverauslösung folgen zwei weitere. Der Ablauf entspricht hierbei dem Vorgehen bei der ersten Manöverauslösung. Die Probanden in allen drei Gruppen fahren insgesamt eine Einschersituation und zwei Folgefahrten. Die Reihenfolge der Fahrten wird für jeden Probanden entsprechend des Versuchsdesigns in Kapitel 8.2.1 permutiert.

7. Fehlauslösung (Schritt 16 und 17)

Mit der Fehlauslösung wird das Fahrverhalten für den Fall untersucht, dass die Ausweichanzeige auf eine belegte Fahrspur zeigt (Fehler 1. Art: Falsch Positiv). Die Fehlauslösung wird für alle Probanden als vierte und somit letzte Fahrt erhoben. Da in den Kontrollgruppen KG und KGBA keine Ausweichanzeigen existieren, entfällt die Fehlauslösung für diese beiden Gruppen. Der Ablauf entspricht dem aus den vorherigen Messfahrten. Lediglich das fahrbegleitende Interview wird um zwei Fragen zur Fehlauslösung ergänzt. Nach dem fahrbegleitenden Interview wird der Proband über die Fehlauslösung, die zwar äußerst selten auftritt, jedoch bei der Entwicklung eines solchen Systems berücksichtigt werden muss, aufgeklärt (Schritt 18).

8.6 Methoden der Datenauswertung

Zunächst wird in diesem Kapitel auf die verwendeten Auswerteverfahren eingegangen und anschließend die eingesetzten Programme vorgestellt.

8.6.1 Auswerteverfahren

In Tabelle 8.5 werden die Auswerteverfahren für die Probandenstudie vorgestellt. Für jede Fragestellung wird außerdem das Datenniveau der zur Beantwortung der jeweiligen Fragestellung erhobenen abhängigen Variablen vorgestellt. In Anhang A3 sind darüber hinaus sowohl die Grundgesamtheit als auch die Messgrößen jeder Fragestellung definiert. Im Anschluss wird nochmals gesondert auf die einzelnen Auswerteverfahren eingegangen.

Im Folgenden werden das Vorgehen sowie die im Rahmen der Datenauswertung eingesetzten Verfahren beschrieben.

1) **Vergleich mehrerer Gruppen hinsichtlich nominalskalierter Merkmale**

Es werden mehrere unabhängige Stichproben mit kategorialen Daten verglichen. Das Auswerteverfahren der Wahl ist zunächst ein Chi-Quadrat-k*l-Felder-Test. Sobald signifikante globale Gruppenunterschiede festgestellt werden, werden multiple Einzelvergleiche durchgeführt. So kann festgestellt werden, zwischen welchen Gruppen Unterschiede bestehen. Beim Vergleich zweier Stichproben mit kategorialem Datenniveau kommt dabei der Chi-Quadrat-4-Felder-

Tabelle 8.5: Übersicht Auswerteverfahren

<table>
<tr><th>Thematischer Block</th><th>Fragestellung</th><th>Daten-niveau *</th><th>Auswerteverfahren</th></tr>
<tr><td rowspan="6">A I
1. Auslösung (Vergleich der Anzeigekonzepte)</td><td>1. Häufigkeit Bremsmanöver</td><td>K</td><td>Entfällt, da Variable Bremsung ja / nein eine Konstante ist.</td></tr>
<tr><td>2. Reaktionszeit Bremsung</td><td>M</td><td>ANOVA (+ Lineare Kontraste) [2]</td></tr>
<tr><td>3. Häufigkeit Lenkmanöver</td><td>K</td><td>Exakter Test nach FREEMAN-HALTON [1]</td></tr>
<tr><td>4. Reaktionszeit Lenkung</td><td>M</td><td>t-Test (da nur zwei Gruppen) [2]</td></tr>
<tr><td>5. Kollisionshäufigkeit</td><td rowspan="2">K</td><td rowspan="2">Exakter Test nach FREEMAN-HALTON [1]</td></tr>
<tr><td>6. Stabilisierungsbedarf</td></tr>
<tr><td rowspan="11">A II
1. Auslösung (Vergleich der Gruppen)</td><td>1. Häufigkeit Bremsmanöver</td><td>K</td><td>Entfällt, da Variable Bremsung ja / nein eine Konstante ist.</td></tr>
<tr><td>2. Reaktionszeit Bremsung</td><td>M</td><td>ANOVA (+ Lineare Kontraste) [2]</td></tr>
<tr><td>3. Häufigkeit Lenkmanöver</td><td>K</td><td>Chi-Quadrat-k*l-Felder-Test (+ Multipler Vergleich) [1]</td></tr>
<tr><td>4. Reaktionszeit Lenkung</td><td>M</td><td>ANOVA der rangtransformierten Messwerte (+ Lineare Kontraste) [2]</td></tr>
<tr><td>5. Ausweichrichtung in Kontrollgruppen</td><td rowspan="6">K</td><td>Entfällt, da geringe Stichprobengröße.</td></tr>
<tr><td>6. Ausweichrichtung mit Ausweichanzeige</td><td>Exakter Test nach FREEMAN-HALTON [1]</td></tr>
<tr><td>7. Kombination Brems- und Lenkmanöver</td><td>Chi-Quadrat-k*l-Felder-Test (+ Multipler Vergleich) [1]</td></tr>
<tr><td>8. Reihenfolge Bremsung und Lenkung</td><td>Entfällt, da Variable Reihenfolge Bremsung und Lenkung eine Konstante ist.</td></tr>
<tr><td>9. Kollisionshäufigkeit</td><td>Chi-Quadrat-k*l-Felder-Test (+ Multipler Vergleich) [1]</td></tr>
<tr><td>10. Stabilisierungsbedarf</td><td>Exakter Test nach FREEMAN-HALTON [1]</td></tr>
<tr><td>Klassifizierung der Fahrer</td><td>K + M</td><td>Two-Step-Clusteranalyse [3]</td></tr>
<tr><td rowspan="6">A III
2. + 3. Auslösung (Vergleich der Gruppen)</td><td>1. Häufigkeit Bremsmanöver</td><td>K</td><td rowspan="6">Rein deskriptive Auswertung, da für die Betrachtung von Wechselwirkungen zwischen den Gruppen und der zusätzlichen Variable Messwiederholung sehr große Stichproben benötigt werden. Außerdem sind entweder Verfahren nicht existent (für kategoriale Daten) oder die Voraussetzungen für die ANOVA mit Messwiederholung nicht erfüllt (metrische Daten).</td></tr>
<tr><td>2. Reaktionszeit Bremsung</td><td>M</td></tr>
<tr><td>3. Häufigkeit Lenkmanöver</td><td>K</td></tr>
<tr><td>4. Reaktionszeit Lenkung</td><td>M</td></tr>
<tr><td>5. Ausweichrichtung mit Ausweichanzeige</td><td>K</td></tr>
<tr><td>6. Kollisionshäufigkeit</td><td>M</td></tr>
<tr><td rowspan="2">A IV
Fehlauslösung</td><td>1. Ausweichrichtung</td><td rowspan="2">M</td><td>Rein deskriptive Auswertung, da nur eine Gruppe betrachtet wird.</td></tr>
<tr><td>2. Kollisionshäufigkeit</td><td>Exakter 4-Felder-Test nach FISHER [1]</td></tr>
<tr><td>B V
Fahrbegleitendes Interview</td><td rowspan="2">Alle Fragestellungen</td><td>K</td><td rowspan="2">Rein deskriptive Auswertung, da die Probandenbefragung ein nachgelagerter Themenbereich ist.
Ausnahme: Multiple Regressionsanalyse.</td></tr>
<tr><td rowspan="2">B VI
Akzeptanz-Fragebogen</td><td>K + M</td></tr>
<tr><td>Prädiktoren Kaufbereitschaft</td><td>K + M</td><td>Multiple Regressionsanalyse [4]</td></tr>
</table>

* K: Kategorial, M: Metrisch

Test zum Einsatz. Sind die Voraussetzungen für einzelne Chi-Quadrat-4-Felder-Tests nicht erfüllt, werden exakte 4-Felder-Tests nach FISHER angewendet. Werden die Voraussetzungen für den Chi-Quadrat-k*l-Felder-Test zum Vergleich mehrerer unabhängiger Stichproben nicht erfüllt, kommt der exakte k*l-Felder-Test nach FREEMAN-HALTON zum Einsatz.

2) Vergleich mehrerer Gruppen hinsichtlich eines intervallskalierten Merkmals

Es werden mehrere Gruppen im Hinblick auf die Wirkung eines nominalskalierten Faktors auf ein intervallskaliertes Merkmal verglichen. Das Auswerteverfahren der Wahl ist eine einfaktorielle Varianzanalyse (ANOVA). Sobald signifikante globale Gruppenunterschiede festgestellt werden, wird auf lineare Kontraste untersucht. So kann festgestellt werden, zwischen welchen Gruppen Unterschiede bestehen. Sind die Voraussetzungen für die einfaktorielle Varianzanalyse (ANOVA) nicht erfüllt, wird die einfaktorielle Varianzanalyse (ANOVA) der rangtransformierten Messwerte durchgeführt.

3) Two-Step-Clusteranalyse

Ziel einer Clusteranalyse ist die Zusammenfassung von Objekten zu Gruppen oder Clustern, wobei die Objektunterschiede innerhalb der Cluster möglichst klein und die Unterschiede zwischen den Clustern möglichst groß sein sollen [Bor06]. Mit der Clusteranalyse wird unabhängig von der Gruppenzugehörigkeit eine übergeordnete Betrachtung ausgewählter Fahrdaten durchgeführt (s. Anhang A3.4). Die Clusteranalyse dient der Identifikation von Mustern im Fahrverhalten und somit der Darstellung verschiedener Fahrertypen.

4) Multiple Regressionsanalyse

Ziel einer multiplen Regressionsanalyse ist es, Beziehungen zwischen einer abhängigen und einer oder mehreren unabhängigen Variablen festzustellen [Bor06]. Zur Bestimmung der wichtigsten Einflussfaktoren (Prädiktoren) auf den Besitzwunsch wird eine multiple Regressionsanalyse unter Betrachtung aller im Akzeptanzfragebogen erhobenen Variablen durchgeführt (s. Anhang A3.4).

8.6.2 Programme

Für die Aufbereitung der im Fahrsimulator erhobenen Rohdaten, deren Auswertung sowie die Erstellung der Abbildungen wurde Matlab (Version 7.5.0.342, R2007b) verwendet. Im Gegensatz zu Computeralgebrasystemen dient Matlab nicht der symbolischen, sondern primär der numerischen Lösung von Fragestellungen. Matlab wird vor allem für numerische Simulation sowie für die Datenerfassung, die Datenanalyse und die Datenauswertung eingesetzt. Die Aufbereitung der Rohdaten in Matlab umfasst im Wesentlichen die Berechnung des Lenkgradwinkelgradienten $\dot{\delta}_L$ aus dem vom Lenkwinkelsensor zur Verfügung gestellten diskreten Lenkgradwinkelsignal δ_L. Da für die Berechnung des Lenkgradwinkelgradienten $\dot{\delta}_L$ ein kontinuierliches Signal benötigt wird, wurde der Lenkgradwinkel δ_L mit Hilfe eines Butterworth-Filters (4. Ordnung, f_g = 5 Hz) tiefpassgefiltert. Für die Datenauswertung wurden die Rohdaten der im Fahrsimulator erhobenen Daten in Matlab eingelesen und mit Hilfe eines Skriptes ausgewertet. Die Ausgabe der Datenauswertung umfasst die physikalischen Werte der definierten Größen entsprechend Anhang A3.

Für die deskriptiven beziehungsweise inferenzstatistischen Auswertungen der in Matlab aufbereiteten Messdaten sowie der Probandenbefragungen wurde SPSS für Windows (Version 15.0.1) verwendet. SPSS ist ein modular aufgebautes Programmpaket zur statistischen Analyse von Daten. Neben dem Datenmanagement ermöglicht SPSS umfangreiche statistische wie grafische Datenanalysen mit den gängigen statistischen Verfahren.

9. Ergebnisse der Probandenstudie

In diesem Kapitel werden die Ergebnisse der Probandenstudie vorgestellt. Zunächst werden die fahrphysikalischen Messdaten, anschließend die Probandenbefragungen ausgewertet. Die Reihenfolge der Auswertungen entspricht den Fragestellungen in Kapitel 7. Bei der Auswertung der fahrphysikalischen Messdaten werden für jede Fragestellung zunächst die Grundgesamtheit der relevanten Probanden, anschließend die gefundenen Verteilungen beschrieben. Darauf werden die statistischen Auswertungen dargestellt und abschließend die Ausgangshypothesen überprüft. Das Vorgehen bei der Auswertung ist in Kapitel 8.6.1 dargestellt. Ein typischer Messdatenverlauf mit den relevanten Signalen und Zeitpunkten eines ausweichenden Probanden ist im Anhang A4 zu sehen. Es gilt folgende Symbolik: s bezeichnet die Standardabweichung und p den Signifikanzwert.

9.1 Auswahl des Zielkonzepts

Im Folgenden wird das Zielkonzept bestimmt. Hierfür werden in diesem Kapitel nicht nur die Ergebnisse bei der ersten Manöverauslösung vorgestellt, sondern diese bereits auch diskutiert. Denn in Kapitel 9.2 muss das Zielkonzept festgelegt sein. Die Festlegung des Zielkonzepts aus den vier vorausgewählten Anzeigekonzepten (s. Kapitel 6.4) ist jedoch erst durch die Diskussion der Ergebnisse möglich.

9.1.1 Auswertung

In diesem Kapitel werden die Ergebnisse zu den in Kapitel 7.2 definierten Hypothesen vorgestellt.

1. Häufigkeit Bremsmanöver (vgl. Hypothese H_{I1}, Kapitel 7.2)

   Es werden die Daten aller 36 Probanden ausgewertet. Unabhängig von der Art des Anzeigekonzepts bremsen alle Probanden.

   > H_{I1}: $\pi_{Pfad+Dreieck} = \pi_{Pfeil+Radar} = \pi_{Pfeil+Dreieck} > \pi_{Baustelle}$
   >
   > **E_{I1}:** $\boldsymbol{\pi_{Pfad+Dreieck} = \pi_{Pfeil+Radar} = \pi_{Pfeil+Dreieck} = \pi_{Baustelle}}$
   >
   > Die Ausgangshypothese ist größtenteils bestätigt. Das Anzeigekonzept Baustelle ist jedoch nicht schlechter als die anderen Anzeigekonzepte. Zudem haben entgegen der Erwartung alle Probanden gebremst.

2. Reaktionszeit Bremsung (vgl. Hypothese H_{I2}, Kapitel 7.2)

   Abbildung 9.1 zeigt die Bremsreaktionszeiten der Probanden für die vier Anzeigekonzepte. Dabei ermöglicht der Boxplot eine gleichzeitige Veranschaulichung von zentraler Tendenz und Dispersion einer Verteilung. Er visualisiert die Verteilungskennwerte x_{min}, x_{max}, P_{25}, P_{50} (Median) und P_{75}. Dabei ist das x-te Perzentil (P_x) diejenige Merkmalsausprägung, die x% der Verteilungsfläche abschneidet. Die Box wird durch P_{25} und P_{75} begrenzt. Die Striche oberhalb und unterhalb der Box markieren die Grenzwerte für die gesamte Verteilung.

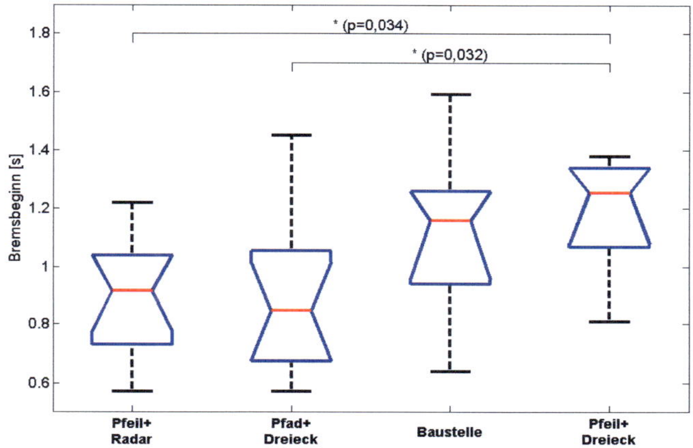

Abbildung 9.1: Reaktionszeit Bremsung (Vergleich Anzeigekonzepte)

Es werden alle Probanden betrachtet, die bremsen (N = 36). Die mittlere Bremsreaktionszeit liegt beim Anzeigekonzept Pfad+Dreieck bei 0,90 s (s = 0,30 s), beim Pfeil+Radar bei 0,90 s (s = 0,19 s), bei der Baustelle bei 1,13 s (s = 0,32 s) und beim Pfeil+Dreieck bei 1,19 s (s = 0,22 s). Es existieren lediglich signifikante Kontraste auf 5%-Niveau zwischen den Anzeigekonzepten Pfad+Dreieck und Pfeil+Dreieck (p = 0,032 < 0,05) und zwischen Pfeil+Radar und Pfeil+Dreieck (p = 0,034 < 0,05). Tendenziell haben die Probanden bei den Anzeigekonzepten Pfad+Dreieck und Pfeil+Radar die geringste und bei den Anzeigekonzepten Pfeil+Dreieck und Baustelle tendenziell die längsten Bremsreaktionszeiten.

H_{I2}:	$\mu_{Baustelle} > \mu_{Pfeil+Dreieck} = \mu_{Pfad+Dreieck} > \mu_{Pfeil+Radar}$
$\mathbf{E_{I2}}$:	$\mathbf{\mu_{Pfeil+Dreieck} = \mu_{Baustelle} > \mu_{Pfeil+Radar} = \mu_{Pfad+Dreieck}}$

Die Ausgangshypothese kann nicht bestätigt werden. Entgegen der Erwartung existieren gleich hohe Bremsreaktionszeiten bei den Anzeigekonzepten Pfeil+Dreieck und der Baustelle. Zudem sind die Bremsreaktionszeiten beim Anzeigekonzept Pfad+Dreieck entgegen der Erwartung genauso schnell wie beim Anzeigekonzept Pfeil+Radar. Es existieren signifikante Kontraste zwischen den Anzeigekonzepten Pfad+Dreieck und Pfeil+Dreieck und zwischen Pfeil+Radar und Pfeil+Dreieck.

Zur Begründung der Unterschiede in den Bremsreaktionszeiten werden die Bremsreaktionszeiten genauer analysiert. Die Bremsreaktionszeit ist aus der Bremsgrundreaktionszeit und der Umsetzzeit zusammengesetzt (s. Kapitel 2.1 und Anhang A4). Tabelle 9.1 zeigt die drei Werte für die vier Anzeigekonzepte.

Tabelle 9.1: Zusammensetzung Brems-RT aus Bremsgrund-RT und Umsetzzeit

Anzeigekonzept	N	Bremsgrund-RT	Umsetzzeit	Brems-RT
Pfeil + Radar	12	μ = 0,61 s s = 0,17 s	μ = 0,29 s s = 0,14 s	μ = 0,90 s s = 0,19 s
Pfad + Dreieck	12	μ = 0,59 s s = 0,21 s	μ = 0,31 s s = 0,15 s	μ = 0,90 s s = 0,30 s
Baustelle	6	μ = 0,55 s s = 0,19 s	μ = 0,58 s s = 0,40 s	μ = 1,13 s s = 0,32 s
Pfeil + Dreieck	6	μ = 0,66 s s = 0,25 s	μ = 0,53 s s = 0,25 s	μ = 1,19 s s = 0,22 s

Die Unterschiede der mittleren Bremsreaktionszeiten zwischen den Anzeigekonzepten resultieren vor allem aus den unterschiedlichen Umsetzzeiten. Es bestehen keine Unterschiede zwischen den Anzeigekonzepten hinsichtlich der Bremsgrundreaktionszeit.

3. Häufigkeit Lenkmanöver (vgl. Hypothese H_{I3}, Kapitel 7.2)

Abbildung 9.2 zeigt den Anteil der lenkenden Probanden für die vier Anzeigekonzepte.

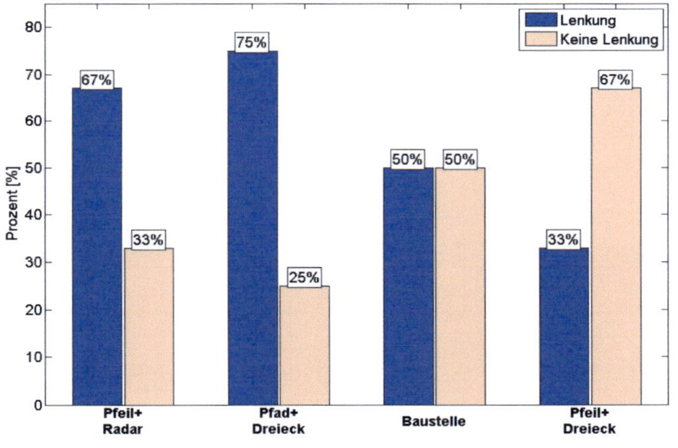

Abbildung 9.2: Häufigkeit Lenkmanöver (Vergleich Anzeigekonzepte)

Es werden alle 36 Probanden betrachtet. Mit dem Anzeigekonzept Pfad+Dreieck lenken 75% der Probanden (9 von 12) und mit dem Anzeigekonzept Pfeil+Radar 67% der Probanden (8 von 12). Beim Anzeigekonzept Baustelle lenken 50% der Probanden (3 von 6) und beim Anzeigekonzept Pfeil+Dreieck 33% (2 von 6). Es bestehen keine signifikanten globalen Gruppenunterschiede (p = 0,400). Mit dem Anzeigekonzept

Pfad+Dreieck lenken tendenziell am meisten Probanden, gefolgt vom Anzeigekonzept Pfeil+Radar. Der Unterschied zwischen beiden Anzeigekonzepten ist jedoch mit nur einem Probanden Unterschied marginal. Am wenigsten wird tendenziell mit dem Anzeigekonzept Pfeil+Dreieck gelenkt, gefolgt vom Anzeigekonzept Baustelle. Der Unterschied ist aber auch hier mit nur einem Probanden Unterschied marginal.

H_{I3}: $\pi_{Pfad+Dreieck} > \pi_{Pfeil+Radar} > \pi_{Pfeil+Dreieck} > \pi_{Baustelle}$

E_{I3}: $\pi_{Pfad+Dreieck} > \pi_{Pfeil+Radar} > \pi_{Baustelle} > \pi_{Pfeil+Dreieck}$

Die Ausgangshypothese kann größtenteils bestätigt werden. Einzig entgegen der Erwartung lenken die Probanden mit dem Anzeigekonzept Pfeil+Dreieck weniger häufig als mit dem Anzeigekonzept Baustelle. Die aufgefundenen Gruppenunterschiede sind nicht signifikant, sondern bestehen nur tendenziell.

4. Reaktionszeit Lenkung (vgl. Hypothese H_{I4}, Kapitel 7.2)

Abbildung 9.3 zeigt die Lenkreaktionszeiten der Probanden für die beiden Anzeigekonzepte Pfeil+Radar und Pfad+Dreieck.

Es werden alle Probanden betrachtet, die lenken (N = 22). Die mittlere Lenkreaktionszeit liegt beim Anzeigekonzept Pfad+Dreieck bei 1,87 s (s = 0,47 s) und beim Anzeigekonzept Pfeil+Radar bei 2,23 s (s = 0,69 s). Die beiden Anzeigekonzepte Baustelle und Pfeil+Dreieck werden aufgrund der geringen Stichprobe nicht statistisch ausgewertet. Es bestehen keine signifikanten Unterschiede in den Lenkreaktionszeiten zwischen den Anzeigekonzepten (p = 0,223). Tendenziell sind die mittleren Lenkreaktionszeiten beim Anzeigekonzept Pfeil+Radar länger als beim Anzeigekonzept Pfad+Dreieck.

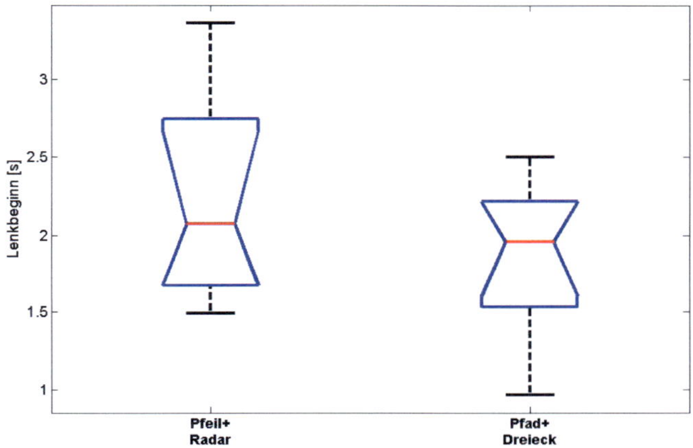

Abbildung 9.3: Reaktionszeit Lenkung (Vergleich Anzeigekonzepte)

H_{I4}:	$\mu_{Baustelle} > \mu_{Pfeil+Radar} = \mu_{Pfeil+Dreieck} > \mu_{Pfad+Dreieck}$
E_{I4}:	**$\mu_{Pfeil+Radar} > \mu_{Pfad+Dreieck}$**

Die Ausgangshypothese kann für die beiden Anzeigekonzepte Pfeil+Radar und Pfad+Dreieck tendenziell bestätigt werden. Die Unterschiede sind nicht signifikant.

5. Kollisionshäufigkeit (s. Hypothese H_{I5}, Kapitel 7.2)

Abbildung 9.4 zeigt für die vier Anzeigekonzepte den Anteil der Probanden, die kollisionsfrei bleiben.

Es werden alle 36 Probanden betrachtet. Mit dem Anzeigekonzept Pfad+Dreieck bleiben 67% der Probanden kollisionsfrei (8 von 12). Von den vier Probanden, die kollidieren, haben drei Probanden nicht gelenkt. Beim Anzeigekonzept Baustelle blei-

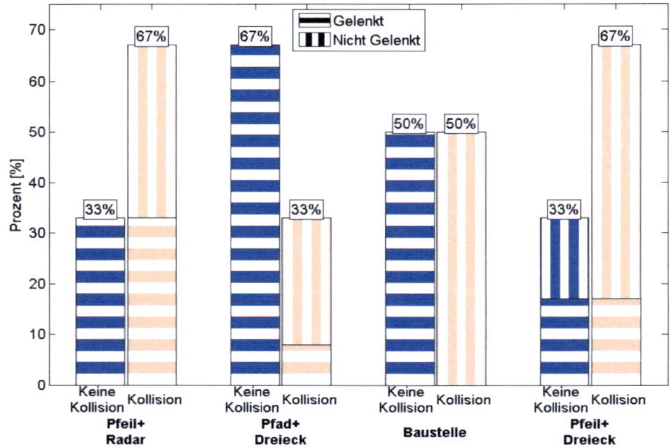

Abbildung 9.4: Kollisionshäufigkeit (Vergleich Anzeigekonzepte)

ben 50% der Probanden kollisionsfrei (3 von 6). Alle Probanden, die kollisionsfrei bleiben, lenken und alle, die nicht kollisionsfrei bleiben, lenken nicht. Beim Anzeigekonzept Pfeil+Radar bleiben 33% der Probanden kollisionsfrei (4 von 12). Alle Probanden, die kollisionsfrei bleiben, lenken. Die Hälfte der Probanden, die nicht kollisionsfrei bleiben (jeweils 4 von 8), lenkt, die andere Hälfte lenkt nicht. Beim Anzeigekonzept Pfeil+Dreieck bleiben ebenfalls 33% der Probanden kollisionsfrei (2 von 6), wobei jeweils ein Proband lenkt und einer nicht. Von den vier Probanden, die kollidieren, haben drei nicht gelenkt. Es bestehen keine signifikanten Gruppenunterschiede (p = 0,403). Tendenziell bleiben mit dem Anzeigekonzept Pfad+Dreieck die meisten Probanden kollisionsfrei und mit den Anzeigekonzepten Pfeil+Radar und Pfeil+Dreieck tendenziell am wenigsten. Das Anzeigekonzept Baustelle ist tendenziell schlechter als das Anzeigekonzept Pfad+Dreieck, aber besser als die Anzeigekonzepte Pfeil+Radar und Pfeil+Dreieck.

H_{I5}:	$\pi_{Baustelle} > \pi_{Pfeil+Dreieck} = \pi_{Pfeil+Radar} > \pi_{Pfad+Dreieck}$
E_{I5}:	$\boldsymbol{\pi_{Pfeil+Dreieck} = \pi_{Pfeil+Radar} > \pi_{Baustelle} > \pi_{Pfad+Dreieck}}$

Die Ausgangshypothese ist größtenteils bestätigt. Einzig entgegen der Erwartung kollidieren mit dem Anzeigekonzept Baustelle tendenziell weniger Probanden als mit den Anzeigekonzepten Pfeil+Radar und Pfeil+Dreieck. Die aufgefundenen Gruppenunterschiede sind nicht signifikant, sondern bestehen nur tendenziell.

6. Stabilisierungsbedarf (vgl. Hypothese H_{I6}, Kapitel 7.2)

Abbildung 9.5 zeigt für die vier Anzeigekonzepte die Anzahl der Probanden, die das Ausweichmanöver stabilisieren müssen. Da die Anzahl der ausweichenden und damit relevanten Probanden gering ist (s. Grundgesamtheit in Anhang A.3.1), wird statt dem Anteil die Anzahl der Probanden dargestellt.

Es werden alle Probanden betrachtet, die kollisionsfrei ausweichen (N = 16). Beim Anzeigekonzept Pfad+Dreieck haben alle Probanden keinen Stabilisierungsbedarf (8 von 8). Beim Anzeigekonzept Baustelle haben zweidrittel der Probanden (2 von 3) und beim Anzeigekonzept Pfeil+Radar die Hälfte der Probanden (2 von 4) keinen Stabilisierungsbedarf. Beim Anzeigekonzept Pfeil+Dreieck ist von den beiden kollisionsfreien Probanden nur einer ausgewichen. Er benötigt keinen Stabilisierungsbedarf. Es bestehen keine signifikanten globalen Gruppenunterschiede (p = 0,293). Während beim Anzeigekonzept

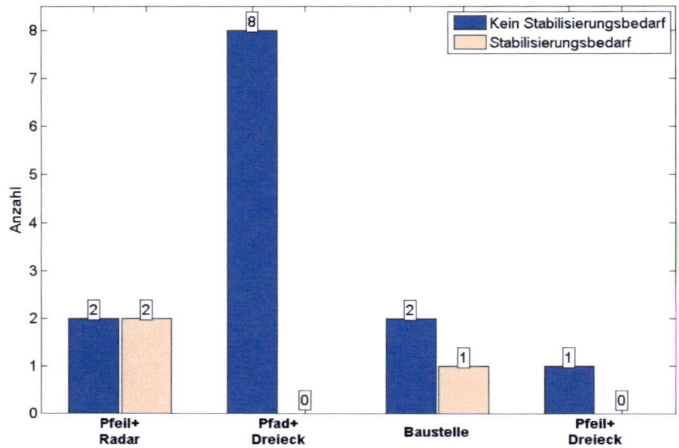

Abbildung 9.5: Stabilisierungsbedarf (Vergleich Anzeigekonzepte)

Pfad+Dreieck tendenziell am seltensten die Probanden Stabilisierungsbedarf benötigen, sind aufgrund der geringen Stichprobengröße beim Anzeigekonzept Pfeil+Dreieck keine validen Aussagen zum Stabilisierungsbedarf mit diesem Anzeigekonzept möglich.

H_{I6}: $\pi_{Baustelle} = \pi_{Pfeil+Radar} = \pi_{Pfeil+Dreieck} > \pi_{Pfad+Dreieck}$
Die Ausgangshypothese kann aufgrund der geringen Stichprobengröße bei den Anzeigekonzepten Baustelle, Pfeil+Radar sowie Pfeil+Dreieck nicht bewertet werden.

Ergebnisübersicht

Tabelle 9.2 zeigt die Ergebnisübersicht für die vier Anzeigekonzepte.

Tabelle 9.2: Ergebnisübersicht für die vorausgewählten Anzeigekonzepte

Fragestellung	Konzept							
	Pfeil+Radar		Pfad+Dreieck		Baustelle		Pfeil+Dreieck	
	Beobachteter Wert	Rang	Beobachteter Wert	Rang	Beobachteter Wert	Rang	Beobachteter Wert	Rang
1. Häufigkeit Bremsmanöver	ALLE	----	ALLE	----	ALLE	----	ALLE	----
2. Reaktionszeit Bremsung	μ = 0,90 s s = 0,19 s	1,5	μ = 0,90 s s = 0,30 s	1,5	μ = 1,13 s s = 0,32 s	3,5	μ = 1,19 s s = 0,22 s	3,5
3. Häufigkeit Lenkmanöver	8 von 12 (67%)	2	9 von 12 (75%)	1	3 von 6 (50%)	3	2 von 6 (33%)	4
4. Reaktionszeit Lenkung	μ = 2,23 s s = 0,69 s	2	μ = 1,87 s s = 0,47 s	1	----	3,5	----	3,5
5. Kollisionshäufigkeit	8 von 12 (67%)	3,5	4 von 12 (33%)	1	3 von 6 (50%)	2	4 von 6 (67%)	3,5
6. Stabilisierungsbedarf	2 von 4 (50%)	4	0 von 8 (0%)	1	1 von 3 (33%)	3	0 von 1 (0%)	2
Rangsumme		13		5,5		15		16,5
Rang	2. Platz		1. Platz		3. Platz		4. Platz	

9.1.2 Diskussion

Entgegen der Erwartung bremsen alle Probanden. Es wird davon ausgegangen, dass die Warnung eine Aufmerksamkeitssteigerung bewirkt, so dass die kritische Situation von den Probanden erkannt und eine Bremsung durchgeführt wird. Eine Bestätigung dieser Hypothese ist jedoch erst durch einen Vergleich mit einer Kontrollgruppe möglich. Der Anteil der bremsenden Probanden mit dem Anzeigekonzept Baustelle ist identisch mit den anderen Anzeigekonzepten. Die fehlende visuelle Kollisions- sowie die kleinere visuelle Ausweichanzeige bewirken somit nicht, dass weniger häufig gebremst wird.

Die Bremsreaktionszeit kann in die Bremsgrundreaktionszeit und die Umsetzzeit unterteilt werden. Dabei wird deutlich, dass die Unterschiede der Bremsreaktionszeiten zwischen den Anzeigekonzepten vor allem aus den unterschiedlichen Umsetzzeiten resultieren, während keine bedeutsamen Unterschiede hinsichtlich der Bremsgrundreaktionszeit bestehen. Dies kann dafür sprechen, dass bei allen vier Anzeigekonzepten innerhalb der gleichen Zeit die kritische Situation wahrgenommen wird. Gleichzeitig lassen die unterschiedlichen Umsetzzeiten vermuten, dass die Probanden die kritische Situation mit den Anzeigekonzepten unterschiedlich bewerten. Die Umsetzzeit beim Anzeigekonzept Pfad+Dreieck ist kürzer als beim Anzeigekonzept Pfeil+Dreieck. Da die Kollisionsanzeige Dreieck bei beiden Anzeigekonzepten identisch ist, wird davon ausgegangen, dass die großflächige und auffällige Ausweichanzeige beim Anzeigekonzept Pfad+Dreieck eine Erhöhung der wahrgenommenen Dringlichkeit und damit eine schnellere Umsetzzeit bewirkt. Die Umsetzzeit beim Anzeigekonzept Pfeil+Radar ist schneller als beim Pfeil+Dreieck. Da die Ausweichanzeige Pfeil bei beiden Anzeigekonzepten gleich ist, spricht dies dafür, dass die Gestaltung der Kollisionsanzeige mit dem großflächigen und auffälligen Radarteppich beim Anzeigekonzept Pfeil+Radar eine erhöht wahrgenommene Dringlichkeit bewirkt und damit eine schnellere Umsetzzeit zur Folge hat. Außerdem kann die abwechselnde Präsentation von der Ausweichanzeige Pfeil und der Kollisionsanzeige Radarteppich ebenfalls dazu beitragen, dass die Umsetzzeit hier kürzer ist als in der statischen, das heißt unveränderten Anzeige beim Anzeigekonzept Pfeil+Dreieck.

Besonderes Augenmerk liegt im Rahmen dieser Studie auf dem Lenkverhalten der Probanden. Mit dem Anzeigekonzept Pfad+Dreieck lenken die Probanden nicht nur am häufigsten (75%), sondern sie zeigen auch die niedrigste initiale Lenkreaktionszeit (μ = 1,87 s, s = 0,47 s). Es wird davon ausgegangen, dass das Anzeigekonzept Pfad+Dreieck besonders durch die große und auffällige sowie intuitive Ausweichanzeige zum Lenken auffordert. Der Pfad ist unmittelbar verständlich und bietet eine konkrete Ausweichlösung an, beginnend bei der Initialreaktion bis hin zum kollisionsfreien Zielzustand auf der Nachbarspur. Lediglich die Reihenfolge der Anzeigekonzepte Baustelle und Pfeil+Dreieck ist umgekehrt zur postulierten Reihenfolge in der Ausgangshypothese. Während der Anteil der lenkenden Probanden mit dem Anzeigekonzept Baustelle den Erwartungen entspricht, lenken mit dem Anzeigekonzept Pfeil+Dreieck weniger Probanden als erwartet. Dies könnte darauf zurückgeführt werden, dass die statische Ausweichanzeige Pfeil räumlich entkoppelt von der Kollisionsanzeige ist. Die Vermutung liegt nahe, dass die auf das vorausfahrende Fahrzeug (Hasenfahrzeug) projizierte Kollisionsanzeige durch ihre unmittelbare Nähe zum Hindernis für die Handlungsentscheidung dominierender als der auf die Straße projizierte Ausweichpfeil ist. Beim Baustellenpfeil scheint hingegen das Ausweichverhalten gefördert zu werden, da der Baustellenpfeil in der Ausweichanzeige in derselben Bedeutung verwendet wird, wie ihn Verkehrsteilnehmer aus Baustellensituationen kennen und daher sofort, ohne zusätzliche kognitive Leistung verstanden werden kann. Beim Anzeigekonzept Pfeil+Radar lenken mehr Probanden als beim ähnlichen Anzeigekonzept Pfeil+Dreieck. Dies könnte mit der wechselnden Präsentation von Kollisions- und Ausweichanzeige zusammenhängen. Dies spricht dafür, dass die blinkende Anzeige verstärkt in den Fokus der Aufmerksamkeit rückt.

Beim Anzeigekonzept Pfad+Dreieck sind die Lenkreaktionszeiten niedriger als beim Anzeigekonzept Pfeil+Radar. Mit der Ausweichanzeige Pfad wird eine konkrete Ausweichlösung angeboten, die den Probanden von der Initialreaktion bis zum kollisionsfreien Zielzustand durch das Manöver führt. Dies könnte darauf zurückgeführt werden, dass beim Anzeigekonzept Pfeil+Radar die Kollisionsanzeige Radarteppich dominanter als die Ausweichanzeige Pfeil ist. Dadurch könnte primär das Bremsen adressiert werden, was eine späte Entscheidung zum Lenken als kollisionsvermeidende Maßnahme zur Folge haben könnte. Die Anzahl der lenkenden Probanden ist bei den Anzeigekonzepten Baustelle und Pfeil+Dreieck zu gering um eine sinnvolle Betrachtung der Lenkreaktionszeiten vorzunehmen.

Bei Betrachtung der Kollisionen macht sich vor allem der Einfluss der Lenkhäufigkeit sowie der Lenkreaktionszeit bemerkbar. Die kritische Situation ist so ausgelegt, dass ein Durchschnittsfahrer eine Kollision nur durch ein frühzeitiges Ausweichmanöver vermeiden kann (vgl. Kapitel 8.4). Anteilig können mit dem Anzeigekonzept Pfad+Dreieck am häufigsten Probanden Kollisionen vermeiden (67%), da viele Probanden lenken und die Lenkung früh erfolgt. Die Kollisionen sind bei den anderen Anzeigekonzepten anteilig höher, da vermutlich der führende Charakter der Ausweichanzeige Pfad bei den anderen Anzeigekonzepten fehlt. Beim Anzeigekonzept Pfeil+Radar lenken zwar auch relativ viele Probanden, die Lenkreaktion erfolgt aber sehr spät. Beim Anzeigekonzept Baustelle kann die Hälfte und beim Pfeil+Dreieck ein Drittel der Probanden eine Kollision vermeiden.

Auch bei der nachgelagerten Fragestellung zum Stabilisierungsbedarf schneidet das Anzeigekonzept Pfad+Dreieck tendenziell am besten ab. Hier wird ein Vorzug der Ausweichanzeige Pfad besonders deutlich. Die Probanden erhalten zu jedem Zeitpunkt des Ausweichmanövers eine konkrete Handlungsempfehlung bezüglich des weiteren Ausweichweges und können daher vermutlich stabil entlang der vorgeschlagenen Trajektorie ausweichen. Bei den anderen Anzeigekonzepten ist die Grundgesamtheit der kollisionsfrei ausweichenden Probanden zu gering, so dass keine sicheren Aussagen bezüglich des Stabilisierungsbedarfs getroffen werden können.

Auswahl des Zielkonzepts aus den vier vorausgewählten Anzeigekonzepten

Abschließend werden die vier Anzeigekonzepte pro Fragestellung miteinander verglichen und bewertet (vgl. Tabelle 9.2). In die Bewertung fließen einerseits die beobachteten Werte, andererseits die Anzahl der Probanden, bei denen das jeweilige Verhalten zu beobachten ist, ein. Die Summe der vergebenen Bewertungen ist pro Fragestellung (entspricht einer Zeile in Tabelle 9.2) über alle vier Anzeigekonzepte zehn. Dabei beschreiben niedrige Werte besseres Fahrverhalten als hohe. Die Platzierung ergibt sich durch den Vergleich der Spaltensummen aller vier Anzeigekonzepte. Insgesamt schneidet das Anzeigekonzept Pfad+Dreieck bei allen Fragestellungen besser oder mindestens genauso gut ab wie die anderen Anzeigekonzepte. Sowohl die Kollisions- als auch die Ausweichanzeige sind bestmöglich in die Szene integriert. Die Anzeigen können von den Probanden mit der Situation in Verbindung gesetzt werden und somit ein optimales Fahrverhalten initiieren. Dieses Anzeigekonzept belegt damit den 1. Platz und wird daher als Zielkonzept weiterverfolgt. Den 2. Platz belegt das Anzeigekonzept Pfeil+Radar, wobei die Rangsumme mehr als doppelt so hoch ist wie beim Anzeigekonzept Pfad+Dreieck. Auf dem 3. Platz befindet sich das Anzeigekonzept Baustelle und auf Platz 4 das Anzeigekonzept

Pfeil+Dreieck. Der 2., 3. und der 4. Platz liegen sehr eng beieinander.

9.2 Untersuchung des Zielkonzepts

In diesem Kapitel wird das in Kapitel 9.1 als Zielkonzept festgelegte Anzeigekonzept Pfad+Dreieck im Detail untersucht. Es werden die Ergebnisse, die auf den im Fahrsimulator erhobenen Messdaten beruhen, vorgestellt. Zunächst werden die Ergebnisse des Fahrverhaltens bei der ersten Manöverauslösung dargestellt. Auf dieser Basis wird darauf eine Clusterung der Probanden durchgeführt. Anschließend werden die Ergebnisse des Fahrverhaltens bei wiederholter Fahrt sowie bei Fehlauslösung vorgestellt. Abschließend werden die Ergebnisse des fahrbegleitenden Interviews und des Akzeptanzfragebogens vorgestellt. Die Diskussion der Ergebnisse erfolgt schließlich in Kapitel 10.

9.2.1 Fahrverhalten bei der ersten Manöverauslösung

Zunächst wird das Fahrverhalten bei der ersten Manöverauslegung ausgewertet. Es werden für die Betrachtung der Fahrbedingungen der Gruppe BAA die Folgefahrten mit Ausweichanzeige nach links und nach rechts zusammengefasst, da die Unterschiede jeweils gering sind und der Vergleich mit den Gruppen KG und KGBA so besser möglich ist.

Auswertung

In diesem Kapitel werden die Ergebnisse zu den in Kapitel 7.3.1 definierten Hypothesen vorgestellt.

1. Häufigkeit Bremsmanöver (vgl. Hypothese H_{II1}, Kapitel 7.3.1)

Es werden alle 56 Probanden betrachtet. Unabhängig von der Gruppe bremsen alle Probanden.

> H_{II1}: $\pi_{KGBA} > \pi_{BAA} > \pi_{KG}$
>
> **E_{II1}: $\pi_{BAA} = \pi_{KGBA} = \pi_{KG}$**
>
> Die Ausgangshypothese kann nicht bestätigt werden. Entgegen der Erwartung bremsen in der KG und in der Gruppe BAA genauso viele Probanden, nämlich alle, wie in der KGBA.

2. Reaktionszeit Bremsung (vgl. Hypothese H_{II2}, Kapitel 7.3.1)

Abbildung 9.6 zeigt die Bremsreaktionszeiten der Probanden für die drei Gruppen KG, KGBA und BAA.

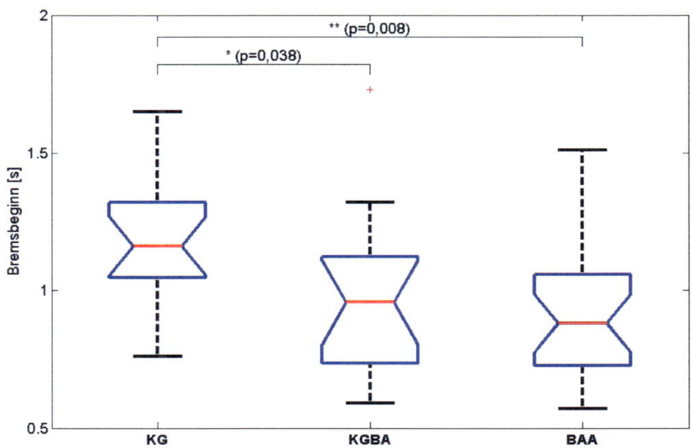

Abbildung 9.6: Reaktionszeit Bremsung (Vergleich Gruppen)

Es werden alle Probanden betrachtet, die bremsen (N = 56). Die mittlere Bremsreaktionszeit liegt in der Gruppe BAA bei 0,93 s (s = 0,27 s), bei der KGBA bei 0,97 s (s = 0,29 s) und bei der KG bei 1,17 s (s = 0,22 s). Es existieren lediglich signifikante Kontraste auf 1%-Niveau zwischen der KG und der Gruppe BAA ($p = 0{,}008 < 0{,}01$) und auf 5%-Niveau zwischen der KG und der KGBA ($p = 0{,}038 < 0{,}05$). Die KG hat somit die signifikant längste Bremsreaktionszeit, die KGBA und die Gruppe BAA unterscheiden sich nicht bedeutsam.

H_{II2}: $\mu_{KG} > \mu_{BAA} > \mu_{KGBA}$

E_{II2}: $\mu_{KG} > \mu_{BAA} = \mu_{KGBA}$

Die Ausgangshypothese ist größtenteils bestätigt. Entgegen der Erwartung sind die Bremsreaktionszeiten in der Gruppe BAA genauso gering wie in der KGBA. Es existieren signifikante Kontraste zwischen der KG und der Gruppe BAA und zwischen der KG und der KGBA.

Abbildung 9.7 zeigt die Bremsreaktionszeit der Probanden für die drei Gruppen KG, KGBA und BAA, aufgeteilt nach den beiden Fahrbedingungen Einschersituation und Folgefahrt. So kann der Einfluss der Situation auf das Fahrverhalten untersucht werden. Dabei steht im Fokus, ob die Ausweichanzeige für beide Fahrbedingungen gleichermaßen geeignet ist. Außerdem kann durch die Aufteilung entsprechend den Fahrbedingungen das Fahrverhalten mit den Ergebnissen aus der Untersuchung [Sch06] (s. Kapitel 2.1) verglichen werden. Die Betrachtung auf dieser detaillierten Ebene ist angesichts der ausreichenden Probandenzahl erst möglich.

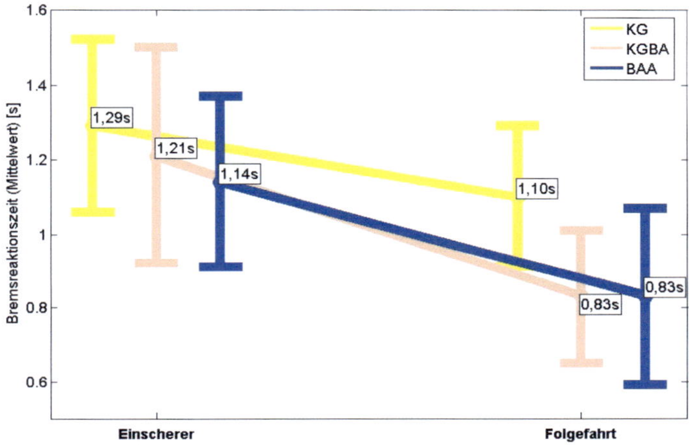

Abbildung 9.7: Reaktionszeit Bremsung (Vergleich Gruppen – Fahrbedingungen)

Die Bremsreaktionszeiten aller Gruppen sind bei der Folgefahrt geringer als bei der Einschersituation. Die Differenz bewegt sich zwischen 200 ms und 400 ms. Darüber hinaus weist die KG sowohl bei der Einschersituation als auch bei der Folgefahrt die höchsten mittleren Bremsreaktionszeiten auf (Einschersituation: $\mu = 1{,}29$ s, s = 0,23 s; Folgefahrt: $\mu = 1{,}10$ s, s = 0,19 s). Die niedrigsten Bremsreaktionszeiten sind in der Gruppe BAA zu finden (Einschersituation: $\mu = 1{,}14$ s, s = 0,23 s; Folgefahrt: $\mu = 0{,}83$ s, s = 0,24 s).

Zur Begründung der Unterschiede in den Bremsreaktionszeiten werden die Bremsreaktionszeiten wieder genauer analysiert. Die Bremsreaktionszeit kann wie bereits erwähnt in die Bremsgrundreaktionszeit und die Umsetzzeit aufgeteilt werden (s. Kapitel 2.1 und Anhang A4). Tabelle 9.3 zeigt die entsprechenden Werte für die drei Gruppen.

Tabelle 9.3: Zusammensetzung Brems-RT aus Bremsgrund-RT und Umsetzzeit

Gruppe	Fahrbedingung	N	Bremsgrund-RT	Umsetzzeit	Brems-RT
KG	Einscherer	6	μ = 0,69 s s = 0,10 s	μ = 0,60 s s = 0,22 s	μ = 1,29 s s = 0,23 s
	Folgefahrt	10	μ = 0,72 s s = 0,10 s	μ = 0,38 s s = 0,12 s	μ = 1,10 s s = 0,19 s
KGBA	Einscherer	6	μ = 0,73 s s = 0,11 s	μ = 0,48 s s = 0,30 s	μ = 1,21 s s = 0,29 s
	Folgefahrt	10	μ = 0,50 s s = 0,14 s	μ = 0,33 s s = 0,14 s	μ = 0,83 s s = 0,18 s
BAA	Einscherer	8	μ = 0,71 s s = 0,14 s	μ = 0,43 s s = 0,21 s	μ = 1,14 s s = 0,23 s
	Folgefahrt	16	μ = 0,46 s s = 0,10 s	μ = 0,37 s s = 0,21 s	μ = 0,83 s s = 0,24 s

Die Unterschiede zwischen den Fahrbedingungen resultieren aus den niedrigeren mittleren Bremsgrundreaktionszeiten und den niedrigeren mittleren Umsetzzeiten bei der Folgefahrt. Lediglich in der Folgefahrt der KG ist die mittlere Bremsgrundreaktionszeit höher als bei der Einschersituation. In der Einschersituation ist die mittlere Bremsgrundreaktionszeit generell hoch. Die Werte sind für alle drei Gruppen KG, KGBA und BAA ungefähr gleich. Die Umsetzzeit der KG ist etwas höher als die der KGBA und der Gruppe BAA, bei denen die Umsetzzeiten eng beieinander liegen. Bei der Folgefahrt ist die mittlere Bremsgrundreaktionszeit in der KG wesentlich höher als in der KGBA und der Gruppe BAA. In diesen beiden Gruppen liegen die mittleren Bremsgrundreaktionszeiten eng beieinander und sind insgesamt niedriger als bei der Einschersituation. Die Umsetzzeiten aller drei Gruppen sind etwa gleich lang. Die Umsetzzeiten sind in allen Gruppen in der Fahrbedingung Folgefahrt geringer als in der Einschersituation.

3. Häufigkeit Lenkmanöver (vgl. Hypothese H_{II3}, Kapitel 7.3.1)

Abbildung 9.8 zeigt den Anteil der lenkenden Probanden für die drei Gruppen KG, KGBA und BAA.

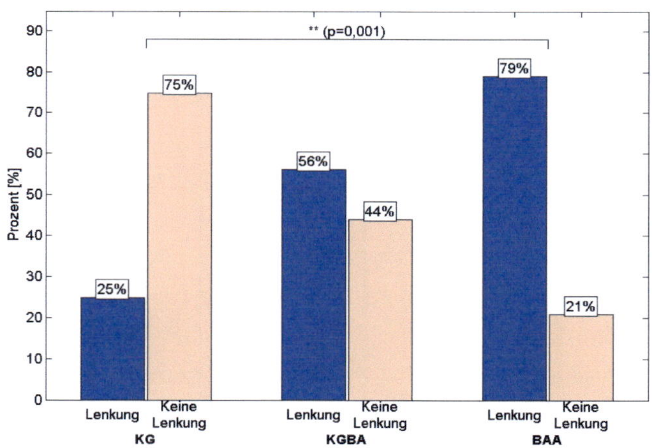

Abbildung 9.8: Häufigkeit Lenkung (Vergleich Gruppen)

Es werden alle 56 Probanden betrachtet. In der Gruppe BAA lenken 79% der Probanden (19 von 24), in der KGBA 56% (9 von 16) und in der KG 25% (4 von 16). Es existieren signifikante Unterschiede auf 1%-Niveau zwischen der KG und der Gruppe BAA ($p = 0{,}001 < 0{,}01$). Tendenziell lenken am meisten

Probanden in der Gruppe BAA und am wenigsten Probanden in der KG. In der KGBA lenken über die Hälfte der Probanden.

> H_{II3}: $\pi_{BAA} > \pi_{KGBA} > \pi_{KG}$
> **E_{II3}: $\pi_{BAA} > \pi_{KGBA} > \pi_{KG}$**
> Die Ausgangshypothese kann tendenziell bestätigt werden. Es bestehen nur tendenzielle Unterschiede zwischen der KG und der KGBA sowie zwischen der KGBA und der Gruppe BAA. Es existieren signifikante Unterschiede zwischen der KG und der Gruppe BAA.

Abbildung 9.9 zeigt für die drei Gruppen KG, KGBA und BAA in Abhängigkeit der Fahrbedingung den Anteil der lenkenden Probanden. So kann auch hier wieder der Einfluss der Situation auf das Fahrverhalten untersucht werden. Die Fahrbedingungen sind auf 100% genormt.

In der Gruppe BAA lenken bei der Einschersituation 75% der Probanden (6 von 8), während bei der Folgefahrt 81% der Probanden lenken (13 von 16). In der KGBA lenken bei der Einschersituation 50% der Probanden (3 von 6), während bei der Folgefahrt 60% der Probanden lenken (6 von 10). In der KG lenken bei der Einschersituation 50% der Probanden (3 von 6), während in der Folgefahrt 10% der Probanden lenken (1 von 10). Bei der KGBA und der Gruppe BAA kann kein Einfluss der Fahrbedingungen festgestellt werden. In der KG hingegen unterscheiden sich die Fahrbedingungen. Bei der Folgefahrt lenkt nur einer von 10 Probanden, während die Hälfte der Probanden bei der Einschersituation lenkt.

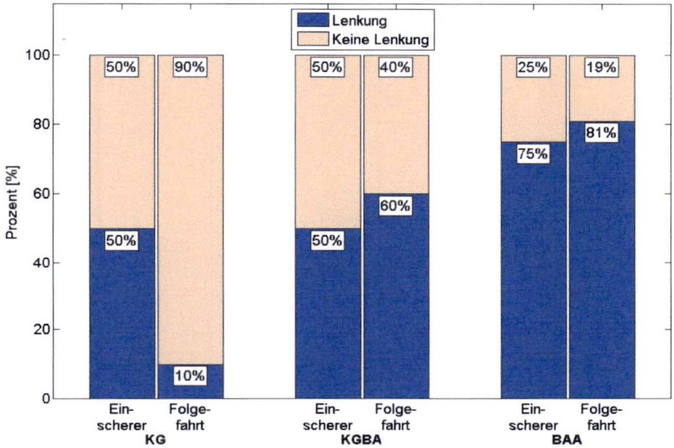

Abbildung 9.9: Häufigkeit Lenkung (Vergleich Gruppen – Fahrbedingungen)

4. <u>Reaktionszeit Lenkung (vgl. Hypothese H_{II4}, Kapitel 7.3.1)</u>

Abbildung 9.10 zeigt die Lenkreaktionszeit der Probanden für die drei Gruppen KG, KGBA und BAA.

Es werden alle Probanden betrachtet, die lenken (N = 32). Die mittlere Lenkreaktionszeit liegt bei der Gruppe BAA bei 1,81 s (s = 0,40 s), bei der KG bei 2,25 s (s = 0,48 s) und bei der KGBA bei 2,38 s (s = 0,36 s). Es bestehen signifikante Kontraste auf 5%-Niveau zwischen der KG und der Gruppe BAA ($p = 0{,}045 < 0{,}05$) sowie auf 1%-Niveau zwischen der KGBA und der Gruppe BAA ($p = 0{,}001 < 0{,}01$). Die Probanden der Gruppe BAA lenken somit signifikant am frühesten.

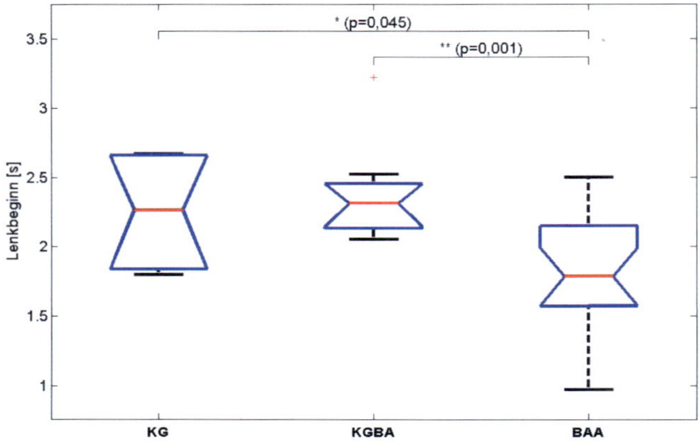

Abbildung 9.10: Reaktionszeit Lenkung (Vergleich Gruppen)

H_{II4}:	$\mu_{KG} > \mu_{KGBA} > \mu_{BAA}$
E_{II4}:	**$\mu_{KG} = \mu_{KGBA} > \mu_{BAA}$**

Die Ausgangshypothese ist größtenteils bestätigt. Die Probanden in der KG lenken jedoch nicht später als die Probanden in der KGBA. Es bestehen signifikante Kontraste zwischen der KG und der Gruppe BAA sowie zwischen der KGBA und der Gruppe BAA.

Abbildung 9.11 zeigt die Lenkreaktionszeit der Probanden für die drei Gruppen KG, KGBA und BAA in Abhängigkeit der Fahrbedingungen. So kann hier wieder der Einfluss der Situation auf das Fahrverhalten untersucht werden.

Die Lenkreaktionszeiten aller Gruppen sind bei der Folgefahrt kürzer als bei der Einschersituation. Die Differenz beträgt etwa 300 ms. Darüber hinaus weist die KGBA sowohl bei der

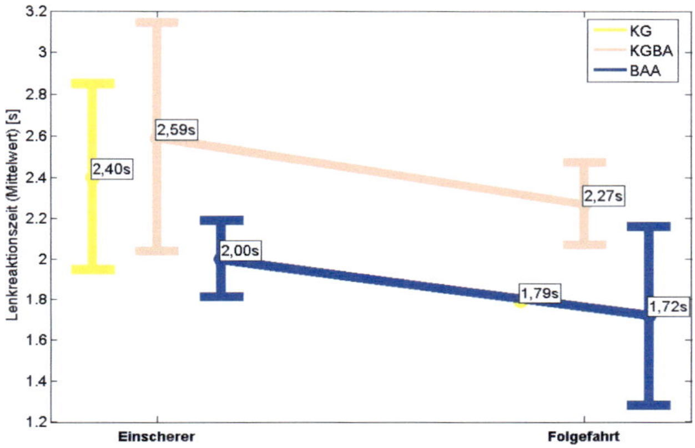

Abbildung 9.11: Reaktionszeit Lenkung (Vergleich Gruppen – Fahrbedingungen)

Einschersituation als auch bei der Folgefahrt die höchsten mittleren Lenkreaktionszeiten auf (Einschersituation: μ = 2,59 s, s = 0,55 s; Folgefahrt: μ = 2,27 s, s = 0,20 s). Die niedrigsten Lenkreaktionszeiten sind in der Gruppe BAA zu finden (Einschersituation: μ = 2,00 s, s = 0,19 s; Folgefahrt: μ = 1,72 s, s = 0,44 s). Die KG wird ausgenommen, da nur ein Proband bei der Folgefahrt lenkt.

5. <u>Ausweichrichtung in Kontrollgruppen (vgl. Hypothese H_{II5}, Kapitel 7.3.1)</u>

Abbildung 9.12 zeigt die bevorzugte Ausweichrichtung der Probanden ohne Ausweichanzeige. Hierfür werden die Kontrollgruppen KG und KGBA ausgewertet, in denen keine Ausweichanzeige eingeblendet wird. Es wird nur die Folgefahrt betrachtet, da dort ein gleichberechtigtes Ausweichen nach links und nach rechts möglich ist (s. Kapitel 8.4). Da die Anzahl der relevanten Probanden sehr gering ist, wird in Abbildung 9.12 statt dem Anteil die Anzahl der Probanden dargestellt.

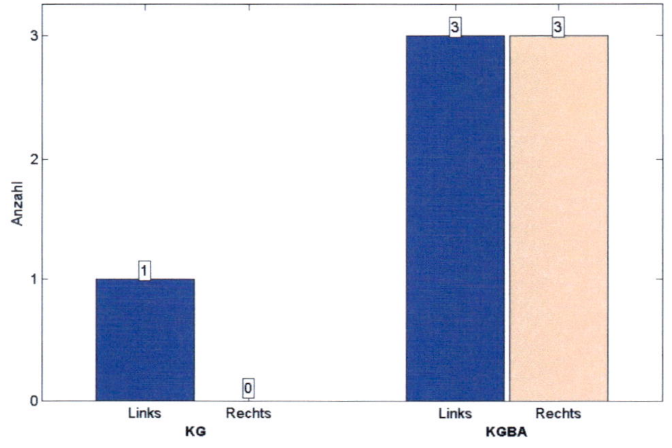

Abbildung 9.12: Ausweichrichtung in Kontrollgruppen bei Folgefahrt

Es werden alle Probanden betrachtet, die in den beiden Kontrollgruppen lenken (N = 7). In der KGBA lenken insgesamt 6 Probanden, die Hälfte nach links und die andere Hälfte nach rechts. In der KG lenkt nur ein Proband, und zwar nach links. Aufgrund der geringen Stichprobengröße entfällt die detaillierte inferenzstatistische Analyse für die mehrfaktorielle Betrachtung der Ausweichrichtung in Abhängigkeit der Gruppe und der Fahrbedingung.

H_{II5}: $\pi_{Links} = \pi_{Rechts}$

E_{II5}: $\pi_{Links} = \pi_{Rechts}$

Die Ausgangshypothese kann bestätigt werden.

6. Ausweichrichtung mit Ausweichanzeige
(vgl. Hypothese H_{II6}, Kapitel 7.3.1)

Abbildung 9.13 zeigt die Ausweichrichtung der Probanden mit Ausweichanzeige (Gruppe BAA) in Abhängigkeit der Fahrbedingung und der Anzeigerichtung.

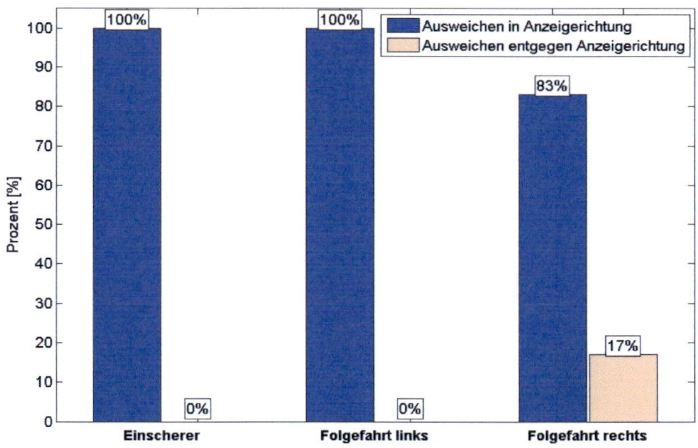

Abbildung 9.13: Ausweichrichtung mit Ausweichanzeige

Es werden alle Probanden betrachtet, die in der Gruppe BAA lenken (N = 19). Es sind alle Probanden beim Einscherer (6 von 6) und bei der Folgefahrt mit Ausweichanzeige nach links (7 von 7) in Anzeigerichtung ausgewichen. Bei der Folgefahrt mit Ausweichanzeige nach rechts sind 83 % in Anzeigerichtung ausgewichen (5 von 6). Somit weichen insgesamt 18 der 19 Probanden in Anzeigerichtung aus. Es bestehen keine signifikanten Unterschiede in den drei Fahrbedingungen (p = 0,632).

H_{II6}:	$\pi_{\text{Ausweichen in Anzeigerichtung}} >$
	$\pi_{\text{Ausweichen entgegen Anzeigerichtung}}$
E_{II6}:	**$\pi_{\text{Ausweichen in Anzeigerichtung}} >$**
	$\pi_{\text{Ausweichen entgegen Anzeigerichtung}}$
Die Ausgangshypothese kann bestätigt werden.	

7. <u>Kombination Brems- und Lenkmanöver (vgl. Hypothese H_{II7}, Kapitel 7.3.1)</u>

Abbildung 9.14 zeigt das Zusammenspiel von Bremsung und Lenkung für die drei Gruppen KG, KGBA und BAA.

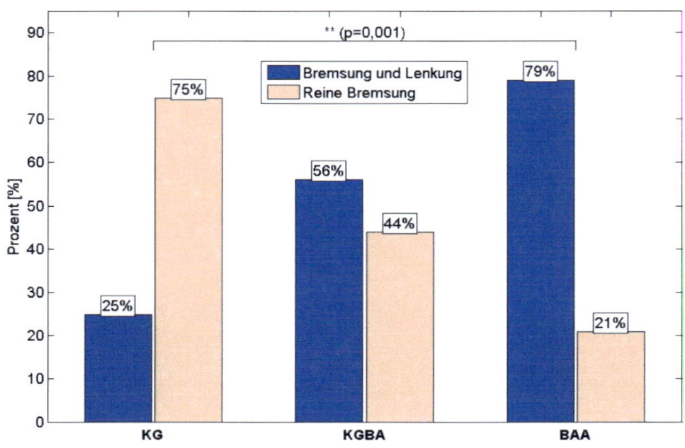

Abbildung 9.14: Kombination Brems- und Lenkmanöver (Vergleich Gruppen)

Es werden alle 56 Probanden betrachtet. Da alle Probanden bremsen (s. Ergebnisse zu H_{II1}), existiert lediglich die Unterteilung in reine Bremsung und die Kombination aus Bremsung und Lenkung. Eine reine Lenkung oder keine Fahrerreaktion tritt nie auf. Alle Probanden, die lenken, zeigen somit eine Kombination aus Bremsung und Lenkung und die Häufigkeiten entsprechen damit denen der Lenkhäufigkeit (s. Ergebnisse zu H_{II3}). Es bestehen signifikante Unterschiede auf 1%-Niveau zwischen der KG und der Gruppe BAA ($p = 0{,}001 < 0{,}01$). Tendenziell zeigen die Probanden am häufigsten in der Gruppe BAA eine Kombination aus Bremsung und Lenkung und am seltensten in der KG. In der KGBA lenken und bremsen über die Hälfte der Probanden.

H_{II7}: $\pi_{BAA} > \pi_{KGBA} > \pi_{KG}$

E_{II7}: $\pi_{BAA} > \pi_{KGBA} > \pi_{KG}$

Die Ausgangshypothese kann tendenziell bestätigt werden. Es existiert nur ein tendenzieller Unterschied zwischen der KG und der KGBA sowie zwischen der KGBA und der Gruppe BAA. Es bestehen signifikante Unterschiede zwischen der KG und der Gruppe BAA.

8. Reihenfolge Bremsung und Lenkung (vgl. Hypothese H_{II8}, Kapitel 7.3.1)

Es werden die Probanden betrachtet, die bremsen und lenken ($N = 32$). Alle Probanden bremsen erst und lenken dann. Kein Proband beendet den Bremsvorgang bevor er lenkt.

H_{II8}:	$\pi_{BL} > \pi_{LB}$ (für alle drei Gruppen KG, KGBA und BAA)
E_{II8}:	**$\pi_{BL} > \pi_{LB}$**
Die Ausgangshypothese kann bestätigt werden.	

9. <u>Kollisionshäufigkeit (vgl. Hypothese H_{II9}, Kapitel 7.3.1)</u>

Abbildung 9.15 zeigt für die drei Gruppen KG, KGBA und BAA den Anteil der Probanden, die kollisionsfrei bleiben.

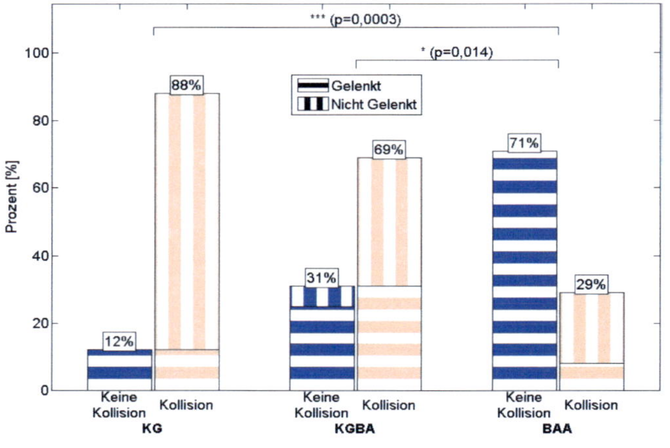

Abbildung 9.15: Kollisionshäufigkeit (Vergleich Gruppen)

Es werden alle 56 Probanden betrachtet. In der Gruppe BAA bleiben 71% der Probanden kollisionsfrei (17 von 24), von denen alle lenken. 29% der Probanden kollidieren (7 von 24), wobei 2 der 7 Probanden lenken. In der KGBA bleiben 31% der Probanden kollisionsfrei (5 von 16), 4 davon lenken. 69% der Probanden kollidieren (11 von 16), wobei 5 der 16 Probanden lenken. In der KG bleiben 12% der Probanden kollisionsfrei

(2 von 16), beide lenken. 88% der Probanden kollidieren (14 von 16), wobei 2 der 14 Probanden lenken. Es bestehen signifikante Unterschiede auf 0,1%-Niveau zwischen der KG und der Gruppe BAA ($p = 0{,}0003 < 0{,}001$) sowie auf 5%-Niveau zwischen der KGBA und der Gruppe BAA ($p = 0{,}014 < 0{,}05$). In der Gruppe BAA bleiben signifikant am meisten Probanden kollisionsfrei, in der KG tendenziell die wenigsten. Mit reiner Kollisionsanzeige bleiben circa ein Drittel der Probanden kollisionsfrei.

H_{II9}:	$\pi_{KG} > \pi_{KGBA} > \pi_{BAA}$
E_{II9}:	**$\pi_{KG} > \pi_{KGBA} > \pi_{BAA}$**

Die Ausgangshypothese kann tendenziell bestätigt werden. Es bestehen nur tendenzielle Unterschiede zwischen der KG und der KGBA. Es bestehen signifikante Unterschiede zwischen der KG und der Gruppe BAA sowie zwischen der KGBA und der Gruppe BAA.

Abbildung 9.16 zeigt für die drei Gruppen KG, KGBA und BAA in Abhängigkeit der Fahrbedingung den Anteil der Probanden, die kollisionsfrei bleiben. Die Fahrbedingungen sind auf 100% genormt.

In der Gruppe BAA können 50% der Probanden in der Einschersituation (4 von 8) und 81% der Probanden bei der Folgefahrt (13 von 16) eine Kollision vermeiden. In der KGBA kollidieren alle Probanden in der Einschersituation (6 von 6) und bei der Folgefahrt können 50% der Probanden (5 von 10) eine Kollision vermeiden. In der KG können 17% der Probanden in der Einschersituation (1 von 6) und 10% der Probanden bei der Fol-

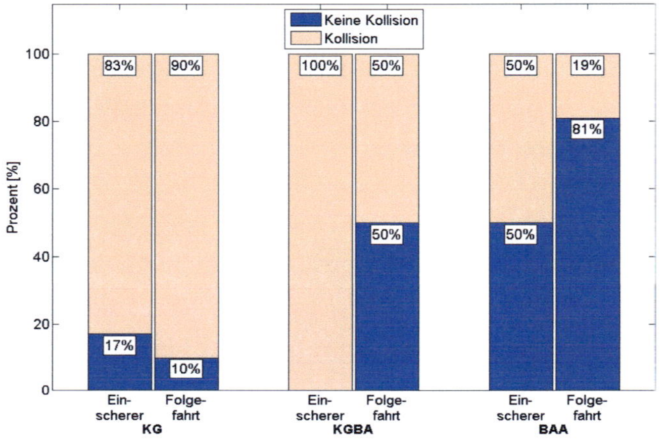

Abbildung 9.16: Kollisionshäufigkeit (Vergleich Gruppen – Fahrbedingungen)

gefahrt (1 von 10) eine Kollision vermeiden. Für die Gruppen KGBA und BAA gilt, dass die Probanden bei der Folgefahrt mehr Kollisionen als in der Einschersituation vermeiden können.

Der Zusammenhang zwischen den Bremsreaktionszeiten, den Lenkreaktionszeiten und den Kollisionen ist für die lenkenden Probanden in Abbildung 9.17 dargestellt.

Durch die Gerade in Gl. 9.1 kann der Parameterraum in die beiden Bereiche Kollision und keine Kollision unterteilt werden:

$$t_{Lenk-RT} = -2{,}94 t_{Brems-RT} + 5{,}35 \qquad \text{(Gl 9.1)}$$

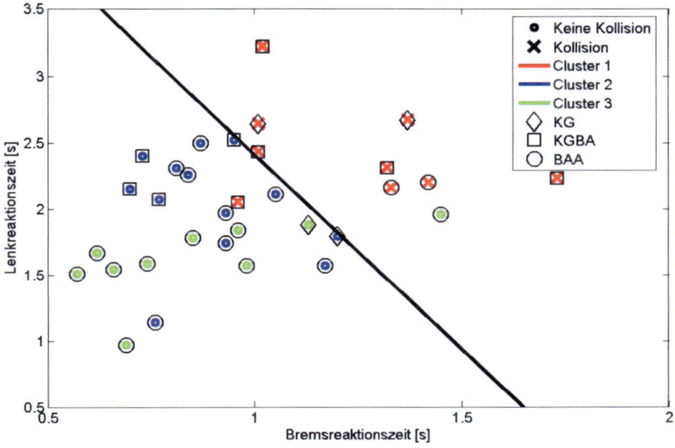

Abbildung 9.17: Zusammenhang Brems-RT, Lenk-RT und Kollision

Vor allem die Probanden, die früh lenken (ca. t = 2 s) aber auch früh bremsen (ca. t = 1 s), können eine Kollision vermeiden. Darüber hinaus macht Abbildung 9.17 nochmals deutlich, dass die Lenkreaktionszeiten höher als die Bremsreaktionszeiten sind.

10. <u>Stabilisierungsbedarf (vgl. Hypothese H_{II10}, Kapitel 7.3.1)</u>

Abbildung 9.18 zeigt für die drei Gruppen KG, KGBA und BAA die Anzahl der Probanden, die das Ausweichmanöver stabilisieren müssen. Da die Anzahl der relevanten Probanden sehr gering ist, wird statt dem Anteil die Anzahl der Probanden dargestellt.

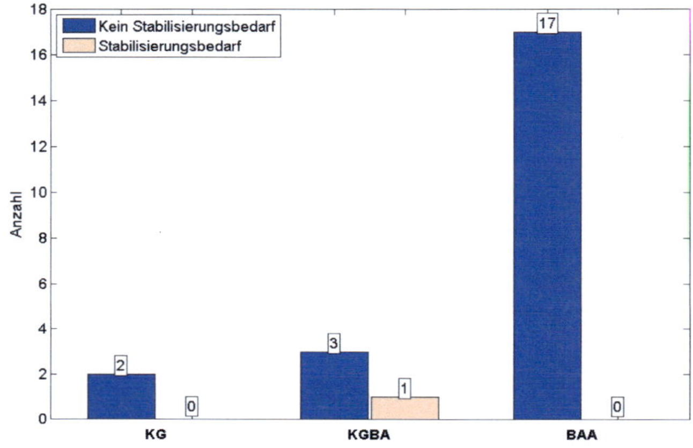

Abbildung 9.18: Stabilisierungsbedarf (Vergleich Gruppen)

Es werden alle Probanden betrachtet, die kollisionsfrei ausweichen (N = 23). In der Gruppe BAA benötigt kein Proband Stabilisierungsbedarf (17 von 17). In der KGBA sind von den insgesamt 5 kollisionsfreien Probanden nur 4 ausgewichen, wovon 3 keinen Stabilisierungsbedarf benötigen. In der KG müssen beide kollisionsfrei ausweichenden Probanden nicht stabilisiert werden. Es bestehen keine signifikanten, globalen Gruppenunterschiede (p = 0,261). Die Probanden der Gruppe BAA und der KG benötigen keinen Stabilisierungsbedarf. Insgesamt benötigt nur ein Proband der KGBA Stabilisierungsbedarf.

H_{II10}: $\pi_{KG} = \pi_{KGBA} > \pi_{BAA}$
Die Ausgangshypothese kann aufgrund der geringen Stichprobengröße in der KG und der KGBA nicht bewertet werden.

Ergebnisübersicht

Tabelle 9.4 zeigt die Ergebnisübersicht für die Untersuchung des Zielkonzepts Pfad+Dreieck bei erster Manöverauslösung.

Tabelle 9.4: Ergebnisübersicht für die erste Manöverauslösung

Fragstellung		Gruppe					
		KG		KGBA		BAA	
		Beobachteter Wert	Rang	Beobachteter Wert	Rang	Beobachteter Wert	Rang
1. Häufigkeit Bremsmanöver		ALLE	----	ALLE	----	ALLE	----
2. Reaktionszeit Bremsung		μ = 1,17 s s = 0,22 s	3	μ = 0,97 s s = 0,29 s	1,5	μ = 0,93 s s = 0,27 s	1,5
3. Häufigkeit Lenkmanöver		4 von 16 (25%)	3	9 von 16 (56%)	2	19 von 24 (79%)	1
4. Reaktionszeit Lenkung		μ = 2,25 s s = 0,48 s	2	μ = 2,38 s s = 0,36 s	3	μ = 1,81 s s = 0,40 s	1
5. Ausweichrichtung in Kontrollgruppen	links	1	----	3	----		
	rechts	0	----	3	----		
6. Ausweichrichtung in Anzeigerichtung						18 von 19 (1 entgegen bei FF rechts)	----
7. Kombination Brems- und Lenkmanöver		4 von 16 (25%)	----	9 von 16 (56%)	----	19 von 24 (79%)	----
8. Reihenfolge Bremsung dann Lenkung		4 von 4 (100%)	----	9 von 9 (100%)	----	19 von 19 (100%)	----
9 Kollisionshäufigkeit		14 von 16 (88%)	3	11 von 16 (69%)	2	7 von 24 (29%)	1
10. Stabilisierungsbedarf		0 von 2 (0%)	2	1 von 4 (25%)	3	0 von 17 (0%)	1
Rangsumme			13		11,5		5,5
Rang		3. Platz		2. Platz		1. Platz	

Die drei Gruppen werden pro Fragestellung miteinander verglichen und bewertet (vgl. Tabelle 9.4). In die Bewertung fließen wieder einerseits die beobachteten Werte, andererseits die Anzahl der Probanden, bei denen das jeweilige Verhalten zu beobachten ist, ein. Die Summe der vergebenen Bewertungen ist pro Fragestellung (entspricht einer Zeile in Tabelle 9.4) über alle drei Gruppen sechs.

Dabei beschreiben niedrige Werte besseres Fahrverhalten als hohe. Die Platzierung ergibt sich durch den Vergleich der Spaltensummen aller drei Gruppen.

9.2.2 Clusterung des Fahrverhaltens bei der ersten Manöverauslösung

Das Fahrverhalten wird einer Two-Step-Clusteranalyse unterzogen (s. Kapitel 8.6.1). Sie dient der Identifikation von Mustern im Fahrverhalten und somit der Darstellung verschiedener Fahrertypen. Es wird ausschließlich die erste Manöverauslegung betrachtet. Dort sind die Ergebnisse am aussagekräftigsten, da noch kein Trainingseffekt berücksichtigt werden muss. Für die Clusteranalyse werden lediglich Fahrten betrachtet, bei denen die Probanden gelenkt haben. Dies ist dadurch begründet, dass zur Berechnung der Clusteranalyse vollständige Datensätze bezüglich der untersuchten Variablen für alle Probanden vorhanden sein müssen. Für die Clusteranalyse werden die Variablen Bremsreaktionszeiten, Lenkreaktionszeiten, Kollisionen sowie Blinkerbetätigung berücksichtigt (s. Anhang A3.4). Betätigen die Probanden zusätzlich zum Ausweichmanöver den Blinker, kann davon ausgegangen werden, dass diese Probanden nicht die Grenzen hinsichtlich der ihnen zur Verfügung stehenden Ressourcen erreichen. Dies macht sich in aller Regel positiv im Manöverablauf bemerkbar.

Aus der Analyse ergibt sich eine optimale Lösung mit drei Clustern. Die drei Cluster sind in Abbildung 9.17 dargestellt. Die rein bremsenden Probanden werden dem Ergebnis der Clusteranalyse als viertes Cluster hinzugefügt. Die Cluster sind wie folgt charakterisiert:

Cluster 1

Dem Cluster 1 sind vorrangig Probanden der KG und der KGBA zugeordnet. Das Cluster 1 zeichnet sich durch die längsten Bremsreaktionszeiten (μ = 1,24 s, s = 0,26 s) und die längsten Lenkreaktionszeiten (μ = 2,43 s, s = 0,36 s) aus. Alle Probanden sind kollidiert, keiner hat geblinkt. Bedeutsam für die Clusterzuordnung sind die Bremsreaktionszeiten (spät), die Lenkreaktionszeiten (spät) sowie die Kollision (alle kollidiert). Die Stichprobengröße beträgt N = 9.

Cluster 2

Dem Cluster 2 sind überwiegend Probanden, die mit Anzeigen fahren, zugeordnet (Gruppen KGBA und BAA). Die Bremsreaktionszeiten (μ = 0,90 s, s = 0,16 s) und die Lenkreaktionszeiten (μ = 2,04 s, s = 0,40 s) sind im Vergleich zu Cluster 1 und Cluster 3 mittellang. Kein Proband ist kollidiert oder hat geblinkt. Bedeutsam für die Clusterzuordnung ist die Blinkerbetätigung (nicht geblinkt). Die Stichprobengröße beträgt N = 13.

Cluster 3

In Cluster 3 sind fast ausschließlich Probanden der Gruppe BAA zu finden. Dieses Cluster zeichnet sich durch die kürzesten Bremsreaktionszeiten (μ = 0,87 s, s = 0,27 s) und die kürzesten Lenkreaktionszeiten (μ = 1,63 s, s = 0,28 s) aus. Kein Proband ist kollidiert, alle Probanden haben geblinkt. Bedeutsam für die Clusterzuordnung sind die Lenkreaktionszeiten (früh) sowie die Blinkerbetätigung (geblinkt). Die Stichprobengröße beträgt N = 10.

Cluster 4

Cluster 4 war nicht Teil der Clusteranalyse. Es wurde nachträglich zur Beschreibung der gesamten Stichprobe (N = 56) hinzugefügt. Cluster 4 zeichnet sich dadurch aus, dass die Probanden nicht gelenkt haben und daher kollidiert sind. Ein Proband stellt eine Ausnahme dar. Er kann durch eine extrem kurze Bremsreaktionszeit die Kollision ohne zu lenken durch einen reinen Bremseingriff vermeiden. Die Stichprobengröße beträgt N = 24.

9.2.3 Fahrverhalten bei wiederholter Manöverauslösung

In diesem Kapitel wird das Fahrverhalten der ersten drei Manöverauslösungen ausgewertet, die jeder Proband durchfahren ist. Die Ergebnisse werden für die drei Gruppen KG, KGBA und BAA dargestellt und rein deskriptiv beschrieben.

Auswertung

In diesem Kapitel werden die Ergebnisse zu den in Kapitel 7.3.2 definierten Hypothesen vorgestellt.

1. Häufigkeit Bremsmanöver (vgl. Hypothese H_{III1}, Kapitel 7.3.2)

   Abbildung 9.19 zeigt den Anteil der bremsenden Probanden über die drei Fahrten für die drei Gruppen KG, KGBA und BAA.

   Es werden alle 56 Probanden betrachtet. In der KGBA bremsen alle Probanden bei allen drei Fahrten (16 von 16). In der KG bremsen alle Probanden bei den ersten beiden Fahrten (16 von 16), bei der 3. Fahrt hingegen nur noch 94% (15 von 16). In der Gruppe BAA bremsen bei der 1. Fahrt alle

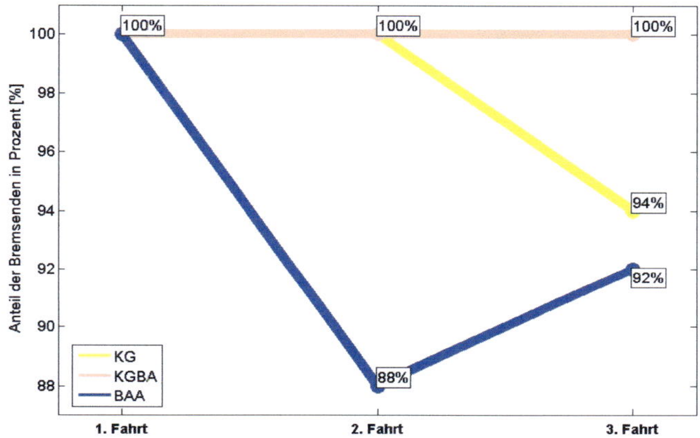

Abbildung 9.19: Häufigkeit Bremsung (Vergleich Fahrten)

Probanden (24 von 24), bei der 2. Fahrt 88% (21 von 24) und bei der 3. Fahrt 92% (22 von 24). Drei Probanden der Gruppe BAA bremsen bei der 2. Fahrt nicht, zwei davon bremsen anschließend auch bei der 3. Fahrt nicht.

H_{III1}: $\pi_{F3} > \pi_{F2} > \pi_{F1}$
E_{III1}: $\pi_{F1} > \pi_{F2} = \pi_{F3}$
Die Ausgangshypothese kann nicht bestätigt werden. Entgegen der Erwartung bremsen schon bei der 1. Fahrt alle Probanden und bei der 2. und 3. Fahrt einige Probanden nicht mehr.

2. Reaktionszeit Bremsung (vgl. Hypothese H_{III2}, Kapitel 7.3.2)

Abbildung 9.20 zeigt die mittlere Bremsreaktionszeit der Probanden über die drei Fahrten für die drei Gruppen KG, KGBA und BAA.

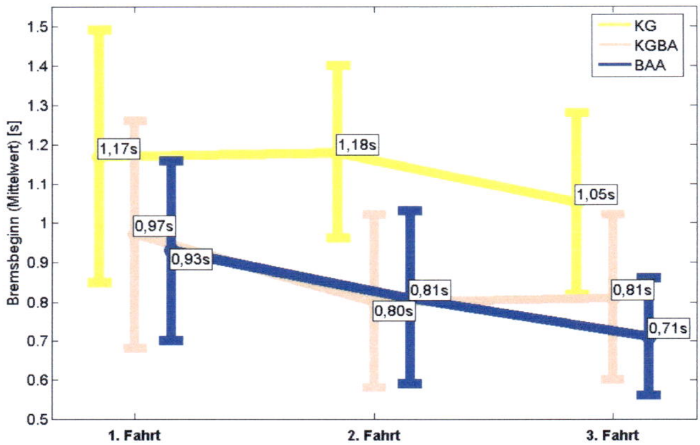

Abbildung 9.20: Reaktionszeiten Bremsung (Vergleich Fahrten)

Um die Entwicklung der Bremsreaktionszeiten der Probanden zu betrachten, werden nur die Probanden betrachtet, die in allen drei Fahrten bremsen (N = 52). Die mittlere Bremsreaktionszeit liegt für die Gruppe BAA bei der 1. Fahrt bei 0,93 s (s = 0,23 s), bei der 2. Fahrt bei 0,81 s (s = 0,22 s) und bei der 3. Fahrt bei 0,71 s (s = 0,15 s). In der KG liegt die mittlere Bremsreaktionszeit bei der 1. Fahrt bei 1,17 s (s = 0,32 s), bei der 2. Fahrt bei 1,18 s (s = 0,22 s) und bei der 3. Fahrt bei 1,05 s (s = 0,23 s). Die mittlere Bremsreaktionszeit liegt für die KGBA bei der 1. Fahrt bei 0,97 s (s = 0,29 s), bei der 2. Fahrt bei 0,80 s (s = 0,22 s) und bei der 3. Fahrt bei 0,81 s (s = 0,21 s). Die mittleren Bremsreaktionszeiten verringern sich über alle drei Gruppen von der 1. bis zur 3. Fahrt um circa 170 ms. Die höchsten mittleren Bremsreaktionszeiten sind in allen drei Fahrten in der KG vorzufinden. In der KGBA und in der Gruppe BAA zeigen die Probanden ähnlich schnelle Bremsreaktionszeiten über die Fahrten hinweg.

H_{III2}: $\mu_{F1} > \mu_{F2} > \mu_{F3}$
E_{III2}: $\mu_{F1} > \mu_{F2} > \mu_{F3}$
Die Ausgangshypothese ist tendenziell bestätigt. Die mittlere Bremsreaktionszeit wird bei fast allen aufeinander folgenden Fahrten in allen drei Gruppen kleiner.

3. Häufigkeit Lenkmanöver (vgl. Hypothese H_{III3}, Kapitel 7.3.2)

Abbildung 9.21 zeigt den Anteil lenkender Probanden über die drei Fahrten für die drei Gruppen KG, KGBA und BAA.

Es werden alle 56 Probanden betrachtet. In der Gruppe BAA lenken bei der 1. Fahrt 79% der Probanden (19 von 24), in der 2. und 3. Fahrt jeweils 96% (23 von 24). In der KG lenken bei der 1. Fahrt 25% (4 von 16), bei der 2. Fahrt 88% (14 von 16) und bei der 3. Fahrt alle Probanden. In der KGBA lenken bei der 1. Fahrt 56% (9 von 16), bei der 2. Fahrt 75% (12 von 16) und bei der 3. Fahrt 81% (13 von 16). Ab der 2. Fahrt lenken fast alle Probanden in allen drei Gruppen. Bei der 2. und 3. Fahrt lenken in der KGBA etwas weniger Probanden als in der KG und der Gruppe BAA.

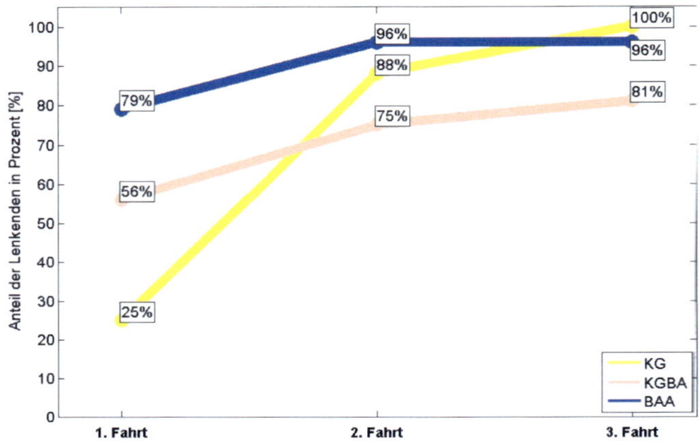

Abbildung 9.21: Häufigkeit Lenkmanöver (Vergleich Fahrten)

H_{III3}: $\pi_{F3} > \pi_{F2} > \pi_{F1}$
E_{III3}: $\pi_{F3} = \pi_{F2} > \pi_{F1}$
Die Ausgangshypothese kann größtenteils bestätigt werden. Zwischen der 2. und der 3. Fahrt bestehen (jedoch) kaum noch Unterschiede.

4. Reaktionszeit Lenkung (vgl. Hypothese H_{III4}, Kapitel 7.3.2)

Abbildung 9.22 zeigt die mittlere Lenkreaktionszeit der Probanden über die drei Fahrten für die drei Gruppen KG, KGBA und BAA.

Um die Entwicklung der Lenkreaktionszeiten der Probanden zu betrachten, werden nur die Probanden betrachtet, die in allen drei Fahrten lenken (N = 32). Die mittlere Lenkreaktionszeit liegt bei der Gruppe BAA bei der 1. Fahrt bei 1,81 s (s = 0,40 s), bei

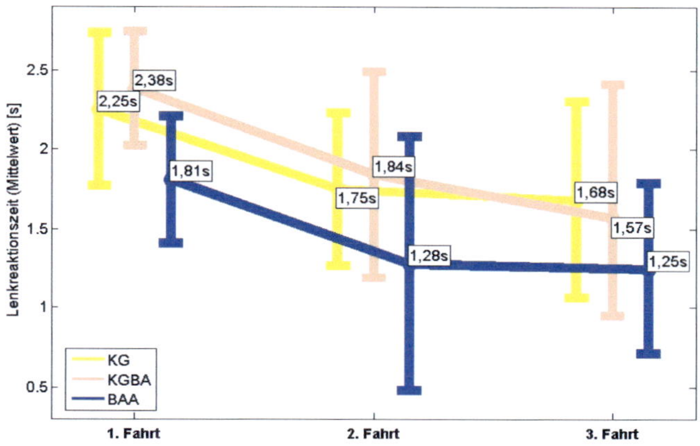

Abbildung 9.22: Reaktionszeiten Lenkung (Vergleich Fahrten)

der 2. Fahrt bei 1,28 s (s = 0,80 s) und bei der 3. Fahrt bei 1,25 s (s = 0,54 s). Die mittlere Lenkreaktionszeit liegt bei der KG bei der 1. Fahrt bei 2,25 s (s = 0,48 s), bei der 2. Fahrt bei 1,75 s (s = 0,48 s) und bei der 3. Fahrt bei 1,68 s (s = 0,62 s). Die mittlere Lenkreaktionszeit liegt bei der KGBA bei der 1. Fahrt bei 2,38 s (s = 0,36 s), bei der 2. Fahrt bei 1,84 s (s = 0,65 s) und bei der 3. Fahrt bei 1,57 s (s = 0,73 s). Die mittleren Lenkreaktionszeiten verringern sich über alle drei Gruppen von der 1. bis zur 3. Fahrt um circa 650 ms. Über alle Gruppen zeigt sich die stärkste Verringerung der Lenkreaktionszeiten von der 1. zur 2. Fahrt (μ = 520 ms), während die Verringerung von der 2. zur 3. Fahrt geringer ausfällt (μ = 120 ms). Die Probanden der Gruppe BAA zeigen in allen drei Fahrten die schnellsten mittleren Lenkreaktionszeiten. Die KG und KGBA unterscheiden sich in allen drei Fahrten nur unwesentlich.

H_{III4}:	$\mu_{F1} > \mu_{F2} > \mu_{F3}$
E_{III4}:	**$\mu_{F1} > \mu_{F2} > \mu_{F3}$**

Die Ausgangshypothese kann tendenziell bestätigt werden. Die Unterschiede zwischen der 2. und 3. Fahrt sind geringer als zwischen der 1. und 2. Fahrt.

5. Ausweichrichtung mit Ausweichanzeige (vgl. Hypothese H_{III5}, Kapitel 7.3.2)

Abbildung 9.23 zeigt die Ausweichrichtung der Probanden mit Ausweichanzeige über die drei Fahrten für die Gruppe BAA.

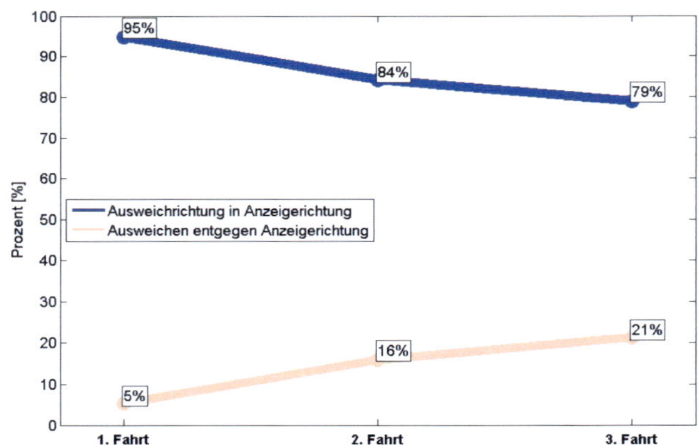

Abbildung 9.23: Ausweichrichtung mit Ausweichanzeige (Vergleich Fahrten)

Es werden nur Probanden betrachtet, die in allen drei Fahrten lenken (N = 19). So ist ein Vergleich zwischen den Probanden hinsichtlich der Ausweichstrategie über alle Fahrten möglich.

Dabei soll untersucht werden, ob die Probanden nur einmal in eine bestimmte Richtung ausweichen oder ob sich ihr Ausweichverhalten auch über die Zeit, also über mehrere Fahrten hinweg, stabil verhält. In der 1. Fahrt lenken 95% der Probanden in Anzeigerichtung (18 von 19), in der 2. Fahrt 84% (16 von 19) und in der 3. Fahrt 79% (15 von 19). Der Anteil der Probanden, die entgegen der Anzeigerichtung ausweichen, nimmt mit fortschreitenden Fahrten leicht zu, bleibt aber auf niedrigem Niveau (21% bei der 3. Fahrt). Es kann durch weiterführende Auswertungen gezeigt werden, dass kein Proband mehr als einmal entgegen der Anzeigerichtung ausweicht.

H_{III5}: $\pi_{F1} = \pi_{F2} = \pi_{F3}$

E_{III5}: $\pi_{F1} > \pi_{F2} > \pi_{F3}$

Die Ausgangshypothese kann nicht bestätigt werden. Der Anteil der Probanden, die entgegen der Anzeigerichtung ausweichen, nimmt mit den Fahrten leicht zu.

Zur Beantwortung der Frage, in welcher Fahrbedingung die Probanden entgegen der Anzeigerichtung ausweichen, ist in Abbildung 9.24 die Ausweichrichtung in Abhängigkeit der Fahrbedingungen und der Anzeigerichtung über alle drei Fahrten, in denen die Probanden lenken, dargestellt.

Es zeigt sich, dass ausschließlich bei der Folgefahrt mit Ausweichanzeige nach rechts Probanden entgegen der Anzeigerichtung ausweichen. Dies sind 42% (8 von 19). Weiterführenden Auswertungen kann entnommen werden, dass die Probanden, die in der 3. Fahrt entgegen der Anzeigerichtung ausweichen, zuvor bereits in zwei Fahrten in Anzeigerichtung nach

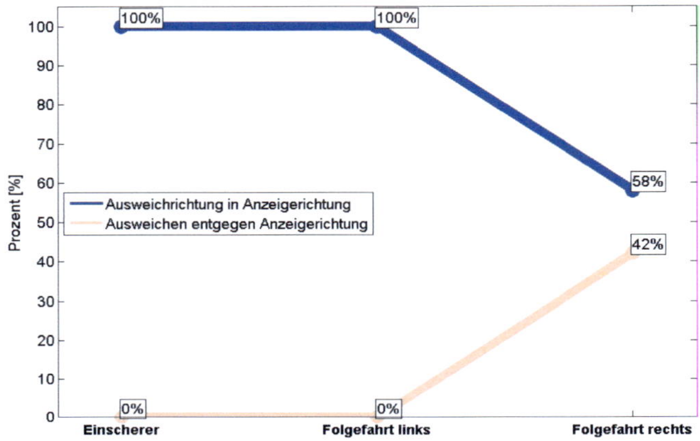

Abbildung 9.24: Ausweichrichtung mit Ausweichanzeige (Vergleich Fahrbedingungen)

links ausgewichen sind. Auch die Probanden, die in der 2. Fahrt entgegen der Anzeigerichtung ausweichen, sind in der 1. Fahrt in Anzeigerichtung ausgewichen. Demgegenüber zeigt sich, dass kein Proband, der in einer Folgefahrt mit Ausweichanzeige nach rechts in Anzeigerichtung ausgewichen ist, in einer späteren Fahrt mit Ausweichanzeige nach links entgegen der Anzeigerichtung ausweicht.

6. Kollisionshäufigkeit (vgl. Hypothese H_{III6}, Kapitel 7.3.2)

Abbildung 9.25 zeigt die Kollisionshäufigkeiten der Probanden über die drei Fahrten für die drei Gruppen KG, KGBA und BAA.

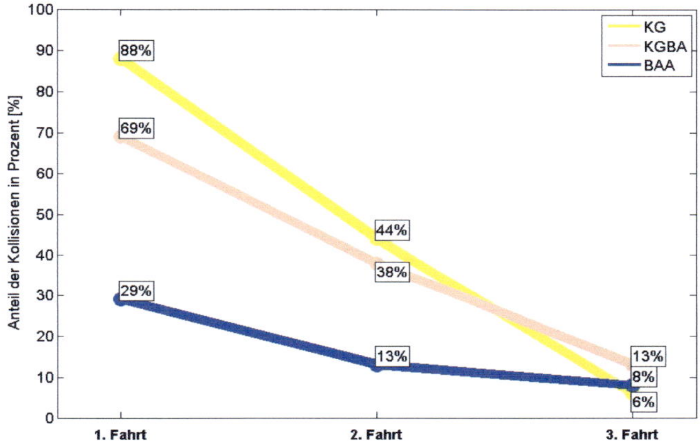

Abbildung 9.25: Kollisionshäufigkeit (Vergleich Fahrten)

Es werden alle Probanden betrachtet (N = 56). In der Gruppe BAA kollidieren in der 1. Fahrt 29% der Probanden (7 von 24), in der 2. Fahrt 13% (3 von 24) und in der 3. Fahrt 8% (2 von 24). In der KG kollidieren in der 1. Fahrt 88% der Probanden (14 von 16), in der 2. Fahrt 44% (7 von 16) und in der 3. Fahrt 6% (1 von 16). In der KGBA kollidieren in der 1. Fahrt 69% der Probanden (11 von 16), in der 2. Fahrt 38% (6 von 16) und in der 3. Fahrt 13% (2 von 16). Die Anzahl der Kollisionen nimmt in allen Gruppen über die Fahrten ab. Weiteren Auswertungen kann entnommen werden, dass die meisten Probanden, sobald sie in einer Fahrt kollisionsfrei geblieben sind, auch in den folgenden Fahrten kollisionsfrei bleiben (82%). Außerdem bleiben alle Probanden, die in der 2. und 3. Fahrt nicht bremsen, kollisionsfrei.

H_{III6}: $\pi_{F1} > \pi_{F2} > \pi_{F3}$
E_{III6}: $\pi_{F1} > \pi_{F2} > \pi_{F3}$
Die Ausgangshypothese kann bestätigt werden.

Ergebnisübersicht

Tabelle 9.5 zeigt die Ergebnisübersicht für die Untersuchung des Zielkonzepts Pfad+Dreieck bei wiederholter Manöverauslösung.

9.2.4 Fahrverhalten bei Fehlauslösung der Ausweichanzeige

In diesem Kapitel wird das Fahrverhalten bei Fehlauslösung der Ausweichanzeige ausgewertet. Die Fehlauslösung konnte nur bei 7 von insgesamt 24 Probanden der Gruppe BAA ausgelöst werden. Da die Anzahl der relevanten Probanden, die für diese Fragestellung betrachtet werden, sehr gering ist, wird in den folgenden zwei Abbildungen statt dem Anteil die Anzahl der Probanden dargestellt.

Auswertung

In diesem Kapitel werden die Ergebnisse zu den in Kapitel 7.3.3 definierten Hypothesen vorgestellt.

1. Ausweichrichtung (vgl. Hypothese H_{IV1}, Kapitel 7.3.3)

   Abbildung 9.26 zeigt die Ausweichrichtung bei Fehlauslösung der Ausweichanzeige für die Probanden der Gruppe BAA.

Tabelle 9.5: Ergebnisübersicht für wiederholte Manöverauslösung

Fragestellung		Fahrt					
		1. Fahrt		2. Fahrt		3. Fahrt	
		Beobachteter Wert	Mittelwert	Beobachteter Wert	Mittelwert	Beobachteter Wert	Mittelwert
1. **Häufigkeit Bremsmanöver**	KG	16 von 16 (100%)	MW = 100%	16 von 16 (100%)	MW = 96%	15 von 16 (94%)	MW = 95%
	KGBA	16 von 16 (100%)		16 von 16 (100%)		16 von 16 (100%)	
	BAA	24 von 24 (100%)		21 von 24 (88%)		22 von 24 (92%)	
2. **Reaktionszeit Bremsung**	KG	μ = 1,17 s s = 0,32 s	MW = 1,02 s	μ = 1,18 s s = 0,22 s	MW = 0,93 s	μ = 1,05 s s = 0,23 s	MW = 0,86 s
	KGBA	μ = 0,97 s s = 0,29 s		μ = 0,80 s s = 0,22 s		μ = 0,81 s s = 0,21 s	
	BAA	μ = 0,93 s s = 0,23 s		μ = 0,81 s s = 0,22 s		μ = 0,71 s s = 0,15 s	
3. **Häufigkeit Lenkmanöver**	KG	4 von 16 (25%)	MW = 53%	14 von 16 (88%)	MW = 86%	16 von 16 (100%)	MW = 92%
	KGBA	9 von 16 (56%)		12 von 16 (75%)		13 von 16 (81%)	
	BAA	19 von 24 (79%)		23 von 24 (96%)		23 von 24 (96%)	
4. **Reaktionszeit Lenkung**	KG	μ = 2,25 s s = 0,48 s	MW = 2,15 s	μ = 1,75 s s = 0,48 s	MW = 1,62 s	μ = 1,68 s s = 0,62 s	MW = 1,50 s
	KGBA	μ = 2,38 s s = 0,36 s		μ = 1,84 s s = 0,65 s		μ = 1,57 s s = 0,73 s	
	BAA	μ = 1,81 s s = 0,40 s		μ = 1,28 s s = 0,80 s		μ = 1,25 s s = 0,54 s	
5. **Ausweichrichtung in Anzeigerichtung**	BAA	18 von 19 (95%)	----	16 von 19 (84%)	----	15 von 19 (79%)	----
6. **Kollisionshäufigkeit**	KG	14 von 16 (88%)	MW = 62%	7 von 16 (44%)	MW = 32%	1 von 16 (6%)	MW = 9%
	KGBA	11 von 16 (69%)		6 von 16 (38%)		2 von 16 (13 %)	
	BAA	7 von 24 (29%)		3 von 24 (13%)		2 von 24 (8%)	

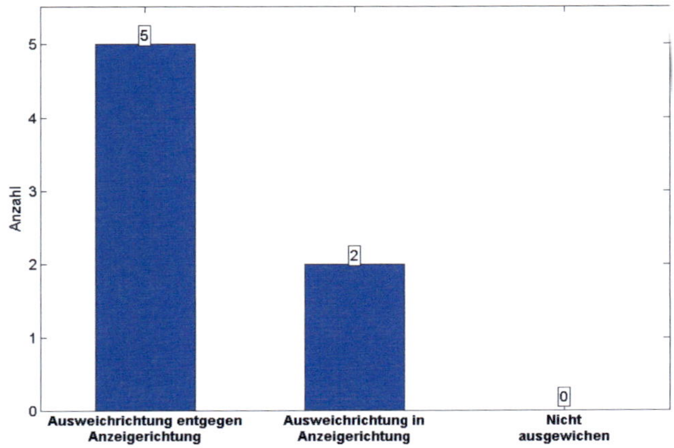

Abbildung 9.26: Ausweichrichtung bei Fehlauslösung der Ausweichanzeige

In die Auswertung fließen alle 7 Probanden ein. Es weichen 5 Probanden entgegen der Anzeigerichtung und 2 Probanden in Anzeigerichtung aus.

H_{IV1}: $\pi_{\text{Ausweichen entgegen Anzeigerichtung}} > \pi_{\text{Ausweichen in Anzeigerichtung}} > \pi_{\text{Kein Ausweichen}}$

E_{IV1}: $\pi_{\text{Ausweichen entgegen Anzeigerichtung}} > \pi_{\text{Ausweichen in Anzeigerichtung}}$

Die Ausgangshypothese kann tendenziell bestätigt werden, die Stichprobengröße ist jedoch gering.

2. Kollisionshäufigkeit (vgl. Hypothese H_{IV2}, Kapitel 7.3.3)

Abbildung 9.27 zeigt die Kollisionen bei Fehlauslösung der Ausweichanzeige für die Probanden der Gruppe BAA.

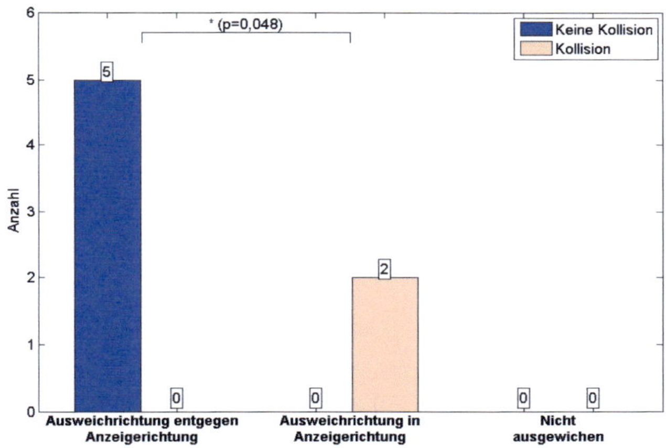

Abbildung 9.27: Kollisionen mit Ausweichanzeige bei Fehlauslösung

In die Auswertung fließen alle 7 Probanden ein. Die 2 Probanden, die in Anzeigerichtung ausweichen, kollidieren mit dem vorausfahrenden Fahrzeug (Hasenfahrzeug), das sich auf der mittleren Fahrspur befindet. Alle 5 Probanden, die entgegen der Anzeigerichtung ausweichen, bleiben kollisionsfrei. Es bestehen signifikante Unterschiede in den Kollisionshäufigkeiten auf 5%-Niveau zwischen der Gruppe der Probanden, die in Anzeigerichtung ausweichen und der Gruppe, die entgegen der Anzeigerichtung ausweichen ($p = 0,048 < 0,05$). Die Probanden, die in

Anzeigerichtung ausweichen, kollidieren signifikant häufiger als die Probanden, die entgegen der Anzeigerichtung ausweichen.

H_{IV2}: $\pi_{\text{Kollision bei Ausweichen in Anzeigerichtung}} >$ $\pi_{\text{Kollision bei Ausweichen entgegen Anzeigerichtung}} >$ $\pi_{\text{Kollision ohne Ausweichen}}$

E_{IV2}: $\pi_{\text{Kollision bei Ausweichen in Anzeigerichtung}} >$ $\pi_{\text{Kollision bei Ausweichen entgegen Anzeigerichtung}}$

Die Ausgangshypothese kann tendenziell bestätigt werden, die Stichprobengröße ist jedoch gering.

Ergebnisübersicht

Tabelle 9.6 zeigt die Ergebnisübersicht für die Untersuchung des Zielkonzepts Pfad+Dreieck bei Fehlauslösung.

Tabelle 9.6: Ergebnisübersicht für Fehlauslösung

Fehlauslösung		
Fragestellung		**Beobachteter Wert**
1. Ausweichrichtung	Entgegen Anzeigerichtung	5 von 7 (71%)
	In Anzeigerichtung	2 von 7 (29%)
2. Kollisionshäufigkeit	Ausweichrichtung in Anzeigerichtung	2 von 2 (100%)
	Ausweichrichtung entgegen Anzeigerichtung	0 von 5 (0%)

9.2.5 Fahrbegleitendes Interview

In diesem Kapitel werden die Ergebnisse des fahrbegleitenden Interviews (s. Kapitel 8.1.2 und Anhang A5) vorgestellt. Hierzu werden die Angaben der Probanden zur Brems-Ausweich-Assistenz (BAA) mit denen der Bremsassistenz (KGBA) und dem Fahren ohne System (KG) verglichen (s. Kapitel 7.3.4). Es wird für jeden der 56 Probanden lediglich die erste Manöverauslösung betrachtet. Dort sind die Ergebnisse am aussagekräftigsten, da noch kein Trainingseffekt berücksichtigt werden muss.

1. Beschreibung und Bewertung der kritischen Situation

   Die Entstehung der kritischen Situation wird von den meisten Probanden richtig erkannt (KG: 94%, KGBA: 88%, BAA: 83%) (Frage 1.1). Die Probanden wissen jedoch in aller Regel nicht, ob sich hinter oder neben ihnen auf den benachbarten Fahrspuren weitere Verkehrsteilnehmer in ihrer unmittelbaren Umgebung befinden (KG: 56%, KGBA: 38%, BAA: 67%) (Fragen 1.2 und 1.3). Fast alle Probanden geben an, von der kritischen Situation überrascht gewesen zu sein (KG: 81%, KGBA 100%, BAA: 100%) (Frage 1.4). Die drei Probanden in der KG, die angeben, nicht überrascht gewesen zu sein, lenken nicht und kollidieren. Die Bremsreaktionszeiten dieser drei Probanden (μ = 1,03 s, s = 0,23 s) ist nicht bedeutend schneller als die Bremsreaktionszeiten der restlichen Probanden in der KG (μ = 1,20 s, s = 0,21 s). Die Probanden schätzen in allen Gruppen die Einschersituation wegen der Bremsung des Einscherers weniger realistisch ein (KG und KGBA: 17%; BAA: 50%) als die Folgefahrt (KG: 50%; KGBA: 60%; BAA: 87%) (Frage 1.5). Dies wirkt sich auch in Form längerer Reaktionszeiten in der Einscherbedingung aus.

2. <u>Beschreibung und Bewertung der Anzeigen</u>

In Abbildung 9.28 sind die von den Probanden erkannten Kombinationen der Einzelkomponenten der Gesamtanzeige für die beiden Gruppen KGBA und BAA dargestellt (Frage 2.1).

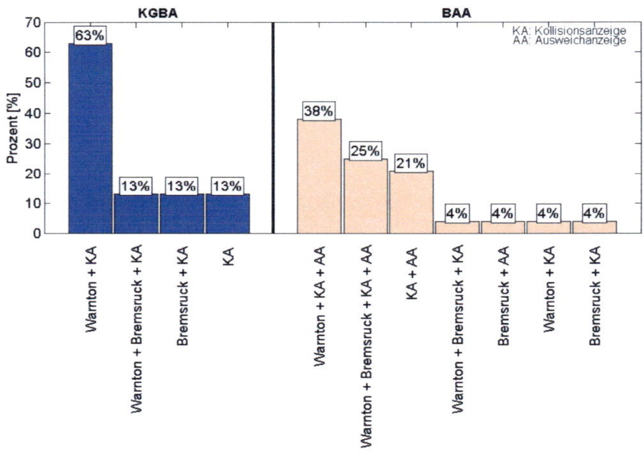

Abbildung 9.28: Erkannte Anzeigekomponente(n)

Typischerweise erkennen die Probanden eine Kombination aus mehreren einzelnen Anzeigekomponenten. Am häufigsten wird von den Probanden in der KGBA die Kombination aus Warnton und visueller Kollisionsanzeige (63%) und in der Gruppe BAA die Kombination aus Warnton sowie visueller Kollisions- und Ausweichanzeige (38%) wahrgenommen. Tabelle 9.7 zeigt die Verteilung der von den Probanden erkannten Einzelkomponenten.

Tabelle 9.7: Erkannte Einzelkomponenten

Anzeigekomponente	**Gruppe**	
	KGBA	**BAA**
Bremsruck	25%	38%
Warnton	75%	71%
Kollisionsanzeige (KA)	100%	96%
Ausweichanzeige (AA)	----	88%

Die Unterschiede bezüglich der Gruppen im Hinblick auf den Anteil der erkannten Einzelkomponenten sind eher gering. Die häufigste und sowohl in der KGBA als auch in der Gruppe BAA von fast allen Probanden wahrgenommene Einzelkomponente ist die visuelle Kollisionsanzeige. Auch die visuelle Ausweichanzeige wird von fast allen Probanden der Gruppe BAA erkannt. Der Bremsruck wird von eher wenigen Probanden (KGBA: 25%; BAA: 38%) wahrgenommen. Abbildung 9.29 zeigt die Verteilung der von den Probanden angegebenen dominanten Anzeigekomponente für die beiden Gruppen KGBA und BAA (Frage 2.2).

Der Warnton und die visuelle Kollisionsanzeige werden von beiden Gruppen als die dominanten Anzeigen gesehen. Während bei der KGBA die Kollisionsanzeige von 63% der Probanden als die dominanteste Anzeige angesehen wird, schätzen 58% der Probanden in der Gruppe BAA den Warnton als die dominanteste Anzeige ein. Insgesamt gibt die Mehrheit der Probanden an, von den Anzeigen erschrocken zu sein, in der Gruppe BAA jedoch weniger als in der KGBA (KGBA: 88%; BAA: 67%) (Frage 2.3). Die Probanden geben für beide Gruppen an, einerseits durch die unerwartet kritische Situation, ande-

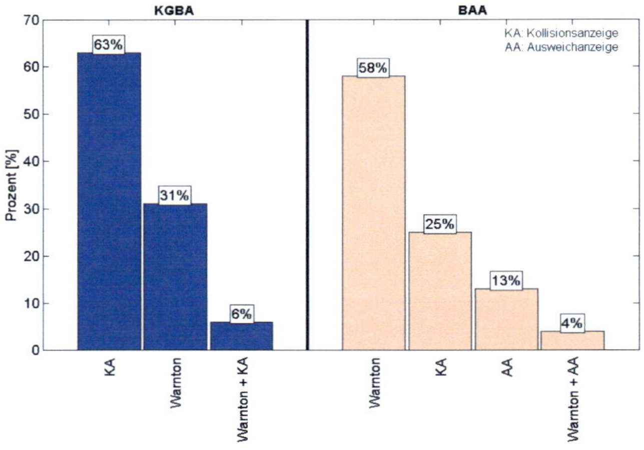

Abbildung 9.29: Dominanz Anzeigekomponente

rerseits durch den Warnton sowie die visuelle Kollisionsanzeige erschrocken zu sein. Beide Anzeigekomponenten werden auch als dominant angesehen (vgl. Abbildung 9.29). Die Mehrheit der Probanden in der KGBA (81%) und in der Gruppe BAA (71%) gibt an, mit den Anzeigen nicht überfordert zu sein (Frage 2.4). Die Probanden, die angaben, überfordert zu sein, haben etwas längere Brems- und Lenkreaktionszeiten als die Probanden, die angaben, nicht überfordert zu sein (Bremsung nicht überfordert: $\mu = 0{,}91$ s, $s = 0{,}25$ s; Bremsung überfordert: $\mu = 1{,}06$ s, $s = 0{,}35$ s; Lenkung nicht überfordert: $\mu = 1{,}95$ s, $s = 0{,}41$ s; Lenkung überfordert: $\mu = 2{,}15$ s, $s = 0{,}64$ s). Als Grund für die Überforderung nennen die Probanden zu komplexe Anzeigen sowie das plötzliche Auftreten der kritischen Situation. Es geben in der KGBA und der Gruppe BAA sowohl die Probanden, die nicht erschrocken sind als auch die Probanden, die erschrocken sind, mehrheitlich an, nicht durch die Anzeigen überfordert zu sein (KGBA: 81%; BAA: 71%). Für die Gruppe BAA kann gezeigt werden, dass die Erschrockenheit keinen Einfluss auf die Anzahl der Kollisionen hat. 71% der Probanden können unabhängig davon, ob sie erschrocken sind oder nicht, eine Kollision vermeiden. In der KGBA können 50% der unerschrockenen Probanden und 29% der erschrockenen Probanden eine Kollision vermeiden. Somit ist der Einfluss der Erschrockenheit auf die Kollisionen in der KGBA gering. Der Anteil der Kollisionen ist hingegen in beiden Gruppen höher, wenn die Probanden überfordert sind (Anteil der kollidierenden, wenn überfordert: KGBA: 100% und BAA: 43%; Anteil der kollidierenden, wenn nicht überfordert: KGBA: 62% und BAA: 24%).

In der KGBA äußern sich 50% der Probanden positiv zu den Anzeigen (Frage 2.5). Die visuelle Kollisionsanzeige wird von den Probanden als aufmerksamkeitssteigernd wahrgenommen, weil sie in roter Farbe deutlich sichtbar vor dem Gefahrenobjekt im zentralen Sichtfeld des Probanden angezeigt wird. In der Gruppe BAA äußern sich sogar 96% der Probanden positiv zu den Anzeigen. Neben den visuellen Anzeigen wird hier auch der Warnton aufmerksamkeitssteigernd von den Probanden wahrgenommen. Besonders auffällig wird von den Probanden die Ausweichanzeige beschrieben. Sie gäbe den Probanden eine konkrete Ausweichempfehlung und führe sie stabil durch das Manöver. In der KGBA äußern sich 50% der Probanden negativ zu den Anzeigen (Frage 2.6). Die Gesamtanzeige sei zu komplex, außerdem kämen die Anzeigen zu spät (Szenenauslegung lässt keine früheren Anzeigen zu). In der Gruppe BAA äußern sich 46% der Probanden negativ zu den Anzeigen. Bemängelt wird, dass die Aufmerksamkeit der Probanden zu sehr auf der visuellen Kollisionsanzeige läge, so dass die Ausweichanzeige nicht erkannt würde. Außerdem wäre der Warnton zu laut. Auch hier wird wie in der KGBA von den Probanden genannt, dass die Anzeigen zu spät kämen (Szenenauslegung lässt auch hier keine früheren Anzeigen zu). Sowohl für die KGBA als auch für die Gruppe BAA werden die Vorschläge (Frage 2.7) genannt, den Warnton leiser zu gestalten sowie die Anzeigen früher einzublenden. Für die KGBA wird zudem vorgeschlagen, die visuelle Kollisionsanzeige größer zu gestalten, obwohl sie von den Probanden am häufigsten erkannt wird (s. Tabelle 9.7). Aus den Angaben der Probanden zur Überforderung kann zudem der Verbesserungsvorschlag abgeleitet werden, die Gesamtanzeige weniger komplex zu gestalten. Der Komplexitätsgrad der Anzeigen ließe sich zum Beispiel durch Reduzierung der Anzeigekomponenten verringern.

3. <u>Bewertung der Verlässlichkeit der Anzeigen</u>

In der Gruppe BAA finden es anteilig mehr Probanden gefährlich, der Anzeige Folge zu leisten (58%) als in der KGBA (13%) (Frage 3.1). Die Probanden in der Gruppe BAA geben dafür verschiedene Gründe an. Sie wissen nicht, ob das System den umgebenden Verkehr berücksichtigt. Außerdem können die Probanden das Manöver nicht selbst absichern. Sie begründen dies einerseits durch die kurze Zeit, die die kritische Situation anhält, andererseits durch die Aufmerksamkeitsbindung der kritischen Situation sowie der Anzeigen. Die Probanden geben zudem an, dass sie nicht wissen, wie die Assistenz funktioniert und ob sie verlässlich ist. Für die Frage, ob die Probanden es gefährlich finden, der Anzeige Folge zu leisten, spielen die Kollisionen weder in der KGBA noch in der Gruppe BAA eine Rolle. In der KGBA vertrauen 69% der Probanden der Anzeige, in der

Gruppe BAA hingegen nur 52% (Frage 3.2). Die Probanden geben dafür verschiedene Gründe an. Sowohl in der KGBA als auch in der Gruppe BAA werden das fehlende Wissen über die fehlende Erfahrung sowie das fehlende Training mit dem System genannt. In der Gruppe BAA werden neben zu komplexen Anzeigen zudem Zweifel an der Zuverlässigkeit des Systems aufgeführt. Sowohl die Probanden, die kollidieren, als auch die Probanden, die nicht kollidieren, vertrauen den Anzeigen (KGBA: 69%; BAA: 52%). Sowohl in der KGBA als auch in der Gruppe BAA haben die Probanden, die das Befolgen der Anzeige für nicht gefährlich erachten, überwiegend auch Vertrauen in die jeweilige Anzeige (KGBA: 77% und BAA: 86%). Die Probanden, die es gefährlich finden, der Anzeige Folge zu leisten, geben mehrheitlich an, der Anzeige nicht zu vertrauen (KGBA: 100% (N =2) und BAA: 64%).

9.2.6 Akzeptanzfragebogen

In diesem Kapitel werden die Ergebnisse des Akzeptanzfragebogens (s. Kapitel 8.1.3 und Anhang A6) vorgestellt. Hierzu werden die Angaben der Probanden zur Brems-Ausweich-Assistenz (BAA) mit denen der Bremsassistenz (KGBA) verglichen (s. Kapitel 7.3.5). Es werden für jeden der 56 Probanden die ersten drei Manöverauslösungen betrachtet.

1. Eigenschaften und Nutzen

In Abbildung 9.30 ist die Attraktivität sowohl der Brems- (KGBA) als auch der Brems-Ausweich-Assistenz (Gruppe BAA) dargestellt (Frage 2.1). Es sind die Mittelwerte der Probandenangaben pro Gruppe für jedes einzelne Adjektivpaar veranschaulicht.

Der graue Bereich stellt die Attraktivität bisher eingeführter aktiver Sicherheitssysteme (zum Beispiel Lane Departure Warning oder lenkende Parkassistenz) dar. Der Bereich ergibt sich aus dem Mittelwert unter Berücksichtigung der Standardabweichung über alle betrachteten Systeme für jedes Adjektivpaar (Mittlerwert μ ± Standardabweichung s).

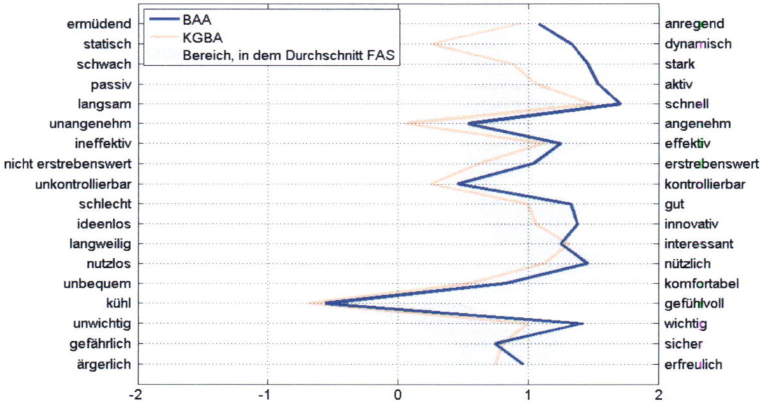

Abbildung 9.30: Attraktivität

Die Brems-Ausweich-Assistenz wird von den Probanden sehr gut bewertet. Die Bewertung liegt im Bereich der anderen Sicherheitssysteme, teilweise wird die Brems-Ausweich-Assistenz sogar besser bewertet. Dies ist der Fall für die sechs Adjektive anregend, dynamisch, stark, aktiv, schnell und wichtig. In 12 der 18 Fälle geben die Probanden eine Bewertung größer als Eins ab. Die Bremsassistenz wird von den Probanden gut bewertet. Die Bewertung liegt überwiegend im Bereich der anderen Sicherheitssysteme. Die Bremsassistenz schneidet im Vergleich zur Brems-Ausweich-Assistenz etwas schlechter ab. In fast allen Bereichen liegt die Bewertung niedriger, nur für die beiden Adjektive interessant und sicher werden die Systeme von den Probanden beider Gruppen gleich hoch bewertet.

Abbildung 9.31 zeigt die Einschätzung der Probanden zu den Eigenschaften der Brems- (KGBA) sowie der Brems-Ausweich-Assistenz (Gruppe BAA) (Frage 2.2). Die Eigenschaften sind unter den Begriffen Sicherheit, Image, Vertrauen, Fahrspaß, Effektivität und Komfort zusammengefasst (s. Anhang A6.2). Es sind die Mittelwerte dargestellt.

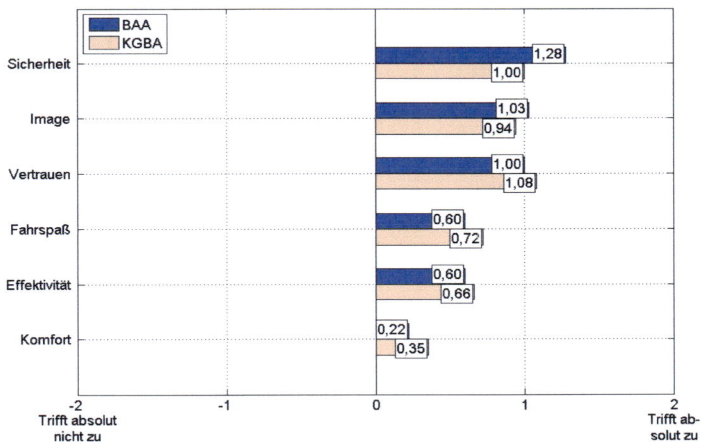

Abbildung 9.31: Eigenschaften

Die Brems-Ausweich-Assistenz wird von den Probanden recht positiv bewertet, davon drei Bereiche mit Eins oder drüber. Dies sind Sicherheit, Image und Vertrauen. Damit werden zwei wichtige Eigenschaften eines prädiktiven Sicherheitssystems, Sicherheit und Vertrauen, von den Probanden hoch bewertet. Im Bereich Sicherheit geben die Probanden auf Ebene der nicht zusammengefassten Fragen an, dass die Brems-Ausweich-Assistenz sie dabei unterstützt, Gefahren im Straßenverkehr rechtzeitig zu erkennen (Mittelwert μ = 1,58) und dazu beiträgt, das Unfallrisiko zu senken (Mittelwert μ = 1,54). Der Komfort wird von den Probanden eher niedrig bewertet. Die Probanden bewerten die Bremsassistenz sowohl im Hinblick auf die Rangfolge der Eigenschaften als auch auf deren Ausprägung ähnlich der Brems-Ausweich-Assistenz. Es werden auch hier wieder vor allem Vertrauen und Sicherheit als zentrale Eigenschaften der Assistenz angesehen. Sie erhalten jeweils eine Bewertung von über Eins. Es ergeben sich jedoch leichte Unterschiede, wenn die Werte auf Ebene der nicht zusammengefassten Fragen betrachtet werden. Bei der Sicherheit wird sowohl die Möglichkeit, Gefahren im Straßenverkehr rechtzeitig zu erkennen (Mittelwert μ = 1,19 s) als auch der Beitrag der Assistenz zur Senkung des Unfallrisikos (Mittelwert μ = 1,06 s) etwas geringer als mit Brems-Ausweich-Assistenz angesehen.

Abbildung 9.32 zeigt die Einschätzung der Probanden zum Nutzen von Brems- (KGBA) und Brems-Ausweich-Assistenz (Gruppe BAA) (Frage 2.3). Dargestellt sind die Mittelwerte.

Die Brems-Ausweich-Assistenz erhält von den Probanden hohe Bewertungen in den drei Bereichen Unfallvermeidung, hohe Kosten und Sicherheit, davon sind die beiden Bereiche Unfallvermeidung und hohe Kosten mit mehr als Eins bewertet. Die Probanden erwarten eher nicht, von den Anzeigen erschreckt zu werden, am ehesten aber noch vom Warnton. Die Probanden

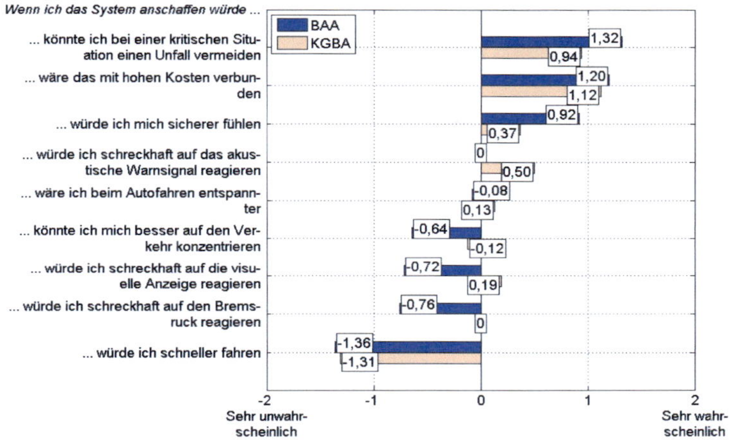

Abbildung 9.32: Nutzen

äußern zudem, dass die Brems-Ausweich-Assistenz nicht zu einer schnelleren Fahrweise führt. Auch für die Bremsassistenz zeigt sich, dass die Probanden mit der reinen Kollisionsanzeige einen erhöhten Nutzen für die Fahrsicherheit sehen, allerdings wird der Nutzen etwas geringer eingeschätzt als der Nutzen der Brems-Ausweich-Assistenz. Gleichzeitig werden aber ähnlich hohe Kosten wie bei der Brems-Ausweich-Assistenz erwartet. Am ehesten rechnen die Probanden wieder mit einer Schreckreaktion auf den Warnton. Außerdem äußerten die Probanden wie bereits bei der Brems-Ausweich-Assistenz, dass auch hier die Bremsassistenz zu keiner schnelleren Fahrweise führt.

2. <u>Subjektive Norm</u>

Abbildung 9.33 zeigt die Bewertung der Probanden bei der Betrachtung der Brems- (KGBA) sowie der Brems-Ausweich-

Assistenz (Gruppe BAA) im sozialen Kontext (Frage 2.4). Es wird die Erwartung der Probanden bezüglich der Einstellung Dritter zu den Assistenzen in Mittelwerten dargestellt. Die Eigenschaften sind unter wahrgenommene Meinung nahestehender Personen (Personen, die mir wichtig sind) zum System und wahrgenommene Meinung relevanter anderer Personen zum System zusammengefasst (s. Anhang A6.2).

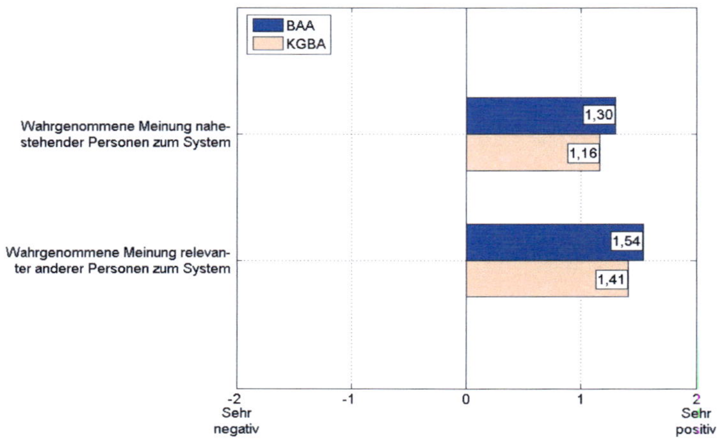

Abbildung 9.33: Subjektive Norm

Die zusammengefassten, in Abbildung 9.33 dargestellten Mittelwerte sowie die ihnen zugrundeliegenden Einzelwerte liegen sowohl für die Brems- als auch für die Brems-Ausweich-Assistenz alle über Eins. Somit wurden die Systeme von den Probanden sehr positiv im Kontext der subjektiven Norm bewertet. Die Probanden erwarten, dass sowohl nahestehende Personen als auch andere Personen den Assistenzen positiv gegenüberstehen würden.

3. Marktpotenzial

Abbildung 9.34 zeigt die Wichtigkeit verschiedener Fahrerassistenzsysteme für die Probanden (Frage 2.6). Dargestellt sind für die KGBA und die Gruppe BAA die Mittelwerte der Rangplätze. Ein niedriger Rang stellt dabei ein wichtiges System dar, ein hoher Rang ein unwichtiges System.

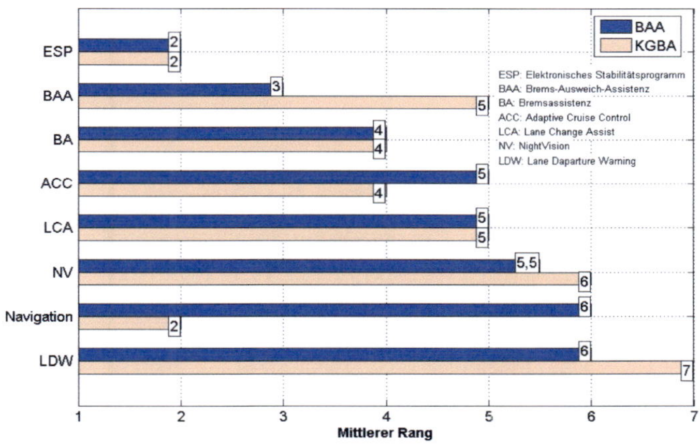

Abbildung 9.34: Vergleich der Fahrerassistenzsysteme

Die Probanden, die mit der Brems-Ausweich-Assistenz fahren, schätzen die Sicherheitssysteme überwiegend wichtiger als die Komfortsysteme ein. Die Probanden geben an, dass es ihnen wichtig ist, die Brems-Ausweich-Assistenz im Fahrzeug zu haben. Lediglich ESP wird als noch wichtiger angesehen. Auch die Bremsassistenz wird von den Probanden als wichtig erachtet, allerdings etwas weniger wichtig als die Brems-Ausweich-Assistenz. Die mittlerweile weit verbreiteten Navigationssysteme sowie das LDW werden von den Probanden als am wenigsten wichtig gewertet. Bei den Probanden, die mit der Bremsassistenz fahren, zeigt sich keine Präferenz bezüglich der Sicherheitssysteme gegenüber den Komfortsystemen. Die Probanden geben an, dass es ihnen am wichtigsten ist, ESP und Navigation im Fahrzeug zu haben. Während die Bremsassistenz sowohl von den Probanden der KGBA als auch von den Probanden der Gruppe BAA als gleich wichtig eingeschätzt wird, landet die Brems-Ausweich-Assistenz in der KGBA auf dem hinteren Rangplatz 5 (vgl. Gruppe BAA: Rangplatz 3).

Abbildung 9.35 zeigt den Besitzwunsch der Probanden in der KGBA für die Brems- und in der Gruppe BAA für die Brems-Ausweich-Assistenz (Frage 2.5). Dargestellt sind die Mittelwerte.

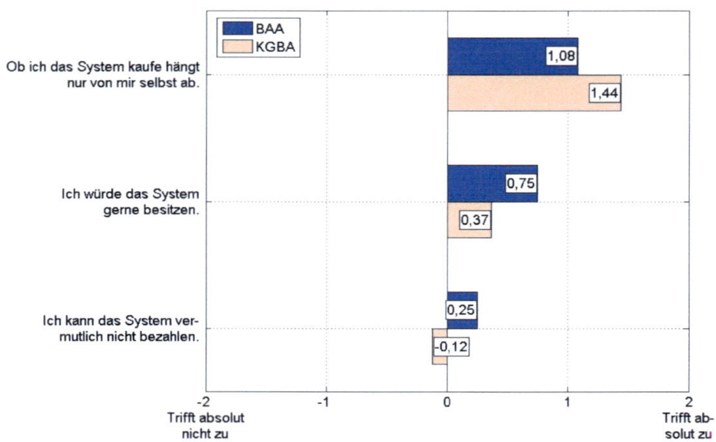

Abbildung 9.35: Besitzwunsch

Die Probanden geben an, die Brems-Ausweich-Assistenz eher gern besitzen zu wollen. Der Besitzwunsch in der Gruppe BAA ist höher ausgeprägt als in der Gruppe KGBA. Die Probanden sind sich in beiden Gruppen unsicher, ob sie das jeweilige System bezahlen können, allerdings erwarten die Probanden in der Gruppe BAA noch eher, die Brems-Ausweich-Assistenz nicht bezahlen zu können. Die Probanden geben an, dass überwiegend sie allein die Entscheidung zum Kauf der jeweiligen Assistenz treffen würden (Werte größer Eins), bei der Bremsassistenz etwas mehr als bei der Brems-Ausweich-Assistenz.

Zur Bestimmung der wichtigsten Einflussfaktoren auf den Besitzwunsch der Probanden in der Gruppe BAA für die Brems-Ausweich-Assistenz wird eine multiple Regressionsanalyse (s. Kapitel 8.6.1) unter Betrachtung aller im Akzeptanzfragebogen erhobenen Variablen durchgeführt. Im Ergebnis klären die Prädiktoren Systemvertrauen und Sicherheitsempfinden zusammen 66% der Varianz des Besitzwunsches auf. Es zeigt sich, dass die beiden Prädiktoren einen signifikanten Beitrag zur Vorhersage des Besitzwunsches leisten (Systemvertrauen: $p = 0{,}006 < 0{,}01$; Sicherheitsempfinden: $p = 0{,}02 < 0{,}05$). Diese beiden Prädiktoren können von allen untersuchten Prädiktoren am besten den Besitzwunsch vorhersagen: Je höher das Systemvertrauen beziehungsweise das Sicherheitsempfinden, desto höher ist auch der Besitzwunsch.

Tabelle 9.8 zeigt die Kaufbereitschaft der Probanden für die Brems- und die Brems-Ausweich-Assistenz (Frage 2.7). Dargestellt sind die Mittelwerte.

Tabelle 9.8: Kaufbereitschaft

Würde ich kaufen.			
Assistenz	**Gruppe**		
	KG	**KGBA**	**BAA**
Bremsassistenz	50%	47%	63%
Brems-Ausweich-Assistenz	56%	47%	75%

Die überwiegende Mehrheit der Probanden, die mit Brems-Ausweich-Assistenz (Gruppe BAA) gefahren sind, würde die Brems-Ausweich-Assistenz auch kaufen (75%). Die Mehrheit der Probanden dieser Gruppe würde auch die Bremsassistenz kaufen (63%). Demgegenüber würde nur etwa die Hälfte der Probanden in den Kontrollgruppen die Bremsassistenz (KG: 50%; KGBA: 47%) und die Brems-Ausweich-Assistenz (KG: 56%; KGBA: 47%) kaufen.

Abbildung 9.36 zeigt die Zahlungsbereitschaft der Probanden für die Brems-Ausweich-Assistenz (Frage 2.8). Es liegen der Auswertung die Mittelwerte der Probanden zugrunde, die mit Brems-Ausweich-Assistenz gefahren sind (Gruppe BAA). Die Ableitung der Zahlungsbereitschaft ist [Wes76] entnommen.

Aus den Angaben der Probanden lässt sich eine empfohlene Preisspanne für die Brems-Ausweich-Assistenz zwischen 500 Euro und 975 Euro ableiten. Das optimale Preisniveau liegt bei 750 Euro, allerdings geben nur 15% der Probanden diesen Preis als optimal an. Der von den Probanden geschätzte Realpreis von 1.250 Euro für die Brems-Ausweich-Assistenz ist deutlich höher als die empfohlene Preisspanne. Gleichzeitig ist der

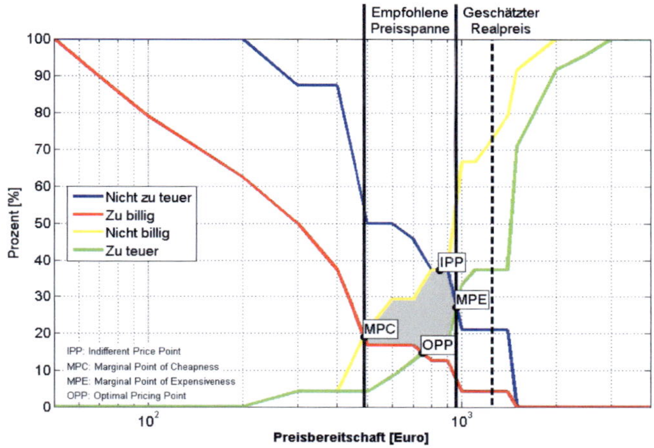

Abbildung 9.36: Zahlungsbereitschaft für Brems-Ausweich-Assistenz

geschätzte Realpreis allerdings auch deutlich niedriger als der veranschlagte Verkaufspreis für Endkunden nach der Serieneinführung von circa 2.500 Euro (Preis abhängig von der Implementierung der einzelnen Automobilhersteller).

10. Diskussion der Probandenstudie

In Kapitel 10 werden die in Kapitel 9 erarbeiteten Ergebnisse der Probandenstudie für das Zielkonzept Pfad+Dreieck diskutiert. Anschließend werden die Ergebnisse der Probandenstudie in Kernaussagen zusammengefasst.

10.1 Diskussion des Zielkonzepts

Dieses Kapitel beinhaltet die Interpretation des Fahrverhaltens bei der ersten Manöverauslösung, bei der wiederholten Manöverauslösung sowie bei der Fehlauslösung der Ausweichanzeige. Außerdem werden die Ergebnisse des fahrbegleitenden Interviews sowie des Akzeptanzfragebogens diskutiert.

10.1.1 Fahrverhalten bei der ersten Manöverauslösung

Entgegen der Erwartung bremsen alle Probanden in allen drei Gruppen. Dieses Fahrverhalten kann auch in anderen Fahrsimulatorstudien nachgewiesen werden (z. B. [Per01]). Es kann unter anderem darauf zurückgeführt werden, dass im Fahrsimulator mit keinen Unfallfolgen gerechnet werden muss, wodurch sich die Probanden mehr hinsichtlich Bremshäufigkeit und Bremsstärke zutrauen als in der Realität. Außerdem haben die visuellen Szenen in Fahrsimulatoren andere Eigenschaften als auf der Straße. Dies trifft vor allem auf das periphere Sehen, die binokuläre Entfernungswahrnehmung sowie die künstliche versus die natürliche Szene zu [Kie06]. Auch dies kann zu häufigeren Bremsmanövern führen. Hinzu kommt, dass in der vorliegenden Studie die Kritikalität der Situationen von den Probanden schnell wahrgenommen wird, da sie nicht visuell abgelenkt sind (vgl. Auslösekriterien in Anhang A2).

Die Probanden der Gruppe BAA haben die kürzesten Bremsreaktionszeiten (μ = 0,93 s, s = 0,27 s). Die Anzeigen ermöglichen ein frühes Erkennen der Kritikalität der Situation und bieten eine klare Aufforderung zum Bremsen. Mit reiner Kollisionsanzeige (KGBA) bremsen die Probanden genauso früh wie mit dem komplexeren Anzeigekonzept Pfad+Dreieck (Gruppe BAA). Trotz mehrerer gleichzeitig eingeblendeter Anzeigen sind in der Gruppe BAA die visuellen Anzeigen von der Größe sowie der Farbgebung so gestaltet, dass die Aufforderung zum Bremsen unmittelbar verständlich ist und die erhöhte Komplexität der Anzeige zu keiner längeren Verarbeitungszeit und damit zu keiner längeren Bremsreaktionszeit führt. Die Probanden in der KG zeigen wie erwartet die längsten Bremsreaktionszeiten, da die Kritikalität der Situation ohne Anzeige erst spät erkannt wird. Entgegen der Erwartung ist jedoch die Bremsreaktionszeit in der Einschersituation höher als bei der Folgefahrt. Die Ergebnisse von [Sch06], die besagen, dass die Reaktionszeiten sinken, sobald sich die Handlungsoptionen verringern, konnten somit nicht bestätigt werden. Zwar kann im Gegensatz zur Folgefahrt bei der Einschersituation nur noch nach links unfallfrei ausgewichen werden. In diesem Fall scheinen jedoch der Verlauf der kritischen Situation sowie die Wahrnehmung des Probanden ausschlaggebend zu sein. Die Auffahrsituation mit dem reinen Abbremsen des Hindernisfahrzeugs scheint ein Abbremsen als Reaktion nahe zu legen, wohingegen das aus einer Kombination aus Querbewegung und Abbremsen bestehende Einschermanöver beide Handlungen nahelegt. Damit könnten in der Einschersituation vom Proband mehr Handlungsoptionen als bei der Folgefahrt gesehen werden, was sich in einer langsameren Reaktion widerspiegelt. Eine detaillierte

Beschreibung der Szene steht jedoch in [Sch06] zum Vergleich nicht zur Verfügung. Außerdem erwarten die Probanden bei der Einschersituation nicht, dass das einscherende Fahrzeug stark bremsen wird und die Situation somit plötzlich extrem kritisch wird. Die Bremsreaktionszeit kann in die Bremsgrundreaktionszeit und die Umsetzzeit unterteilt werden (s. Kapitel 2.1). In der Einschersituation ist die Bremsgrundreaktionszeit generell hoch, da die Probanden den Bremsvorgang des einscherenden Fahrzeugs nicht erwarten (s. Kapitel 10.1.4). Die Probanden rechnen eher mit einem ungebremsten Überholvorgang des einscherenden Fahrzeugs auf die Fahrspur des Ego-Fahrzeugs. Da für alle drei Gruppen KG, KGBA und BAA bei der Einschersituation die Bremsgrundreaktionszeit gleich hoch ist, haben die Anzeigen in dieser Fahrbedingung keinen Mehrgewinn bezüglich des Gasloslassens. Den Umsetzzeiten des Einscherers kann jedoch entnommen werden, dass die Anzeigen bewirken, dass die zunächst unterschätzte Kritikalität der Situation nach der Bremsgrundreaktionszeit richtig eingeschätzt und daraufhin schnell gebremst wird. In einer Folgefahrt ist eher mit einem überraschenden und starken Bremsmanöver des Vorderfahrzeugs zu rechnen als in der Einschersituation. Da die Anzeigen dort offensichtlich zu einer unmittelbar richtigen Einschätzung der Kritikalität führen ist die Bremsgrundreaktionszeit kürzer als in der KG. Dort benötigen die Probanden mehr Zeit zum Erkennen des Bremsmanövers des vorausfahrenden Fahrzeugs (Hasenfahrzeug) als mit der Anzeige. Die generell niedrigen Umsetzzeiten verdeutlichen, dass den Probanden nach der Bremsgrundreaktionszeit in allen drei Gruppen unmittelbar klar ist, dass als nächste Handlung gebremst wird. Die Anzeigen haben diesbezüglich keinen zusätzlichen Nutzen.

Besonderes Augenmerk liegt im Rahmen dieser Studie auf dem Lenkverhalten der Probanden. Die Probanden lenken mit dem Anzeigekonzept Pfad+Dreick nicht nur am häufigsten (79%), sondern besitzen auch die niedrigste initiale Lenkreaktionszeit (μ = 1,81 s, s = 0,40 s). Die Ausweichanzeige fordert einerseits direkt zum Lenken auf, andererseits ist sie unmittelbar verständlich und bietet eine konkrete Ausweichlösung an, beginnend bei der Initialreaktion bis hin zum kollisionsfreien Zielzustand auf der Nachbarspur. Mit der reinen Kollisionsanzeige (KGBA) lenken mehr Probanden als ohne die Anzeigen (KG), aber weniger als in der Gruppe BAA. In der KGBA erfolgt eine Kollisionsanzeige, die zwar primär das Bremsen initiiert, bei einigen Probanden aber durch die Kollisionsanzeige das letztmögliche Lenken verstärkt, sobald die Probanden erkennen, dass das Bremsen allein zur Kollisionsvermeidung nicht mehr ausreicht. Entgegen der Erwartung unterscheiden sich die Lenkreaktionszeiten der beiden Kontrollgruppen nicht. Die Probanden in der KGBA lenken später als erwartet und gleichen sich den späten Lenkreaktionen der KG an. Die Anzeigen in den Gruppen KGBA und BAA bewirken, dass die Probanden in den Fahrbedingungen gleich verteilt lenken. Die Probanden in der KG hingegen lenken anteilig häufiger in der Einschersituation als bei der Folgefahrt. Dies wird darauf zurückgeführt, dass in der KG keine Anzeigen (insbesondere keine Ausweichanzeige) eingeblendet werden. Somit initiiert die Eigenbewegung des Einscherers die häufigeren Lenkmanöver in Bewegungsrichtung des Einscherers [Fle88]. Entgegen der Erwartung ist wie bei der Bremsreaktionszeit die Lenkreaktionszeit bei der Einschersituation höher als in der Folgefahrt. Die Ergebnisse von [Sch06] konnten somit auch hier nicht bestätigt werden. Dies könnte dadurch begründet sein, dass die Einschersituation komplexer ist und die Probanden daher mehr Zeit zur Entscheidungsfindung benötigen als bei der Folgefahrt. Außerdem erwarten die Probanden auch hier in der Einschersituation nicht, dass das einscherende Fahrzeug stark bremsen wird (s. Kapitel 10.1.4).

In der Folgefahrt bestehen gleichberechtigte Ausweichmöglichkeiten nach links und nach rechts. Da in den Kontrollgruppen (KG und KGBA) keine Ausweichanzeige eingeblendet wird und ungefähr gleich viele Probanden nach links wie nach rechts ausweichen, besteht bei der Wahlfreiheit der Ausweichrichtung keine bevorzugte Ausweichrichtung (vgl. [Kie99]). Die Ausweichrichtung der Probanden in der Gruppe BAA entspricht bis auf einen Probanden immer der Anzeigerichtung. Die von den Probanden umgesetzte Ausweichrichtung kann somit durch die Ausweichanzeige geleitet werden. Dies ist durch die deutlich angezeigte Ausweichrichtung sowie den angezeigten, kollisionsfrei erreichbaren Zielzustand begründet. Außerdem wird deutlich, dass der Proband in einer kritischen Situation auf eine nicht intensiv gelernte Handlungsoption hingewiesen werden muss, die dann auch von ihm bevorzugt aufgegriffen wird. Dies spiegelt wieder, dass die Probanden Vertrauen in die Ausweichassistenz haben (s. Kapitel 10.1.4). Der kanalisierende Charakter der Ausweichanzeige wird besonders deutlich in der Fahrbedingung Folgefahrt, bei der die möglichen Ausweichrichtungen nach links und rechts bezüglich der Freifläche und der Verkehrslage zwar gleichberechtigt sind, die Probanden aber der Anzeigerichtung folgen. Der eine Proband, der entgegen der Ausweichanzeige ausweicht, gibt an, dass die Fahrspur, auf die die Ausweichanzeige gezeigt hat, durch ein Fahrzeug in einiger Entfernung belegt gewesen sei.

Mit dem Anzeigekonzept Pfad+Dreick werden auch am häufigsten kombinierte Brems-Ausweich-Manöver durchgeführt (79%). Mit den visuellen Anzeigen wird sowohl durch die Kollisionsanzeige indirekt das Bremsen als auch durch die Ausweichanzeige direkt das Lenken adressiert. In der KGBA kann durch die visuelle Kollisionsanzeige darüber hinaus auch der Anteil ausweichender Probanden durch den warnenden Charakter der Anzeige erhöht werden. Ohne Anzeige (KG) ist der Anteil derer, die sowohl bremsen als auch lenken am geringsten. Die Kollisionsanzeige in der KGBA bewirkt primär ein reines Bremsmanöver, aber zusätzlich zum Bremsen auch einige Lenkmanöver. Alle Probanden, die sowohl bremsen als auch lenken, führen zunächst ein Bremsmanöver durch. Durch das Bremsmanöver wird die Kritikalität der Situation verringert. Einerseits können mögliche Unfallfolgen gemindert werden, andererseits wird dadurch nicht nur ein Ausweichmanöver sicherer, sondern auch die Hemmschwelle der Probanden auszuweichen sinkt. Dies kann durch den direkten Vergleich mit der Kontrollgruppe KG belegt werden kann.

Bei Betrachtung der Kollisionen macht sich wieder vor allem der Einfluss der Lenkhäufigkeit sowie der Lenkreaktionszeit bemerkbar. Die kritische Situation ist so ausgelegt, dass ein Durchschnittsfahrer eine Kollision nur durch ein frühzeitiges Ausweichmanöver vermeiden kann (vgl. Kapitel 8.4). Vor allem die Probanden, die früh lenken (ca. $t = 2$ s) aber auch früh bremsen (ca. $t = 1$ s), können eine Kollision vermeiden. Die Lenkreaktionszeiten sind höher als die Bremsreaktionszeiten. Anteilig bleiben die Probanden in der Gruppe BAA am häufigsten kollisionsfrei (71%). Dies ist dadurch begründet, dass viele Probanden in der kritischen Situation lenken und außerdem die Lenkung früh erfolgt. In der KGBA lenken auch relativ viele Probanden, aber die Lenkreaktion erfolgt oft spät. In der KGBA können zwar mehr Probanden als in der KG eine Kollision vermeiden, aber deutlich weniger als in der Gruppe BAA. Die Kritikalität der Situation wird in der Einschersituation von den Probanden der Gruppe KGBA und BAA unterschätzt. Die Probanden lenken zwar genauso häufig in der Einschersituation wie in der Folgefahrt, aber die Probanden lenken in der Einschersituation oft zu spät und schaffen es daher seltener, eine Kollision zu vermeiden als in der Folgefahrt, in der früher gebremst und gelenkt wird.

Auch bei der nachgelagerten Fragestellung Stabilisierungsbedarf schneidet die Gruppe BAA tendenziell am besten ab. Das Fahrzeug keiner der Probanden, die mit diesem Anzeigekonzept ausweichen und kollisionsfrei bleiben, muss stabilisiert werden. Hier wird ein Vorzug der Ausweichanzeige Pfad besonders deutlich. Die Probanden erhalten zu jedem Zeitpunkt des Ausweichmanövers eine konkrete Handlungsempfehlung bezüglich des weiteren Ausweichweges und können stabil entlang der vorgeschlagenen Trajektorie ausweichen. Bei den Kontrollgruppen ist die Grundgesamtheit der kollisionsfrei ausweichenden Probanden zu gering, so dass keine sicheren Aussagen bezüglich des Stabilisierungsbedarfs getroffen werden können.

Nach Analyse des Fahrverhaltens unabhängig der Gruppenzugehörigkeit lassen sich vier Cluster ähnlichen Fahrverhaltens identifizieren. Alle Probanden, die nicht lenken, mit einer Ausnahme, kollidieren auch. Die Probanden, die lenken und trotzdem kollidieren, haben auch die längsten Brems- und Lenkreaktionszeiten und sind überwiegend den beiden Kontrollgruppen zugeordnet. Die Probanden, die durch ein frühzeitiges Lenkmanöver (und frühzeitiges Bremsmanöver) eine Kollision vermeiden können, sind fast alle mit Anzeigen (Kollisions- oder Kollisions- und Ausweichanzeige) gefahren. Die Hälfte dieser Probanden, die mit Anzeige lenken und kollisionsfrei ausweichen, lenken besonders früh. Zusätzlich blinken diese Probanden noch, um ihr Ausweichmanöver gegenüber anderen Verkehrsteilnehmern abzusichern. Durch die Blinkerbetätigung zeigen diese Probanden, dass sie trotz der Beanspruchung in der kritischen Situation mit Hilfe der Brems-Ausweich-Assistenz noch überlegt reagieren können.

Bewertung der Anzeigekonzepts Pfad+Dreieck

Abschließend werden die drei Gruppen KG, KGBA und BAA pro Fragestellung miteinander verglichen und bewertet (s. Tabelle 9.4). In die Bewertung fließen wieder die beobachteten Werte sowie die Anzahl der Probanden, bei denen das jeweilige Verhalten zu beobachten ist, ein. Das Fahrverhalten ist mit dem Anzeigekonzept Pfad+Dreieck immer besser oder mindestens genau so gut wie in den beiden Kontrollgruppen. Die Probanden lenken häufig und die zugehörigen Lenkreaktionszeiten sind gering. Die Lenkaktivitäten gehen nicht zu Lasten des Bremsmanövers. Die Ausweichrichtung kann durch die Anzeige vorgegeben werden und die Anzahl der Kollisionen ist gering. Somit belegt die Gruppe BAA mit visueller Kollisions- und Ausweichanzeige den 1. Platz. Den 2. Platz belegt die KGBA mit reiner Kollisionsanzeige. Die Spaltensumme für den 2. Platz ist mehr als doppelt so hoch wie die des 1. Platzes. Den 3. Platz belegt die Gruppe ohne Anzeigen (KG). Die Rangsumme für den 3. Platz ist fast dreifach so hoch wie die des 1. Platzes.

10.1.2 Fahrverhalten bei wiederholter Manöverauslösung

Fast alle Probanden in allen drei Gruppen bremsen in allen drei Fahrten. Der Anteil der Bremser nimmt ab der 2. Fahrt vor allem in der Gruppe BAA sogar leicht ab. Den Probanden, die in der 2. und 3. Fahrt nicht bremsen, ist es aber dennoch möglich, Kollisionen durch Lenken zu vermeiden. Dies zeigt, dass einige Probanden ihre Kollisionsvermeidungsstrategien über die Fahrten hinweg optimieren. Sie halten nicht mehr das Bremsen zur Kollisionsvermeidung für notwendig, sondern wählen das Lenken als die andere erfolgreiche Strategie zur Kollisionsvermeidung. Darüber könnten die Probanden mit dem Ausweichmanöver in dieser konkreten Situation einen Komfortgewinn im Vergleich zu einem reinen Bremsmanöver verbinden. Einen das Ausweichmanöver begünstigenden Effekt stellen außerdem die steigende Erwartung auf eine ähnliche Situation in der wiederholten Messfahrt sowie der Trainingseffekt dar.

Die mittleren Bremsreaktionszeiten verringern sich in allen drei Gruppen von der 1. bis zur 3. Fahrt um insgesamt etwa 170 ms durch die höhere Erwartung der kritischen Situation ab der 2. Fahrt [Gre00]. Die Probanden der KG zeigen in allen drei Fahrten die höchsten Bremsreaktionszeiten, da Anzeigen fehlen und die Kritikalität der Situation erst spät wahrgenommen wird. Die Probanden in der Gruppe BAA bremsen in allen drei Fahrten mindestens genauso früh wie die Probanden in der KGBA. Die komplexe Anzeige in der Gruppe BAA führt zu keiner längeren Verarbeitungszeit und damit zu keiner längeren Bremsreaktionszeit.

Der Anteil der lenkenden Probanden nimmt in allen drei Gruppen im Verlauf der drei Fahrten stark zu, so dass ab der 2. Fahrt fast alle Probanden in allen drei Gruppen lenken. Es wird im Gegensatz zu den vorherigen Fahrten ein Ausweichmanöver als unfallvermeidende Strategie umgesetzt, in denen die Probanden typischerweise nicht lenkten und deshalb kollidierten. Die größten Trainingseffekte lassen sich in allen Gruppen von 1. zu 2. Fahrt beobachten. Es zeigt sich, dass in der KGBA etwas weniger Probanden in der 2. und 3. Fahrt lenken als in den Gruppen KG und BAA. Die reine Kollisionsanzeige in der KGBA bewirkt, dass einige Probanden eher am reinen Bremsmanöver festhalten und nicht die Alternative des Ausweichens in Betracht ziehen.

Die mittleren Lenkreaktionszeiten verringern sich in allen drei Gruppen von der 1. bis zur 3. Fahrt um insgesamt etwa 650 ms. Dies ist wieder wie bei den Bremsreaktionszeiten durch die höhere Erwartung der kritischen Situation ab der 2. Fahrt bedingt [Gre00]. Die größten Trainingseffekte lassen sich von der 1. zur 2. Fahrt beobachten. Es zeigt sich auch hier, dass die Probanden ab der 2. Fahrt verbesserte Ausweichstrategien zur Kollisionsvermeidung zeigen, indem sie nicht nur häufiger, sondern auch früher lenken. Die Ausweichanzeige in der Gruppe BAA bewirkt nicht nur in der 1. Fahrt, sondern auch in den folgenden Fahrten niedrigere Lenkreaktionszeiten als in den beiden Kontrollgruppen.

Die überwiegende Mehrheit der lenkenden Probanden in Gruppe BAA weicht in Anzeigerichtung aus. Der Anteil ist mit zunehmenden Fahrten leicht sinkend, das Minimum von 79% liegt bei der 3. Fahrt. Zeigt die Ausweichanzeige nach links, weichen die Probanden immer in Anzeigerichtung aus. Zeigt die Anzeigerichtung nach rechts, weichen die Probanden mit zunehmender Anzahl an Fahrten teilweise auch entgegen der Anzeigerichtung, also nach links, aus. Es kann gezeigt werden, dass die Ausweichrichtung von der Ausweichrichtung in den vorherigen Fahrten abhängt. Sind die Probanden bei einer vorherigen Fahrt der Ausweichanzeige gefolgt und nach links ausgewichen, so behalten sie dieses geübte Ausweichverhalten tendenziell auch bei einer späteren Fahrt mit Ausweichanzeige nach rechts bei. Weichen die Probanden hingegen in Anzeigerichtung nach rechts aus, folgen sie in den folgenden Fahrten der Ausweichrichtung und weichen dennoch immer nach links aus.

Mit zunehmender Anzahl an Fahrten können immer mehr Probanden in allen Gruppen Kollisionen vermeiden. Bei der 3. Fahrt sind dies fast 100%. Dies kann durch die über die Fahrten verbesserten Unfallvermeidungsstrategien der Probanden begründet werden, die sich vorwiegend in zunehmenden Lenkmanövern sowie kürzer werdenden Lenkreaktionszeiten zeigen. In der Gruppe BAA können im Gegensatz zu den beiden Kontrollgruppen bereits ab der 2. Fahrt fast alle Probanden Kollisionen vermeiden. Sobald die Probanden in einer vorherigen Fahrt kollisionsfrei geblieben sind, bleiben die meisten auch in den folgenden Fahrten kollisionsfrei. Ein erfolgreich erlebtes Manöver bestärkt somit die Probanden dieses Verhalten erneut zu zeigen.

10.1.3 Fahrverhalten bei Fehlauslösung der Ausweichanzeige

Die Mehrheit der Probanden erkennt die Fehlauslösung richtig, weicht entgegen der Anzeigerichtung aus und bleibt dabei kollisionsfrei. Die Probanden, die nach links in Anzeigerichtung lenken, bleiben auf der mittleren Fahrspur und kollidieren dort mit dem vorausfahrenden Fahrzeug (Hasenfahrzeug). Somit haben auch die Probanden, die nach links in Anzeigerichtung lenken, die Fehlauslösung richtig erkannt, da sie keinen Fahrspurwechsel durchführen, sondern nur nach links tendieren. Die Ergebnisse zeigen, dass die Probanden im Fehlerfall nicht an der Anzeigerichtung festhalten, sondern die Anzeige hinterfragen und hinsichtlich der Unfallfolgen optimierte Maßnahmen durchführen.

10.1.4 Fahrbegleitendes Interview

Der Fokus der Aufmerksamkeit der Probanden in der Gruppe BAA liegt auf der kritischen Situation. Somit können die Anzeigen von den Probanden mit der Szene in Verbindung gesetzt und davon ausgehend konkrete Handlungen abgeleitet werden. Die Probanden wissen jedoch in der Regel nicht, ob sich in der kritischen Situation weitere Verkehrsteilnehmer neben und hinter ihnen befinden. Grund hierfür ist unter anderem, dass die kritische Situation sowie die visuellen Anzeigen am meisten Aufmerksamkeit binden. Außerdem erfordert die Abstandsanzeige von den Probanden eine regelmäßige Überwachung des Anzeigebereichs, so dass sie wenig Zeit für die Beobachtung des umgebenden Verkehrs aufbringen. Trotz des Umstandes, dass die Probanden typischerweise nicht wissen, ob sich hinter oder neben ihnen Fahrzeuge befinden, kann die Ausweichanzeige bei vielen Probanden ein Ausweichen initiieren. Einige Probanden geben an, dass sie die kritischen Situationen für nicht realistisch halten. Ihrer Ansicht nach geschieht das Bremsverhalten des Einscherers beziehungsweise des vorausfahren Fahrzeugs (Hasenfahrzeug) unerwartet sowie zu abrupt. Ein weiterer Grund kann im seltenen Auftreten und somit Erleben solcher Fahrsituationen gesehen werden.

Bis auf den Bremsruck werden die Einzelkomponenten der Gesamtanzeige von den meisten Probanden wahrgenommen. Gründe im Nichterkennen des Bremsrucks sind unter anderem in der Redundanz des Bremsrucks gegenüber der visuellen Kollisionsanzeige sowie der Nicht-Abgelenktheit der Probanden zu sehen. Die akustischen und visuellen Anzeigen binden in dieser speziellen kritischen Situation mehr Aufmerksamkeit als der Bremsruck. Die häufigste und von fast allen Probanden wahrgenommene Anzeige ist die visuelle Kollisionsanzeige. Besonders zur Geltung kommen die auffällige Gestaltung sowie die Einblendung der Kollisionsanzeige im Zentrum des Fahrerblickfeldes in unmittelbarer Nähe zum Hindernis. Die Vorteile der visuellen Ausweichanzeige hingegen liegen in einer großflächigen und farblich auffälligen Anzeige sowie in dem Vorschlag eines konkreten Ausweichmanövers. Da die Unterschiede in der KGBA und der Gruppe BAA im Hinblick auf den Anteil der erkannten Anzeigekomponenten gering ist, deutet dies darauf hin, dass in der Gruppe BAA die Ausweichanzeige nicht zu Lasten des Erkennens anderer Anzeigekomponenten geht. Der Warnton und die visuellen Anzeigen werden häufig in Kombination wahrgenommen. Dies macht deutlich, dass beide Anzeigearten wenig interferieren, da sie einerseits unterschiedliche Sinneskanäle ansprechen und andererseits auch unterschiedliche Ziele verfolgen. Während der Warnton eine Aufmerksamkeitssteigerung beim Probanden auslöst, empfehlen die visuellen Anzeigen direkt oder indirekt eine konkrete Handlung. Fast alle Probanden äußern sich positiv zu den Anzeigen. Positiv bewertet wird vor allem die auffällige und konkrete Ausweichempfehlung. Die Probanden finden es außerdem gut, dass die Anzeigen generell eine Aufmerksamkeitssteigerung in der kritischen Situation bewirkten und leicht in Verbindung mit der kritischen Situation gebracht werden können. Etwa die Hälfte der Probanden äußern, dass einzelne Punkte der Anzeigen verbessert werden können. Einerseits wird der Warnton von einigen Probanden als zu laut empfunden, andererseits geben einige Probanden an, dass die Anzeigen zu spät eingeblendet werden. Allerdings können die Anzeigen aufgrund der Systemauslegung nicht früher eingeblendet werden. Die eher wenigen Probanden, die mit den Anzeigen überfordert sind und somit häufiger kollidieren, könnten möglicherweise durch eine Reduzierung der Anzeigenkomplexität noch weiter verringert werden.

Viele Probanden würden ohne Ausweichanzeige typischerweise nicht ausweichen (vgl. KG und KGBA in Abbildung 9.8), weil sie ein Ausweichmanöver für zu gefährlich halten beziehungsweise diese Handlungsoption in der kritischen Situation nicht in Erwägung ziehen. Mit der Ausweichanzeige kann der Anteil der ausweichenden Probanden deutlich erhöht werden. Somit führen die Probanden im Vertrauen auf die Ausweichanzeige eine Handlung durch, die sie sonst vermeiden würden. Das Vertrauen resultiert in erster Linie aus der guten Erfahrung der Fahrversuche, der Anzeige Folge leisten zu können und damit einen Unfall zu verhindern. In der KGBA wird von den Probanden die vom System vorgeschlagene unspezifische Kollisionsanzeige als weniger gefährlich eingeschätzt als die in der Gruppe BAA vom System vorgeschlagene Ausweichempfehlung. Die Probanden, die den Anzeigen nicht vertrauen, geben als Gründe dafür die wahrgenommene Gefährlichkeit eines Ausweichmanövers, das fehlende Wissen über das System und wenig Erfahrung mit dem System sowie Zweifel an der Systemzuverlässigkeit an.

10.1.5 Akzeptanzfragebogen

Die Probanden in der Gruppe BAA verbinden mit der Brems-Ausweich-Assistenz besonders die für ein prädiktives Sicherheitssystem wichtigen Eigenschaften Sicherheit und Vertrauen. Sie geben an, dass die Brems-Ausweich-Assistenz sie dabei unterstützt, Gefahren im Straßenverkehr rechtzeitig zu erkennen und das Unfallrisiko mit der Brems-Ausweich-Assistenz gesenkt wird. Im Gegensatz zum fahrbegleitenden Interview sind die Angaben der Probanden zum Systemvertrauen beim Akzeptanzfragebogen eher hoch. Die hohen Vertrauenswerte resultieren aus dem dreimaligen Fahren mit der Assistenz bis der Akzeptanzfragebogen ausgefüllt wird. Im Gegensatz dazu wird das fahrbegleitende Interview bereits nach der ersten Fahrt durchgeführt. Mit zunehmender Anzahl der Fahrten verbessert sich das Fahrverhalten. Nach der ersten Fahrt stehen noch viele Probanden dem System skeptisch gegenüber, etwa weil sie das System nicht kennen beziehungsweise durch das System erschrocken sind oder weil sie die Kollision nicht vermeiden konnten. Mit zunehmender Anzahl der Fahrten verbessert sich das Fahrverhalten und die Probanden können sich von der Verlässlichkeit des Systems überzeugen. Im Ergebnis steigt auch das Vertrauen. Der Nutzen der Brems-Ausweich-Assistenz wird von den Probanden beim Akzeptanzfragebogen in erhöhter Sicherheit gesehen, aber gleichzeitig wird auch mit hohen Kosten für die erhöhte Sicherheit gerechnet. Die Probanden befürchten nicht, von den Anzeigen erschreckt zu werden, am ehesten aber noch vom Warnton. Dies deckt sich mit den Angaben im fahrbegleitende Interview, in dem der Warnton als die dominanteste Anzeigekomponente angesehen wird.

Die Probanden erwarten, dass Dritte der Brems-Ausweich-Assistenz positiv gegenüber stehen. Die Erfahrung zeigt, dass bei einer Kaufentscheidung immer auch die Meinung Dritter mit einbezogen wird [Arn08]. Eine mögliche Kaufentscheidung würde hier also nicht daran scheitern, dass Dritte dem System ablehnend gegenüber stehen.

Es zeigt sich, dass die Brems-Ausweich-Assistenz von den Probanden selbst erlebt werden muss, um die Wichtigkeit des Systems gegenüber anderen Fahrerassistenzsystemen als besonders hoch zu bewerten. Die Probanden, die mit der Brems-Ausweich-Assistenz gefahren sind, geben an, dass es ihnen wichtig ist, die Brems-Ausweich-Assistenz im Fahrzeug zu haben. Außerdem geben die Probanden an, dass sie die Brems-Ausweich-Assistenz gern besitzen würden. Signifikanten Einfluss auf den Besitzwunsch haben hierbei das Vertrauen der Probanden gegenüber dem System sowie das Sicherheitsempfinden der Probanden bei der Nutzung des Systems. Je höher das Systemvertrauen beziehungsweise das Sicherheitsempfinden ist, desto höher ist auch der Besitzwunsch. Die Probanden, die mit Brems-Ausweich-Assistenz gefahren sind, sind sich aber unsicher, ob sie das System auch bezahlen können. Da die Probanden bei der Brems-Ausweich-Assistenz eher als bei der

Bremsassistenz erwarten, das System nicht bezahlen zu können, spricht dies dafür, dass die Brems-Ausweich-Assistenz höherwertig eingeschätzt wird als die Bremsassistenz. Es zeigt sich, dass die Erfahrung, mit der Brems-Ausweich-Assistenz gefahren zu sein, sich auch positiv auf die Kaufbereitschaft für die Brems-Ausweich-Assistenz auswirkt. Nur jeder vierte Proband würde das System nicht kaufen. Demgegenüber würde nur etwa die Hälfte der Probanden in den beiden Kontrollgruppen die Brems-Ausweich-Assistenz kaufen.

10.2 Kernaussagen

Insgesamt kann mittels der Probandenstudie ein hoher Nutzen für die Brems-Ausweich-Assistenz nachgewiesen werden. Es können mit der Brems-Ausweich-Assistenz insgesamt mehr Unfälle als mit reiner Bremsassistenz vermieden werden. Die funktionale Integration der Ausweich- in die Bremsassistenz ist somit logisch richtig. Außerdem kann gezeigt werden, dass die Warnkaskade und die entwickelten visuellen Anzeigen für die Brems-Ausweich-Assistenz geeignet sind. Die Probanden können die kontaktanalogen Anzeigen in Beziehung zu den kritischen Situationen setzten und daraus schnell das richtige Fahrverhalten ableiten. Die Ergebnisse der Probandenstudie hinsichtlich des technischen Nutzens lassen sich in elf Kernaussagen zusammenfassen.

A. Fahrverhalten bei der ersten Manöverauslösung

1. <u>Häufigkeit Lenkmanöver</u>

   Der Anteil der Probanden, die in kritischen Auffahrsituationen lenken, in denen Kollisionen nicht mehr durch reines Bremsen verhindert werden können, kann insbesondere mit visueller Ausweichanzeige erhöht werden, gegenüber dem Fahren ohne Anzeige sogar signifikant.

2. Ausweichrichtung

   Die Ausweichrichtung der Probanden kann durch die Ausweichanzeige geleitet werden.

3. Kollisionshäufigkeit

   Der Anteil der Probanden, die in kritischen Auffahrsituationen, in denen Kollisionen nicht mehr durch reines Bremsen verhindert werden können, kollisionsfrei bleiben, kann mit visueller Ausweichanzeige signifikant erhöht werden.

B. Fahrverhalten bei wiederholter Manöverauslösung

4. Es zeigen sich Trainingseffekte im Fahrverhalten bei wiederholter Manöverauslösung. Diese machen sich in einer erfolgreichen Optimierung der Unfallvermeidungsstrategien der Probanden bemerkbar. Somit könnten Fahrtrainings kritischer Situationen mit dem neuen System einen erheblichen Beitrag zur Senkung der Unfallzahlen liefern.

C. Fahrverhalten bei Fehlauslösung der Ausweichanzeige

5. Die meisten Probanden erkennen eine Fehlauslösung der Ausweichanzeige, die auf die belegte linke Fahrspur zeigt, richtig und weichen kollisionsfrei entgegen der Anzeigerichtung auf die freie rechte Fahrspur aus.

D. Bewertung

6. Vorteile der Brems-Ausweich-Assistenz

Besonders positiv bewerten die Probanden die auffällige kontaktanaloge Ausweichanzeige, die einerseits das Lenken bei den Probanden initiiert, andererseits die Probanden bei der Durchführung des Ausweichmanövers bis zum Erreichen des kollisionsfreien Zielzustandes unterstützt.

7. Wahrnehmung der Anzeigen

Besonders häufig wird von den Probanden die Kombination aus Warnton und visuellen Anzeigen wahrgenommen. Der Bremsruck wird nur von einigen Probanden bemerkt.

8. Verlässlichkeit

Viele Probanden wünschen sich mehr Wissen über und mehr Erfahrung im Umgang mit der Brems-Ausweich-Assistenz. Dadurch ließe sich die von den Probanden wahrgenommene Gefährlichkeit des empfohlenen Ausweichmanövers senken und das Vertrauen gegenüber dem System erhöhen.

E. Akzeptanz

9. Nutzen

Die Brems-Ausweich-Assistenz wird von den Probanden auch im Vergleich zu anderen Sicherheitssystemen sehr positiv bewertet. Der Nutzen wird von den Probanden in der Erhöhung der Sicherheit gesehen.

10. Kaufbereitschaft

Die Kaufbereitschaft für die Brems-Ausweich-Assistenz ist hoch und nimmt zu, sobald die Probanden die Assistenz in einer kritischen Situation erlebt haben.

11. Empfohlene Preisspanne

Die empfohlene Preisspanne für die Brems-Ausweich-Assistenz liegt zwischen 500 Euro und 975 Euro, der optimale Preis bei 750 Euro.

11. Untersuchungskritik

Im Fokus der Untersuchungskritik steht die Probandenstudie. Obwohl die Stichprobengröße bereits mit 80 Probanden zu vergleichbaren Studien sehr groß gewählt und der Probandenpool der WIVW GmbH für diese Studie ausgeschöpft worden ist, wäre eine noch größere Stichprobe wünschenswert gewesen. Mit mehr Probanden könnten die bisher knapp nicht signifikanten und somit nur tendenziellen Unterschiede signifikant werden. Außerdem könnten auf diese Weise bei mehr Fragestellungen die Voraussetzungen für die bevorzugten parametrischen statistischen Verfahren erfüllt werden, so dass nicht auf nichtparametrische Verfahren ausgewichen werden muss. Diese haben den Nachteil, dass bestehende Unterschiede schlechter aufzudecken sind, da sie konservativer als parametrische Verfahren testen. Außerdem wäre eine größere Vielfalt der Szenen bei der ersten Manöverauslösung, der repräsentativsten aller Messfahrten, erstrebenswert gewesen. Mit mehr Probanden hätten die Szenen, insbesondere die Abstände, die Geschwindigkeiten und die Verzögerungen des vorausfahrenden Fahrzeugs variiert und auch die Fehlauslösung bei der ersten Manöverauslösung untersucht werden können. Somit könnte eine noch bessere Repräsentativität der Untersuchung hinsichtlich der Übertragbarkeit auf die Realität erreicht werden.

Die kritischen Situationen werden von einigen Probanden für nicht realistisch gehalten. Sie sind der Meinung, dass die Bremsung des vorausfahrenden Fahrzeugs (Einscherer beziehungsweise Hasenfahrzeug) unerwartet sowie zu abrupt geschieht. Veränderungen am Manöverablauf sind jedoch nur bedingt möglich. Dies ist dadurch begründet, dass der Parameterraum, in dem die in Kapitel 8.4

beschriebenen Anforderungen an die kritische Situation erfüllt sind, sehr klein ist. Die Herausforderung bei der Entwicklung kritischer Situationen besteht somit darin, eine plausible, realistische und zugleich für den Probanden unerwartete kritische Situation zu erzeugen.

Im Fokus der Arbeit steht die Untersuchung visueller Ausweichanzeigen. Erstmalig wurden visuelle Ausweichanzeigen entwickelt und untersucht. Das vorrangige Ziel der Probandenstudie bestand im Nachweis, dass der Anteil der ausweichenden Probanden mit geeigneten visuellen Ausweichanzeigen erhöht werden kann. Dafür wurden kontaktanaloge Anzeigen gewählt, da die Ausweichanzeigen bei kontaktanaloger Einblendung am wirksamsten sind. Das Anzeigemedium kHUD, ein High-End-Anzeigegerät, ist technisch sehr anspruchsvoll und daher teuer. Aus diesem Grund sollten aus Kundenakzeptanzgründen Untersuchungen zu einfacheren und damit kostengünstigeren Low-Cost-Konzepten durchgeführt werden. Darüber hinaus konnten die im Fahrsimulator untersuchten Anzeigen durch die synthetische Visualisierung idealisiert in der Verkehrsszene dargestellt werden. In Realität auftretende Artefakte, wie sie zum Beispiel durch die Nickbewegungen des Fahrzeugs entstehen, können jedoch zur Folge haben, dass sich die Anzeigen nicht mehr passgenau in die Verkehrsszene einfügen. Der Nutzen unter diesen Bedingungen wurde in der durchgeführten Grundlagenuntersuchung jedoch nicht betrachtet.

Die Probandenstudie wurde in einem dynamischen Fahrsimulator durchgeführt. Obwohl er für die Untersuchung der Fragestellungen am geeignetsten war und für die Untersuchung solcher Fragstellungen wissenschaftlich anerkannt ist, stellt er keine reale Untersuchungsumgebung dar. Die für die Probanden ungefährlichen Situationen im Fahrsimulator führten zu beherzteren Reaktionen als in der Realität, was vor allem daran erkennbar ist, dass alle Probanden beim erstmaligen Erleben der kritischen Situation bremsten. Darüber hinaus können die querdynamischen Eigenschaften der untersuchten hochdynamischen Manöver im Fahrsimulator nur bedingt realistisch nachgebildet werden. Dies hat zur Folge, dass das Ausweichverhalten nur bis zum initialen Lenkmanöver der Probanden untersucht wurde. Bei fortgeschrittener Entwicklung der Brems-Ausweich-Assistenz sind Realversuche jedoch unerlässlich.

Obwohl die Probanden in den fahrbegleitenden Interviews angaben, von der kritischen Situation insbesondere bei der ersten Manöverauslösung überrascht gewesen zu sein, wäre eine längere Fahrt bis zur Manöverauslösung wünschenswert gewesen. Dadurch wäre die Erwartung eines Ereignisses bei der Simulatorfahrt weiter gesunken, was sich auch in den Fahrerreaktionen, insbesondere den Reaktionszeiten, widerspiegeln könnte. Da die Versuchsdauer für jeden Probanden jedoch bereits circa 2,5 Stunden betrug und die Dauer für solche Versuche aus Erfahrung eher kürzer gehalten werden sollten, war eine Verlängerung der Fahrten jedoch nicht möglich.

12. Zusammenfassung und Ausblick

Die vorliegende Arbeit schließt mit der Zusammenfassung und dem Ausblick.

12.1 Zusammenfassung

In der vorliegenden Arbeit wurde eine Brems-Ausweich-Assistenz vorgestellt. Der Systementwurf sieht die Integration der Ausweichassistenz in die sich bereits in Serie befindende Bremsassistenz vor. Somit stellt die Brems-Ausweich-Assistenz eine Erweiterung der Bremsassistenz um Eingriffe in die Querdynamik dar. Die Brems-Ausweich-Assistenz wird damit dem Anspruch gerecht, dass die Unfallvermeidungsstrategien Bremsen und Ausweichen, mit denen zum Teil die gleichen Unfälle adressiert werden können, nicht konkurrieren, sondern sich gegenseitig ergänzen. Durch die Brems-Ausweich-Assistenz kann damit der Nutzen von Kollisionsvermeidungssystemen weiter erhöht werden.

Zunächst wurde der Nutzen der Brems-Ausweich-Assistenz hinsichtlich der Unfallvermeidung dargestellt. Der Nutzen wurde im Rahmen einer Unfallforschung auf Basis der Daten der German In-Depth Accident Study (GIDAS) abgeleitet. Bei Betrachtung der reinen Ausweichassistenz ist der Nutzen eher gering (Wirkfeld: 2,2%). Da die Ausweichassistenz jedoch nicht mehr losgelöst von der Bremsassistenz betrachtet werden kann, relativieren sich der eher geringe Nutzen und die hohen technischen sowie rechtlichen Anforderungen einer reinen Ausweichassistenz. Der nachweisbare Nutzen kann durch Kombination der Brems- mit der Ausweichassistenz deutlich gesteigert werden (Wirkfeld: 14,2%). Im Feld wäre aller

Voraussicht nach der Nutzen einer Brems-Ausweich-Assistenz sogar um einiges höher. Denn einerseits wurde das Wirkfeld für die Ausweichassistenz sehr konservativ abgeschätzt. Andererseits könnten die Fahrer mittelfristig ein frühzeitiges Ausweichmanöver als Komfortgewinn sehen und es einem reinen Bremseingriff vorziehen. Außerdem muss der hohe Stellenwert einer Ausweichassistenz im Rahmen der Entwicklung hochautomatisierter beziehungsweise autonomer Fahrerassistenzsysteme Rechnung getragen werden. In Zukunft könnte der Nutzen durch C2X-Kommunikation sogar noch weiter erhöht werden.

Anschließend wurde der Systementwurf der Brems-Ausweich-Assistenz vorgestellt. Der semiautonome Automatisierungsgrad der Brems-Ausweich-Assistenz sieht dabei vor, dass der Fahrer vom System eine visuelle kontaktanaloge Ausweichempfehlung erhält. Nachdem der Fahrer das Manöver über ein Moment am Lenkrad getriggert hat, wird er vom System durch eine Lenkunterstützung bei der Manöverdurchführung unterstützt. Die Geschwindigkeitsreduktion durch die Teilverzögerungen der Bremsassistenz ist dabei auch für ausweichende Fahrer in keiner Situation kontraproduktiv, da aus fahrdynamischen Gesichtspunkten ein gleichzeitiges Ausweichen und Bremsen sinnvoll ist. Abschließend wurde eine Fahrdynamiksimulation auf Basis der Systemauslegung durchgeführt, wodurch die im Rahmen der Unfallforschung definierten Use Cases für die Brems-Ausweich-Assistenz parametriert werden konnten. Für Ausweichmanöver sind kritische Situationen mit stehenden Hindernissen bei Ego-Geschwindigkeiten größer 26,5 m/s und einem Mindestabstand zwischen Ego-Fahrzeug und Hindernis von 64,5 m relevant. Gleichförmig bewegte Hindernisse dürfen sich mit einer Maximalgeschwindigkeit von 10,5 m/s bewegen, der minimale Abstand zum Ausweichen beträgt 52,8 m. Der nachweisbare Nutzen ist für bremsende Hindernisse am größten, wobei der Nutzen mit zunehmender Hindernisverzögerung steigt. Für Ego-Geschwindigkeiten größer 34,3 m/s muss vor dem Ausweich- ein Bremsmanöver durchgeführt werden.

Der Fokus der Arbeit lag schließlich auf der Entwicklung und Untersuchung neuartiger visueller Ausweichanzeigen, die in einem kHUD dargestellt wurden. Zur Untersuchung der Anzeigen wurden insgesamt 80 Probanden in einem dynamischen Fahrsimulator mit kritischen Auffahrsituationen auf der Autobahn konfrontiert. Dabei nahmen Auffahrunfälle aus einer Folgefahrt heraus sowie Einscherunfälle eine zentrale Rolle ein. Zum Vergleich der Ergebnisse wurden neben der Experimentalbedingung mit Ausweichanzeige auch zwei Kontrollgruppen erhoben. In der einen Kontrollgruppe waren keinerlei Anzeigen realisiert und in der zweiten Kontrollgruppe lediglich die Warnkomponenten der Bremsassistenz sowie die im Rahmen dieser Arbeit entwickelte unspezifische visuelle Kollisionsanzeige. Anhand der Ergebnisse der Probandenstudie konnte schließlich nachgewiesen werden, dass die Ausweichanzeigen hoch effektiv sind. Die Ausweichrate ist gegenüber beiden Kontrollgruppen ohne dezidierte Ausweichanzeige deutlich höher und die Kollisionsrate signifikant niedriger. Darüber hinaus entspricht die Ausweichrichtung der Probanden der Anzeigerichtung.

12.2 Ausblick

Im Ausblick nehmen weiterführende Untersuchungen zur Mensch-Maschine-Schnittstelle einen zentralen Stellenwert ein. Es stellt sich beispielsweise die Frage, ob insbesondere für visuell abgelenkte Fahrer eine zusätzliche haptische Ausweichempfehlung am Lenkrad in Form einer Vibration oder eines Moments den Nutzen des Systems erhöhen kann. Im Gegensatz dazu ist jedoch auch die Frage offen, ob nur einzelne Anzeigekomponenten (Ton / Bremsruck / visuelle Kollisionsanzeige) statt der komplexen Gesamtanzeige insbesondere bei visuell abgelenkten Fahrern ausreichen würden, um ein schnelles Bremsen und Lenken bei den Fahrern zu initiieren. Darüber hinaus ist zur Sicherstellung der Vermarktbarkeit sowie von Wettbewerbsvorteilen zwingend eine Überprüfung erforderlich, ob ein vergleichbares Fahrverhalten auch mit wesentlich günstigeren visuellen Low-Cost-Konzepten realisierbar wäre. Außerdem ergeben sich einige relevante Fragestellungen bei Variation des Manöverablaufs sowie der Szenengestaltung. Hierbei steht zum Beispiel die Frage im Raum, welchen Einfluss die Gestaltung und die Lage der Freifläche auf das Ausweichverhalten der Fahrer hat. Ferner sollte untersucht werden, ob sich einer künstlichen Verzögerung der Ausweich- auf die Kollisionsanzeige (psychologische Refraktärperiode) positiv auf den Manöverablauf, insbesondere die Lenkreaktion auswirken würde. Schließlich nimmt die Untersuchung von Fehlauslösungen in verschiedenen Situationen bei erster Manöverauslösung einen wichtigen Stellenwert ein. Mittelfristig sind Untersuchungen im Fahrzeug sowie die Absicherung von Produkthaftungsrisiken unerlässlich. Während in der vorliegenden Arbeit der Fokus auf dem Nachweis des technischen Nutzens einer Ausweichassistenz liegt, wären darüber hinaus weiterführende Untersuchungen zu den wahrnehmungs- und handlungspsychologischen Fragestellungen hinsichtlich der Wirksamkeit der Anzeigen sowie des Fahrerverhaltens für die weitere Optimierung der Brems-Ausweich-Assistenz sinnvoll.

13. Literaturverzeichnis

[Abe01] Abendroth, B. : *Gestaltungspotentiale für ein PKW Abstandsregelsystem unter Berücksichtigung verschiedener Fahrertypen*. Stuttgart : Ergonomia, 2001

[Abe04] Abe, G. ; Richardson, J.: The effect of alarm timing on driver behaviour: an investigation of differences in driver trust and response to alarms according to alarm timing. In : *Transportation Research Part F* 7 (2004), S. 307-322

[Abe09] Abendroth, B. ; Bruder, R.: Die Leistungsfähigkeit des Menschen für die Fahrzeugführung. In : Winner, H. ; Hakuli, S. ; Wolf, G. : *Handbuch Fahrerassistenzsysteme, Grundlagen, Komponenten und Systeme für aktive Sicherheit und Komfort*. Wiesbaden : Vieweg und Teubner, 2009, S. 4-14

[Ada94] Adams, L. D. ; University of Michigan (Hrsg.): Review of the Literature on obstacle avoidance Maneuvers: Braking versus Steering / Transportation Research Institute. Ann Arbor : University of Michigan, 1994 (Report No. UMTRI-94-19)

[And00] Anders, P. ; Neumann, K. T. ; Obojski, M. A. ; Weisser, H. : *Technologien für Fahrerassistenzsysteme am Beispiel der Abbiege- und Spurwechsel-Assistenz*, VDI-Bericht 431. Düsseldorf : VDI-Verlag, 2000

[Arn08] Arndt, S. ; Engeln, A.: Prädiktoren der Akzeptanz von Fahrerassistenzsystemen. In : Arndt, S. ; Engeln, A. ; Vratil, B. : *Fortschritte der Verkehrspsychologie*. Wiesbaden : Dr. Th. Gabler Verlag, 2008, S. 313-337

[Arn10a] Arnon, M. : *Ein neuer Systemansatz für die Fahrerwarnung bei Nacht*. Karlsruhe, Universität, Dissertation, 2010

[Arn10b] Arndt, S. : *Evaluierung der Akzeptanz von Fahrerassistenzsystemen – Prüfung eines Modells zur Vorhersage des Laufverhaltens von Endkunden*. Dresden, Universität, Dissertation, 2010

[Bae07] Bäumler H.: Reaktionszeiten im Straßenverkehr – Teil 1. In : *Verkehrsunfall und Fahrzeugtechnik* 11. Wiesbaden : Vieweg-Verlag, 2007, S. 300-307

[Bal98] Baltissen, R. ; Sartory, G. : *Ergebnisse und Anwendungen der Psychophysiologie. Enzyklopädie der Psychologie*, Themenbereich C, Serie I, Band 5, Kap. Orientierungs-, Defensiv- und Schreckreaktionen in Grundlagenforschung und Anwendung. Göttingen: Hogrefe, 1998

[Ben08] Bender, E. : *Handlungen und Subjektivurteile von Kraftfahrzeugführern bei automatischen Brems- und Lenkeingriffen eines Unterstützungssystems zur Kollisionsvermeidung*. Darmstadt, Universität, Dissertation, 2008

[Ber96] Berthelon, C. ; Mestre, D. ; Taramino, R.: The role of driving expertise in the visual anticipation of a collision. In : *Vision in Vehicles* 5 (1996), S. 71-78

[Ber09] Bergmeier, U. : *Kontaktanalog markierendes Nachtsichtsystem*. München, Universität, Dissertation, 2009

[Ber10] Beruscha, F. ; Wang, L. ; Augsburg, K. ; Wandke, H. : *Do Drivers Steer Toward Or Away From Lateral Directional Vibrations At The Steering Wheel?* European Conference on Human Centred Design for Intelligent Transport Systems, Berlin, 2010

[Bie84] Biedermann, B. : *Straßentrassierung auf der Grundlage von Geschwindigkeiten aus Sehfelduntersuchungen*. Darmstadt, Technische Hochschule, 1984

[Bie98] Bielaczek, C. : *Untersuchungen zur Auswirkung einer aktiven Fahrerbeeinflussung auf die Fahrsicherheit beim Pkw-Fahrern im realen Straßenverkehr*, VDI-Bericht 357. Düsseldorf : VDI-Verlag, 1998

[Blu01] Blume, H.-J. ; Mayer, R. ; Schmidt, F.-P. : *Head-Up-Displays mit vollfarbigen, grafischen Bildinhalten als ergonomische Fahrerinformationssysteme*, VDI-Bericht 1646. Düsseldorf : VDI-Verlag, 2001

[Blu03] Blume, H.-J. ; Klein, W. ; Mayer R. ; Schmidt, F.-P. : *HUD – Eine skalierbare Technik für alle Fahrzeugklassen*, VDI-Bericht 1789. Düsseldorf : VDI-Verlag, 2003

[Boc08] Bock, T. ; Maurer, M. ; van Meel, F. ; Müller, T.: Vehicle in the Loop – Ein innovativer Ansatz zur Kopplung virtueller mit realer Erprobung. In : *Automobiltechnische Zeitschrift* 110 (1). Wiesbaden : Springer Automotive Media, 2008

[Bor06] Bortz, J. ; Döring, N. : *Forschungsmethoden und Evaluation für Human- und Sozialwissenschaftler*. 4. Aufl. Berlin : Springer, 2006

[Bos08] Robert Bosch GmbH : *Fahrerassistenzsysteme*, Fachwissen Kfz-Technik Sicherheits- und Komfortsysteme aus Gelber Reihe. Konstanz : Christiani, 2008

[Bos11] Robert Bosch GmbH (Hrsg.): *Kraftfahrtechnisches Taschenbuch*. 27. Aufl. Wiesbaden : Vieweg und Teubner, 2011

[Bra83] Braun, H. ; Ihme, J.: Definition kritischer Situationen im Kraftfahrzeugverkehr – Eine Pilotstudie. In : *Automobil-Industrie* 3, Würzburg : Vogel-Verlag, 1983

[Bre09] Breuer, J. : *Sicherheitsprognosen für neue Assistenzsysteme – Stand und Herausforderungen*. Darmstädter Kolloquium, Darmstadt, 2009

[Bro01] Brown, T. L. ; Lee, J. D. ; McGehee, D. V. : Human Performance Models and Rear-End Collision Avoidance Algorithms. *Human Factors* 43 (3) (2001), S. 462-482

[Bro05a] Brown, I. D. ; Department for Transport (Hrsg.): Review of the looked but failed to see accident causation factor. London : DFT, 2005 (Road safety research report No. 60)

[Bro05b] Brown, S. B. : *Effects of Haptic and Auditory Warnings on Driver Intersection Behavior and Perception*. Virginia, Universität, Diplomarbeit, 2005

[Bru09] Bruder, R. ; Didier, M.: Gestaltung von Mensch-Maschine-Schnittstellen. In : Winner, H. ; Hakuli, S. ; Wolf, G. : *Handbuch Fahrerassistenzsysteme, Grundlagen, Komponenten und Systeme für aktive Sicherheit und Komfort*. Wiesbaden : Vieweg und Teubner, 2009, S. 314-324

[Bul03] Buld, S. ; Krüger, H.-P. ; Hoffmann, S. ; Totzke, I. : *Die Fahrsimulation als Methode bei der Entwicklung von Fahrerassistenzsystemen*. Tagung der VDI-Gesellschaft Fahrzeug- und Verkehrstechnik, Hamburg, 2003

[Bur67] Burg, A. ; University of California (Hrsg.): The relationship between vision test scores and driving record: General findings / Department of Engineering. Los Angeles : University of California, 1967 (Report 67-24)

[Bur81] Burckhardt, M. ; Burg, H. ; Gnadler, R. ; Schiemann, G.: Die Brems-Reaktionsdauer von Pkw-Fahrern. In : *Verkehrsunfall und Fahrzeugtechnik* 12. Wiesbaden : Vieweg-Verlag, 1981

[Bur85] Burckhardt, M. : *Reaktionszeiten bei Notbremsvorgängen*. Köln : Verlag TÜV Media, 1985

[CEU06] Council of the European Union: *Commission Recommendation of 22 December 2006 on safe and efficient in-vehicle in-formation and communication systems: update of the European Statements of Principles on human machine interface*. Brussels : Official Journal of the European Union, 2006

[CEU08] Council of the European Union: *Commission recommendation of 26/V/2008 on safe and efficient in-vehicle information and communication systems: Update of the European Statement of Principles on Human-Machine-Interface*. Brussels : EC, 2008

[Coh09] Cohen, A. S.: Informationsaufnahme bei Kraftfahrern – Wahrnehmung und Sicherheitsverhalten. In : Burg, H. ; Moser, A. : *Handbuch Verkehrsunfallrekonstruktion – Unfallaufnahme, Fahrdynamik, Simulation*. Wiesbaden : Vieweg und Teubner, 2009, S. 217-234

[Cru98] Crundall, D. E. ; Underwood, G.: Effects of experience and processing demands on visual information acquisition in drivers. In : *Ergonomics* 41 (1998), S. 448-458

[Cru04] Crundall, D. E. ; Shenton, C. ; Underwood, G.: Eye movement during intentional car following. In : *Perception* 33 (2004), S. 975-986

[CRT68] *Convention on Road Traffic*. Wien, 1968 ; BGBL II 1977, S. 809-892

[Dai09] Daimler AG : *Geschäftsbericht 2009*. 2009

[Dai10] Daimler AG : *BAS PLUS*. TechCenter auf www.mercedes-benz.de, 2010

[Die05] Dietmayer, K. ; Kirchner, A. ; Kämpchen, N.: Fusionsarchitekturen zur Umfeldwahrnehmung für zukünftige Fahrerassistenzsysteme. In : Maurer, M. ; Stiller, C. : *Fahrerassistenzsysteme mit maschineller Wahrnehmung*. Berlin : Springer, 2005

[Din97] Dingus, T. A. ; Jahns, S. K. ; Horowitz, A. D. ; Knipling, R. : Human Factors Design Issues for Crash Avoidance Systems. Mahwah : Lawrence Erlbaum Associates, 1997, S. 55-93

[Din06] Dingus, T. A. ; Klauer, S. G. ; Neale, V. L. ; Petersen, A. ; Lee, S. E. ; Sudweeks, J. ; Perez, M. A. ; Hankey, J.; Ramsey, D. ; Gupta, S. ; Bucher, C.; Doerzaph, Z. R. ; Jermeland, J. ; U. S. Department of Transportation (Hrsg.): The 100-car naturalistic driving study, Phase II – results of the 100-car field experiment / National Highway Traffic Safety Administration. Washington : NHTSA, 2006 (DOT HS 810 593)

[DIN09] DIN EN 894-1 : 2009. *Sicherheit von Maschinen – Ergonomische Anforderungen an die Gestaltung von Anzeigen und Stellteilen – Teil 1: Allgemeine Leitsätze für Benutzer-Interaktion mit Anzeigen und Stellteilen*

[DIN11] DIN EN ISO 9241-210 : 2011. *Ergonomie der Mensch-System-Interaktion – Teil 210: Prozess zur Gestaltung gebrauchstauglicher interaktiver Systeme*

[Don78] Donges, E.: A two-level model of driver steering behaviour. In : *Human Factors* 20 (1978), S. 691-707

[Don99] Donges, E.: A Conceptual Framework for Active Safety in Road Traffic. In : *Vehicle System Dynamics* 32 (1999), S. 113-128

[Don09] Donges, E.: Fahrerverhaltensmodelle. In : Winner, H. ; Hakuli, S. ; Wolf, G. : *Handbuch Fahrerassistenzsysteme, Grundlagen, Komponenten und Systeme für aktive Sicherheit und Komfort*. Wiesbaden : Vieweg und Teubner, 2009, S. 15-23

[Dre93] Dreyer, A.: Das Fahrverhalten von PKW bei gleichzeitigem Lenken und Bremsen. In : *Automobiltechnische Zeitschrift* 95 (3). Wiesbaden : Springer Automotive Media, 1993, S. 144-150

[ECE10] 10/ECE43/EU : 2010. *Regelung Nr. 43 der Wirtschaftskommission der Vereinten Nationen für Europa (UN/ECE) – Einheitliche Bedingungen für die Genehmigung der Sicherheitsverglasungswerkstoffe und ihres Einbaus in Fahrzeuge*

[Eck10] Eckert, A. ; Hartmann, B. ; Rieth, P. E. : *Emergency Steer Assist – Advanced Driver Assistance System for Emergency Lane Change Maneuvers*. FISITA, Budapest, 2010

[Fae86] Färber, B.: Abstandswahrnehmung und Bremsverhalten von Kraftfahrern im fließenden Verkehr. In : *Zeitschrift für Verkehrssicherheit* 32 (1). Köln : TÜV Media, 1986, S. 9-13

[Fae05] Färber, B. ; Maurer, M. : *Nutzer- und Nutzen-Parameter von Collision Warning und Collision Mitigation Systemen*. 3. Workshop Fahrerassistenzsysteme, Walting im Altmühltal, 2005

[Fas98] Fastenmeier, W. : *Fahrerunterstützung durch ACC*. 7. Aachener Kolloquium Fahrzeug- und Motorentechnik, Aachen, 1998

[Fin99] Findlay, J. M. ; Walker, R.: A model of saccade generation based on parallel processing and competitive inhibition. In : *Behavioral and Brain Sciences* 22 (1999), S. 661-721

[FKA01] FKA Aachen : *Rohdaten einer Induktionsschleife auf BAB 3 in der Nähe der Anschlussstelle Würzburg/Kist vom 22.05.2001 im Zeitraum von 0-24 Uhr*. Aachen : FKA, 2001

[Fle88] Fleury, D. ; Ferrandez, F. ; Lepesant, C. ; Lechner, D. : *Analyse typologique des manoeuvres d'urgence en intersection*. Rapport de recherche INRETS 62. Arcueil Cedex : Transportation Research Board, 1988

[FSV08] Forschungsgesellschaft für Straßen- und Verkehrswesen (Hrsg.): Richtlinien für die Anlage von Autobahnen / Arbeitsgruppe Straßenentwurf. Köln : FGSV-Verlag, 2008

[Gid07] Kooperationsprojekt der Bundesanstalt für Straßenwesen (BASt) und der Forschungsvereinigung Automobiltechnik e. V. (FAT) : *Unfallerhebung vor Ort – Dresden und Hannover*. Broschüre auf www.gidas.org, 2007

[Gis01] Gish, K. ; Mercadante, M. ; U. S. Department of Transportation (Hrsg.): The Effect of False Forward Collision Warnings on Driver Responses / National Highway Traffic Safety Administration. Washington : NHTSA, 2001 (DOT HS 809 418)

[Gra76] Graf, C. P. ; Krebs, M. J. : *Headlight Factors and Night-time Vision*. Minneapolis : Honeywell, 1976

[Gra99] Graham, R.: Use of auditory icons as emergency warnings: evaluation within a vehicle collision avoidance system. In : *Ergonomics* 42 (1999), S. 1233-1248

[Gra09] Gratzer, W.: Informationsaufnahme bei Kraftfahrern. In : Burg, H. ; Moser, A. : *Handbuch Verkehrsunfallrekonstruktion – Unfallaufnahme, Fahrdynamik, Simulation*. Wiesbaden : Vieweg und Teubner, 2009, S. 235-250

[Gre00] Green, M.: "How Long Does It Take to Stop?" Methodological Analysis of Driver Perception-Brake Times. In : *Transportation Human Factors* 2 (2000), S. 195-216

[Gru05] Gründl, M. : *Fehler und Fehlverhalten als Ursache von Verkehrsunfällen und Konsequenzen für das Unfallvermeidungspotenzial und die Gestaltung von Fahrerassistenzsystemen*. Regensburg, Universität, Dissertation, 2005

[Gug97] Gugerty, L. J.: Situation awareness during driving: explicit and implicit knowledge in dynamic spatial memory. In : *Journal of Experimental Psychology* 3 (1997), S. 42-66

[Hal01] Haller, R.: Fahrer-Assistenz versus Fahrer-Bevormundung: Wie erreicht man, dass der Fahrer Herr der Situation bleibt? In : Jürgensohn, T. ; Timpe, K.-P. : *Kraftfahrzeugführung*. Berlin : Springer, 2001, S. 31-38

[Har07] Harbluk, J. L. ; Noy, Y. I. ; Trbovich, P. L. ; Einzelman, M.: An on-road assessment of cognitive distraction: Impacts on drivers' visual behavior and braking performance. In : *Accident Analysis and Prevention* 39 (2007), S. 372-379

[Hof03] Hoffman, J. ; Lee, J. D. ; Hayes, E. M. : *Driver Preference of Collision Warning Strategy and Modality*. Second International Driving Symposium on Human Factors in Driving Assessment, Park City, 2003

[Hof08] Hofmann, P. ; Gude, D. ; Rinkenauer, G. : *Einflüsse der Dimensionalität der Informationsdarstellung im Head-Up-Display auf die Fahrleistung*. DGLR-Bericht Nr. 2008-04. Manching : DGLR, 2008

[Hof09] Hoffmann, J. ; Gayko, J.: Fahrerwarnelemente. In : Winner, H. ; Hakuli, S. ; Wolf, G. : *Handbuch Fahrerassistenzsysteme, Grundlagen, Komponenten und Systeme für aktive Sicherheit und Komfort*. Wiesbaden : Vieweg und Teubner, 2009, S. 343-354

[Hor04] Horiuchi, S. ; Okada, K. ; Nohtomi, S. : *Optimum Steering and Braking Control Strategies in Obstacles Avoidance Maneuvers*. International Symposium on Advanced Vehicle Control, Arnheim, 2004

[Iav88] Iavecchia, J. H. ; Iavecchia H. ; Roscoe, S. R.: Eye accommodation to head-up virtual images. In : *Human Factors* 30 (1988), S. 698-702

[Inv05] Invent – Eine Forschungsinitiative deutscher Unternehmen : *INVENT „erfahren“ – mobil mit 8 Sinnen*, Ergebnisbericht. Bonn, 2005

[Ise09] Isermann, R. ; Bender, E. ; Bruder, R. ; Darms, M. ; Schorn, M. ; Stählin, U. ; Winner, H.: Antikollisionssystem PRORETA – Integrierte Lösung für ein unfallvermeidendes Fahrzeug. In : Winner, H. ; Hakuli, S. ; Wolf, G. : *Handbuch Fahrerassistenzsysteme, Grundlagen, Komponenten und Systeme für aktive Sicherheit und Komfort*. Wiesbaden : Vieweg und Teubner, 2009, S. 632-646

[ISO04] ISO 15006 : 2004. *Road vehicles – Ergonomic aspects of transport information and control systems – Specifications and compliance procedures for in-vehicle auditory presentation*

[ISO08] DIN EN ISO 15008 : 2008. *Straßenfahrzeuge – Ergonomische Aspekte von Fahrerinformations- und Assistenzsystemen – Anforderungen und Bewertungsmethoden der visuellen Informationsdarstellung im Fahrzeug*

[ISO09] ISO 15008 : 2009. *Road vehicles – Ergonomic aspects of transport information and control systems – Specifications and test procedures for in-vehicle visual presentation*

[ISO10] ISO 15623 : 2010. *Transportation information and control systems – Forward vehicle collision warning systems – Performance requirements and test procedures*

[Isr10] Israel, B. ; Senner, B. ; Bubb, H. : *The Audi contact analog head-up display: The state of technology and challenges for series Application*. SID-ME Chapter Fall Meeting 2010, Sindelfingen, 2010

[Jue06] Jürgensohn, T.: Psycho-Ingenieurwesen – Hinweise für interdisziplinär arbeitende Ingenieure. In : *Automatisierungstechnische Praxis* 48 (7) (2006), S. 50-58.

[Kas06] Kassner, A. ; Vollrath, M. : *Akzeptanzmessung als Baustein für die Entwicklung von Fahrerassistenzsystemen*. VDI-Bericht 1960. Düsseldorf : VDI-Verlag, 2006

[Kau03] Kaussner, A. : *Dynamische Szenerien in der Fahrsimulation*. Würzburg, Universität, Dissertation, 2003

[Kie98] Kiefer, R. J.: Defining the "HUD Benefit Time Window". In : *Vision in Vehicles* 6 (1998), S. 133-142

[Kie99] Kiefer, R. J. ; LeBlanc, D. J. ; Palmer, M. D. ; Salinger, J. ; Deering, R. K. ; Shulman, M. A. ; U. S. Department of Transportation (Hrsg.): Development and validation of functional definitions and evaluation procedures for collision warning/avoidance system / National Highway Traffic Safety Administration. Washington : NHTSA, 1999 (DOT HS 808 964)

[Kie00] Kiefer, R. J.: Older Drivers' Pedestrian Detection Times Surrounding Head-Up Versus Head-Down Speedometer Glances. In : *Vision in Vehicles* 7 (2000), S. 111-118

[Kie05] Kiefer, R. J. ; LeBlanc, D. J. ; Flannagan, C. A.: Developing an inverse time-to-collision crash alert timing approach based on drivers' last-second braking and steering judgments. In : *Accident Analysis and Prevention* 37 (2005), S. 295-303

[Kie06] Kiefer, R. J. ; Flannagan, C. A. ; Jerome, C. J. : Time-to-Collision Judgements Under Realistic Driving Conditions. *Human Factors* 48 (2006), S. 334-345

[Kir08] Kirchner, A. ; Krüger, K. ; Mildner, F. ; Schmidt, R.: Ein fortgeschrittenes Kollisionsvermeidungssystem. In : *Automobiltechnische Zeitschrift* 107 (1). Wiesbaden : Springer Automotive Media, 2008, S. 2-10

[Kno09] Knoll, P.: Anzeigen für Fahrerassistenzsysteme. In : Winner, H. ; Hakuli, S. ; Wolf, G. : *Handbuch Fahrerassistenzsysteme, Grundlagen, Komponenten und Systeme für aktive Sicherheit und Komfort*. Wiesbaden : Vieweg und Teubner, 2009, S. 330-342

[Kno10] Knoll, P.: Fahrerassistenzsysteme. In : Reif, K. : *Fahrstabilisierungssysteme und Fahrerassistenzsysteme*. Wiesbaden : Vieweg und Teubner, 2010, S. 104-121

[Kom08] Kompaß, K.: Fahrerassistenzsysteme der Zukunft – auf dem Weg zum autonomen Pkw?. In : Schindler, V. : *Forschung für das Auto von Morgen – Aus Tradition entsteht Zukunft*. Wiesbaden : Vieweg und Teubner, 2008, S. 261-285

[Kru82] Krueger, H. : Objektive, kontinuierliche Messung der Refraktion des Auges. *Biomedizinische Technik* 27 (1982), S. 142-147

[Lan03] Landau, K. ; Abendroth, B. ; Bender, E. ; Cohen M. D. : Holzschuh, C. ; Mauerhoff, A. ; Williams, M. : *INVENT: FVM AP 1300*. Abschlussbericht. Darmstadt, 2003

[Lee00] Lee, J. D. ; Ries, M. L. ; McGehee, D. V. ; Brown, T. L. ; U. S. Department of Transportation (Hrsg.): Can Collision Warning Systems Mitigate Distraction Due to In-Vehicle Devices? / National Highway Traffic Safety Administration. Washington : NHTSA, 2000

[Ler96] Lerner, N. D. ; Dekker, D. K. ; Steinberg, G. V. ; Huey, R. W. ; U. S. Department of Transportation (Hrsg.): Inappropriate Alarm Rates and Driver Annoyance / National Highway Traffic Safety Administration. Washington : NHTSA, 1996 (DOT HS 808 533)

[Leu88] Leutzbach, W. ; Papavasiliou, V. ; Bundesanstalt für Straßenwesen (Hrsg.): Wahrnehmungsbedingungen und sicheres Verhalten im Straßenverkehr : Wahrnehmung in konkreten Verkehrssituationen. Bergisch Gladbach : BASt, 1988 (Bericht zum Forschungsprojekt 8306)

[Loe08] Löper, C. ; Kelsch, J. ; Flemisch, F. : *Kooperative, manöverbasierte Automation und Arbitrierung als Bausteine für hochautomatisiertes Fahren*. AAET 2008, Braunschweig, 2008

[Luc98] Luczak, H. : *Arbeitswissenschaft*. Berlin : Springer, 1998

[Maz99] Mazzae, E. N. ; Barickman, F. S. ; Baldwin, G. H. S. ; Forkenbrock, G.: Driver Crash Avoidance Behavior with ABS in an Intersection Incursion Scenario on Dry Versus Wet Pavement. In : *SAE* 1999-01-1288 (1999), S. 2353-2363

[Met09] Metz, B. : *Worauf achtet der Fahrer? Steuerung der Aufmerksamkeit beim Fahren mit visuellen Nebenaufgaben*. Würzburg, Universität, Dissertation, 2009

[Mih00] Mihm, J. ; Becker, S. ; Brockmann, M. ; Hofmann, Y. ; Fiche da Silva, C. : *User Centred Evaluation of the LACOS System: Methodology and Results.* ITS Conference, Turin, 2000

[Mil08] Milicic, N. ; Ablaßmeier, M. ; Bengler K. : *Das Head-Up Display im Fahrzeug – Potenzial zukünftiger Nutzung.* 54. Arbeitswissenschaftlichen Kongress, München, 2008

[Moe01] Möhlenbrink, W. ; Wiltschko, Th. : *Kraftfahrzeug-Infrastruktur-Kopplung durch Telematiksysteme.* 18. Verkehrswissenschaftliche Tage, Dresden, 2001

[Mue05] Müller, H. : *Laborgestützte Experimente in der Preisforschung. Eine vergleichende Analyse preisorientierter Kaufsimulationen.* Hamburg : Verlag Dr. Kovac, 2005

[New81] Newcomb, T. P.: Driver Behaviour During Braking. In : *SAE* 810832 (1981)

[Nie05] Niehoff, N. ; Hentrich, K. ; Deutsches Zentrum für Luft- und Raumfahrt e. V. (Hrsg.): Fahrdynamische Komfortgrenzen eines Normalfahrers in Längs- und Querrichtung / Institut für Verkehrsführung und Fahrzeugsteuerung. Köln : DLR, 2005

[Ols86] Olson, P. L. ; Sivak, M.: Perception-Response Time to Unexpected Roadway Hazards. In : *Human Factors* 28 (1986), S. 91-96

[Ovc10] Ovcharova, N. ; Benz, S. ; Uhler, W. ; Gauterin, F. ; Lethaus, F. ; Silvestro, D. : *Benefit analysis of an advanced emergency braking system based on end user tests in a driving simulator.* FISITA, Budapest, 2010

[Par01] Parker, D. ; Stradling, S. G. ; Department of the Environment, Transport and the Regions (Hrsg.): Influencing driver attitude and behaviour. London : DETR, 2001 (Road Safety Research Report No. 17)

[Per01] Perron T. ; Kassaagi M. ; Brissart G. : *Active Experiments with Common Drivers for the Specification of Active Safety Systems.* ESV conference, Amsterdam, 2001

[Poi08] Poitschke, T. ; Ablaßmeier, M. ; Rigoll, G. ; Bardins, S. ; Kohlbecher, S. ; Schneider, E. : *Contact-analog information representation in an automotive head-up display.* ETRA, Savannah, 2008.

[Pry95] Prynne, K. ; Martin, P.: Braking Behaviour in Emergencies. In : *SAE* 950969 (1995), S. 1-8

[Ras83] Rasmussen, J.: Skills, Rules, and Knowledge: Signals, Signs, and Symbols, and Other Distinctions in Human Performance Models. In : *SMC* 13 (1983), S. 257-266

[Rau09] Rauch, N. : *Ein verhaltensbasiertes Messmodell zur Erfassung von Situationsbewusstsein im Fahrkontext.* Würzburg, Universität, Dissertation, 2009

[Rea02] Readinger, W.O. ; Chatziastros, A. ; Cunningham, D. W. ; Bülthoff, H. H. ; Cutting, J. E.: Gaze-eccentricity effects on road position and steering. In : *Journal of Experimental Psychology* 8 (2002), S. 247-258

[Rei97] Reichelt, W. ; Frank, P.: Driver assistance systems to improve active safety in the closed-loop system driver-vehicle-surroundings. In : *International Journal of Vehicle Design* 18 (1997), S. 639-651

[Res06] Response Consortium: *Code of Practice for the Design and Evaluation of ADAS – Response 3: a PReVENT Project*. 2006

[Ric74] Rice, R. S. ; Dell'Amico, F. : *An Experimental Study of Automobile Driver Characteristics and Capabilities*. Buffalo : Calspan Corporation, 1974

[Ris02] Risch, M.: Der Kamm'sche Kreis – Wie stark kann man beim Kurvenfahren Bremsen? In : *Fahrphysik und Verkehr* 5/51 (2002), S. 7-11

[Sch82] Schimmelpfennig, K.-H. ; Hebing, N.: Geschwindigkeit bei kreisförmiger Kurvenfahrt – Stabilitäts- und Sicherheitsgrenze. In : *Der Verkehrsunfall* 5. Wiesbaden : Vieweg-Verlag, 1982

[Sch85] Schimmelpfennig, K.-H., Nackenhorst, U.: Bedeutung der Querbeschleunigung in der Verkehrsunfallrekonstruktion – Sicherheitsgrenze des Normalfahrers. In : *Verkehrsunfall und Fahrzeugtechnik* 4. Wiesbaden : Vieweg-Verlag, 1985

[Sch92] Schumann, J. : *Heading Control Study*. München, 1992.

[Sch04] Schmitz, C. H. : *Adaptiver Spurverlassenswarner mit fahrerabsichts- und fahrerzustandsabhängiger Warnstrategie*. Karlsruhe, Universität, Dissertation, 2004

[Sch05] Schmidt, C. ; Oechsle, F. ; Branz, W. : *Untersuchungen zu letztmöglichen Ausweichmanövern für stehende und bewegte Hindernisse*. 3. FAS-Workshop, Waiting, 2005

[Sch06] Schittenhelm, H. : *Der Einfluss situativer Faktoren auf die Reaktionszeiten von Pkw-Fahrern. 15.* EVU-Jahrestagung, Dresden, 2006

[Sch07] Schmidt, C. ; Branz, W. : *"Passing-Gates-Method" – Verfahren zur kollisionsvermeidenden Trajektorienplanung für ein Fahrzeug in kritischen Verkehrssituationen*. 7. Internationales Stuttgarter Symposium, Stuttgart, 2007

[Sch09] Schneid, M. : *Entwicklung und Erprobung eines kontaktanalogen Head-Up-Displays im Fahrzeug*. München, Universität, Dissertation, 2009

[Shi77] Shinar, D. ; U. S. Department of Transportation (Hrsg.): Driver visual limitations, diagnosis and treatment / National Highway Traffic Safety Administration. Washington : NHTSA, 1977 (DOT HS 501 275)

[Sle97] Sledge, N. H. ; Marshek, K. M.: Comparison of Ideal Vehicle Lane-Change Trajectories. In : *SAE* 971062 (1997), S. 233-256

[Smi95] Smith, K. ; Hancock, P. A.: Situation awareness is adaptive, externally directed consciousness. In : *Human Factors* 37 (1995), S. 137-148

[Spi04] SpiegelOnline : *Zahl der Verkehrstoten sinkt auf Rekordtief*. Presseartikel auf www.spiegel.de, 2004

[Sta98] Stanton, N. ; Young, M. S.: Vehicle Automation and driving performance. In : *Ergonomics* 41 (1998), S. 1014-1028

[Sta08] Stämpfle, M. ; Branz, W. : *Kollisionsvermeidung im Längsverkehr – die Vision vom unfallfreien Fahren rückt näher.* 3. Tagung Aktive Sicherheit durch Fahrerassistenz, Garching bei München, 2008

[Sto06] Stößel, C. : *Evaluation of Driver Warning Strategies for a Collision-Avoidance System.* München, 2006

[Suz03] Suzuki, K. ; Jansson, H.: An Analysis of driver's steering behaviour during auditory or haptic warnings for the designing of lane departure warning system. In : *JSAE* 24 (2003), S. 65-70

[Tij00] Tijerina, L. ; Johnston, S. ; Palmer, E. ; Pham, H. A. ; Winterbottom, M. D. ; U. S. Department of Transportation (Hrsg.): Preliminary studies in haptic displays for rear-end collision avoidance system and adaptive cruise control system applications / National Highway Traffic Safety Administration. Washington : NHTSA, 2000 (DOT HS 809 151)

[Tim90] Timpe, K.-P.: Informationsdarstellungen in Mensch und Maschine-Systemen. In : Hoyos, C. G. ; Zimolong, B. (Hrsg.): *Ingenieurpsychologie – Enzyklopädie der Psychologie*, Göttingen : Hogrefe, 1990 (Themenbereich D, Serie III, Bd. 2, S. 178-203)

[Toy10] Toyota Deutschland GmbH : *Der Lexus LS – Die Fakten.* Broschüre auf www.lexus.de, 2010

[VDI97] VDI 2222 : 1997. *Konstruktionsmethodik – Methodisches Entwickeln von Lösungsprinzipien*

[VDI98] VDI 2225 : 1998. *Konstruktionsmethodik – Technisch-wirtschaftliches Konstruieren - Vereinfachte Kostenermittlung*

[Vel02] Velichkovsky, B. M. ; Dornhoefer, S. M. ; Kopf, M. Helmert, J. ; Joos, M.: Change detection and occlusion modes in road-traffic scenarios. In : *Transportation Research Part F* 5 (2002), S. 99-109

[Vol09] Volvo Car Germany GmbH : *Volvo testet neue und einzigartige Sicherheitstechnologie in getarntem Volvo S60 Prototyp in Kopenhagen*. Pressemitteilung auf www.volvocars.com, 2009

[Vol10] Volvo Car Germany GmbH : *Erhöhte Sicherheit – Verminderte Kosten*. Broschüre auf www.volvocars.com, 2010

[Wal06] Wallentowitz, H. ; Reif, K. (Hrsg.): *Handbuch Kraftfahrzeugelektronik – Grundlagen, Komponenten, Systeme, Anwendungen*. Wiesbaden : Vieweg-Verlag, 2006

[Wei03] Weiße, J. : *Beitrag zur Entwicklung eines optimierten Bremsassistenten*. Darmstadt, Universität, Dissertation, 2003

[Wel02] Weller, G. ; Schlag, B. : *Kriterien zur Beurteilung von Fahrerassistenzsystemen*. 38. BDP-Kongress für Verkehrspsychologie, Regensburg, 2002.

[Wel09] WeltOnline : *ADAC-Test: Ein frontaler Crash kann das Glück im Unglück sein.* Presseartikel auf www.welt.de, 2009

[Wes76] Van Westendorp, P. H. : *NSS-Price Sensivity Meter (PSM) – A new Approach to Study Consumer Perception of Price.* 25th Esomar Congress, Venedig, 1976

[Wia99] Wiacek, C. J. ; Wassim, G. N. : Driver/Vehicle Characteristics in Rear-End Precrash Scenarios Based on the General Estimates System (GES). *SAE* 1999-01-0817 (1999), S. 99-104

[Win09] Winner, H.: Frontalkollisionsschutzsysteme. In : Winner, H. ; Hakuli, S. ; Wolf, G. : *Handbuch Fahrerassistenzsysteme, Grundlagen, Komponenten und Systeme für aktive Sicherheit und Komfort.* Wiesbaden : Vieweg und Teubner, 2009, S. 522-542

[Zom87] Zomotor, A. : *Fahrzeugtechnik: Fahrverhalten.* Würzburg : Vogel Buchverlag, 1987

A Anhang

A1 Bewertung der Untersuchungsumgebung

A2 Kriterien zur Auslösung der kritischen Situation

A3 Auswertung der Probandenstudie: Grundgesamtheit und Messgrößen

A3.1 Auswahl und Untersuchung des Zielkonzepts: Auswertung 1., 2. und 3. Fahrt

A3.2 Untersuchung des Zielkonzepts: Auswertung Fehlauslösung (4. Fahrt)

A3.3 Untersuchung des Zielkonzepts: Auswertung der Probandenbefragungen

A3.4 Untersuchung des Zielkonzepts: Ergänzende Analysen

A4 Exemplarischer Messdatenverlauf eines ausweichenden Probanden

A5 Fahrbegleitendes Interview (Beispiel für Gruppe BAA)

A6 Akzeptanzfragebogen Teil 2 (Beispiel für Gruppe BAA)

A6.1 Fragebogen

A6.2 Zusammenfassung von Fragen

A1 Bewertung der Untersuchungsumgebung

Tabelle A1: Bewertung Untersuchungsumgebungen

<table>
<tr><th colspan="2">Anforderungen</th><th>Versuchsträger</th><th>Dynamischer Fahrsimulator</th><th>Vehicle in the Loop (VIL)</th></tr>
<tr><td>1.</td><td>Aufwand für Realisierung der Anzeigen</td><td>– –
Hoch, da kein Prototyp kHUD vorhanden</td><td colspan="2">++
Niedrig, da synthetische Visualisierung</td></tr>
<tr><td>2.</td><td>Visualisierung der Szenen</td><td>++
Realistisch, da keine synthetische Visualisierung</td><td colspan="2">0
Bedingt realistisch, da synthetische Visualisierung</td></tr>
<tr><td>3.</td><td>Erzeugung der kritischen Situationen</td><td>–
Bedingt realistisch und überraschend, da auf Teststrecke weder Menschen noch Material zu Schaden kommen dürfen</td><td colspan="2">++
Realistisch, da maximaler Gestaltungsfreiraum</td></tr>
<tr><td>4.</td><td>Einbindung der kritischen Fahrsituation in das Gesamtmanöver</td><td>–
Bedingt realistisch, da Flächen und Strecken auf Testgelände beschränkt</td><td>++
Realistisch, da maximaler Gestaltungsspielraum</td><td>–
Bedingt realistisch, da Flächen und Strecken auf Testgelände beschränkt</td></tr>
<tr><td>5.</td><td>Eignung für Untersuchung des Ausweichmanövers</td><td>++
Gesamtes Ausweichmanöver</td><td>0
Untersuchung bis Initalreaktion des Fahrers an Lenkung, Beschränkung bedingt durch Bewegungssystem des Fahrsimulators</td><td>++
Gesamtes Ausweichmanöver</td></tr>
<tr><td>6.</td><td>Einfluss der Untersuchungsumgebung auf das Fahrverhalten</td><td>++
Realistisch, da seriennahes System</td><td>+
Bedingt realistisch durch fahrdynamische Beschränkungen des Bewegungssystems sowie synthetische Visualisierung</td><td>+
Bedingt realistisch durch synthetische Visualisierung und Tragen des Head-Mounted-Displays ungewohnt</td></tr>
<tr><td>7.</td><td>Systemkosten</td><td>–
Hoch</td><td>0
Mittel</td><td>– –
Hoch</td></tr>
<tr><td>8.</td><td>Sonstige Kosten (z. B. Testgelände)</td><td>– –
Hoch</td><td>++
Niedrig</td><td>–
Hoch</td></tr>
<tr><td>9.</td><td>Zeitaufwand für technische Vorbereitung</td><td>– –
Hoch</td><td>++
Niedrig</td><td>–
Hoch</td></tr>
<tr><td>10.</td><td>Verfügbarkeit</td><td>0
Mittel</td><td>++
Hoch</td><td>– –
Niedrig</td></tr>
<tr><td>12.</td><td>Entwicklungsstand</td><td>– –
Niedrig</td><td>++
Hoch</td><td>0
Mittel</td></tr>
<tr><td colspan="2">Gesamtbewertung:</td><td>–
Weniger geeignet</td><td>+
Besonders geeignet</td><td>0
Geeignet</td></tr>
</table>

Legende der Bewertung unter Berücksichtigung der Fragestellungen in Kapitel 7:
++ (gut) ... **0** ... – – (schlecht)

A2 Kriterien zur Auslösung der kritischen Situation

Sobald alle Auslösekriterien erfüllt sind, kann der Versuchsleiter manuell die kritische Situation auslösen. Die einzige Aufgabe des Versuchsleiters besteht darin, bei der Auslösung sicherzustellen, dass der Proband auf die Straße sieht, also nicht visuell abgelenkt ist. Es gelten folgende Auslösekriterien:

1. *Streckenabschnitt: Gerade und eben*

   Zum Nutzennachweis der Anzeigen wird der einfachste Streckenverlauf gewählt.

2. *Geschwindigkeit Ego-Fahrzeug: 31 m/s < v_{Ego} < 35 m/s*

   Die Anforderung an die Geschwindigkeit des Ego-Fahrzeugs liegt bei 33 m/s (s. Kapitel 8.4).

3. *Lenkwinkel: -0,1 rad < δ_L < 0,1 rad*

   Über den Lenkwinkel wird sichergestellt, dass der Proband nicht bereits während der Manöverauslösung eine Lenkbewegung durchführt. Durch eine Lenkbewegung bei der Manöverauslösung könnte eine Vorzugsausweichrichtung entstehen.

4. *Y-Position des Ego-Fahrzeugs:*
   $-0{,}5\ m < y_{Ego} < 0{,}5\ m$ ($y_{Ego} = 0\ m$: Mitte mittlere Fahrspur)

   Zum Zeitpunkt der Manöverauslösung muss der Proband auf der mittleren der drei Fahrspuren fahren (s. Kapitel 8.4). Außerdem wird mit diesem Kriterium sichergestellt, dass der Proband mittig auf der Fahrspur fährt. Durch einen Spurversatz bei der Manöverauslösung könnte eine Vorzugsausweichrichtung entstehen.

5. *Gaspedalstellung: $d_{Gas} > 0$ ($d_{Gas} \in [0,1]$)*

   Der Proband muss zum Zeitpunkt der Manöverauslösung Gas geben. Somit wird die Bremsreaktionszeit zwischen den Probanden vergleichbar, da alle bremsenden Probanden den Fuß vom Gas- auf das Bremspedal umsetzten müssen.

6. *Abstände zu anderen Verkehrsteilnehmern*

   Der Abstand zum vorausfahrenden Fahrzeug sowie die Abstände zu den Verkehrsteilnehmern auf den benachbarten Fahrspuren müssen für die Einschersituation, die Folgefahrt und die Fehlauslösung separat beschrieben werden.

   6.1 Abstände Einschersituation (E)

   Referenz:
   Zeitpunkt, zu dem der Einscherer mit Aufbau des lateralen Versatzes beginnt.

- Abstand Ego-Fahrzeug – Vorausfahrendes Fahrzeug:
  70 m < $d_{E\_EGO\text{-}VF}$ < 80 m
- Abstand Ego-Fahrzeug – Einscherer:
  58,8 m < $d_{E\_EGO\text{-}E}$ < 59,2 m
- Abstand zu Verkehrsteilnehmern auf Nachbarfahrspuren:

Tabelle A2.1: Abstand zu Verkehrsteilnehmern auf Nachbarspuren (Einschersituation)

	Links	**Rechts**
Vorne	d_{E_VL} > 100 m	Belegt durch Wagenkolonne (Einscherer s. $d_{E\_EGO\text{-}E}$)
Hinten	d_{E_HL} > 150 m	Keine Fahrzeuge

6.2 Abstände Folgefahrt (FF)

Referenz:
Zeitpunkt, zu dem das vorausfahrendes Fahrzeug bremst.

- Abstand Ego-Fahrzeug – Vorausfahrendes Fahrzeug:
  41,8 m < $d_{FF\_EGO\text{-}VF}$ < 42,2 m
- Abstand zu Verkehrsteilnehmern auf Nachbarfahrspuren:

Tabelle A2.2: Abstand zu Verkehrsteilnehmern auf Nachbarfahrspuren (Folgefahrt)

	Links	**Rechts**
Vorne	d_{FF_VL} > 100 m	d_{FF_VR} > 100 m
Hinten	d_{FF_HL} > 150 m	d_{FF_HR} > 150 m

6.3 Abstände Fehlauslösung (FA)

Referenz:

Zeitpunkt, zu dem das vorausfahrendes Fahrzeug bremst.

- Abstand Ego-Fahrzeug – Vorausfahrendes Fahrzeug: 41,8 m < $d_{FA\_EGO\text{-}VF}$ < 42,2 m
- Abstand zu Verkehrsteilnehmern auf Nachbarfahrspuren:

Tabelle A2.3: Abstand zu Verkehrsteilnehmern auf Nachbarfahrspuren (Fehlauslösung)

	Links	**Rechts**
Vorne	d_{FA_VL} < 20 m	d_{FA_VR} > 100 m
Hinten	Belegt durch Wagenkolonne	d_{FA_HR} > 50 m

A3 Auswertung der Probandenstudie: Grundgesamtheit und Messgrößen

A3.1 Auswahl und Untersuchung des Zielkonzepts: Auswertung 1., 2. und 3. Fahrt

Tabelle A3.1: Auswahl und Untersuchung des Zielkonzepts: 1., 2. und 3. Fahrt

Frage	Grundgesamtheit	Messgrößen
1. **Häufigkeit Bremsmanöver**	Alle Gruppen, Fahrbedingungen und Iterationen	Betätigung des Bremspedals
2. **Reaktionszeit Bremsung**	Bremsende Probanden *Messwiederholung*: Probanden, die in allen drei Fahrten bremsen	Zeit von Manöverauslösung bis Betätigung Bremspedal
3. **Häufigkeit Lenkmanöver**	Alle Gruppen, Fahrbedingungen und Iterationen	Initiales Lenkmanöver nach Kriterien (s. Kapitel 8.2.1)
4. **Reaktionszeit Lenkung**	Lenkende Probanden *Messwiederholung*: Probanden, die in allen drei Fahrten lenken	Zeit von Manöverauslösung bis initiales Lenkmanöver
5. **Ausweichrichtung in Kontrollgruppen**	Lenkende Probanden der Kontrollgruppen mit Folgefahrt bei 1. Manöverauslösung	Ausweichrichtung nach Kriterien (s. Kapitel 8.2.1)
6. **Ausweichrichtung mit Ausweichanzeige**	Lenkende Probanden der Gruppe BAA aller Fahrbedingungen bei 1. Manöverauslösung	Ausweichrichtung nach Kriterien (s. Kapitel 8.2.1)
7. **Kombination Brems- und Lenkmanöver**	Alle bremsenden und / oder lenkenden Probanden aller Gruppen und Fahrbedingungen bei 1. Manöverauslösung	Betätigung des Bremspedals & Initiales Lenkmanöver nach Kriterien

Frage	Grundgesamtheit	Messgrößen
8. **Reihenfolge Bremsung und Lenkung**	Alle bremsenden und lenkenden Probanden aller Gruppen und Fahrbedingungen bei 1. Manöverauslösung	Zeit von Manöverauslösung bis Betätigung Bremspedal & Zeit von Manöverauslösung bis initialem Lenkmanöver
9. **Kollisionshäufigkeit**	Alle Probanden, Fahrbedingungen und Iterationen	Negativer Abstand zwischen Ego-Fahrzeug und Hindernis (Vorausfahrendes Fahrzeug / Einscherer)
10. **Stabilisierungsbedarf**	Kollisionsfrei ausweichende Probanden aller Gruppen und Fahrbedingungen bei 1. Manöverauslösung	Stabilisierungsbedarf nach Kriterien (s. Kapitel 8.2.1)

A3.2 Untersuchung des Zielkonzepts: Auswertung Fehlauslösung (4. Fahrt)

Tabelle A3.2: Untersuchung des Zielkonzepts: Fehlauslösung (4. Fahrt)

Frage	Grundgesamtheit	Messgrößen
1. **Ausweichrichtung mit Ausweichanzeige**	Lenkende Probanden der Gruppe BAA bei 4. Manöverauslösung (Folgefahrt)	Ausweichrichtung nach Kriterien (s. Kapitel 8.2.1)
2. **Kollisionshäufigkeit**		Negativer Abstand zwischen Ego-Fahrzeug und Hindernis (Vorausfahrendes Fahrzeug / Fahrzeug auf linker Fahrspur)

A3.3 Untersuchung des Zielkonzepts: Auswertung der Probandenbefragungen

Tabelle A3.3: Auswertung der Probandenbefragungen

Frage	Grundgesamtheit	Ausgewertete Variablen
Fahrbegleitendes Interview	Alle Gruppen und Fahrbedingungen nach 1. Manöverauslösung	Alle Variablen des fahrbegleitenden Interviews und des Akzeptanzfragebogens
Akzeptanzfragebogen	Alle Gruppen und Fahrbedingungen nach den ersten drei Manöverauslösungen	

A3.4 Untersuchung des Zielkonzepts: Ergänzende Analysen

Tabelle A3.4: Analysen

Frage	Grundgesamtheit	Ausgewertete Variablen
Clusteranalyse	Lenkende Probanden aller Gruppen und Fahrbedingungen bei 1. Manöverauslösung	- Reaktionszeit Bremsung - Reaktionszeit Lenkung - Kollision - Blinkerbetätigung
Multiple Regressionsanalyse	Probanden aller Fahrbedingungen der Gruppe BAA bei 1. Manöverauslösung	Alle Variablen des Akzeptanzfragebogens

A4 Exemplarischer Messdatenverlauf eines ausweichenden Probanden

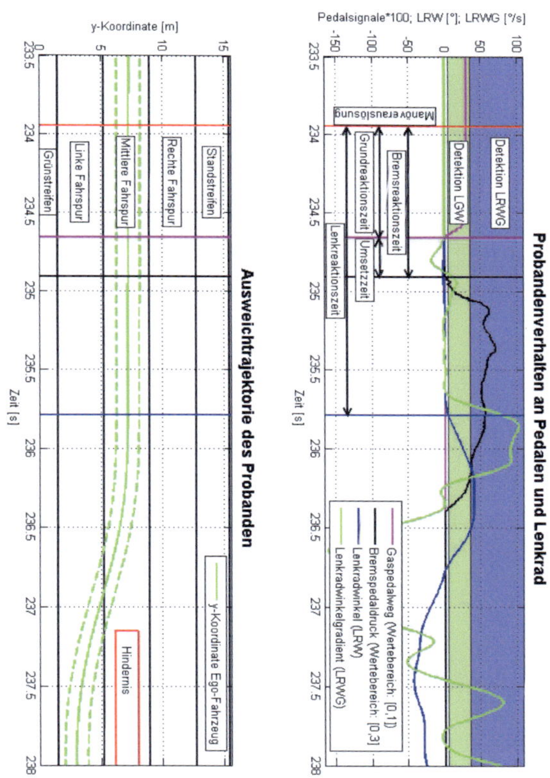

Abbildung A4: Exemplarischer Messdatenverlauf eines ausweichenden Probanden

A5 Fahrbegleitendes Interview (Beispiel für Gruppe BAA)

Fragenkatalog: Situation, Anzeigen und Verlässlichkeit

Konzept		Manöver	
❐ Pfeil	+ Radar	❐ Einscherer,	Ausweichanzeige links
❐ Pfad	+ Dreieck	❐ Folgefahrt,	Ausweichanzeige links
❐ Baustelle		❐ Folgefahrt,	Ausweichanzeige rechts
❐ Pfeil	+ Dreieck	❐ Fehlauslösung,	Ausweichanzeige links

1. Beschreibung und Bewertung der kritischen Situation

1.1 Beschreiben Sie, wie die kritische Situation zustande kam.

____

____

1.2 Waren in der kritischen Situation weitere Verkehrsteilnehmer unmittelbar hinter bzw. neben Ihnen? Diese Frage bezieht sich nur auf die rechte Fahrspur!

❐ Ja ❐ Nein ❐ Weiß nicht

1.3 Waren in der kritischen Situation weitere Verkehrsteilnehmer unmittelbar hinter bzw. neben Ihnen? Diese Frage bezieht sich nur auf die linke Fahrspur!

❐ Ja ❐ Nein ❐ Weiß nicht

1.4 Waren Sie von der kritischen Situation überrascht?

❐ Ja ❐ Nein

Wenn nein: Warum nicht? ______________________________

____

1.5 War die kritische Situation realistisch?

❐ Ja ❐ Nein

Wenn nein: Warum nicht? ______________________________

____

Fragenkatalog: Situation, Anzeigen und Verlässlichkeit

2. Beschreibung und Bewertung der Anzeigen

2.1 Beschreiben Sie so genau wie möglich die einzelnen Komponenten der Anzeige (Warnton, Bremsruck, visuelle Kollisions- und Ausweichanzeige).

____
____
____
____

2.2 Welche Anzeigekomponente war am dominantesten?

____

2.3 Sind Sie durch die Anzeigen erschrocken?

❐ Ja ❐ Nein

Wenn ja: Durch welche und warum? ________________________________
____

2.4 Haben Sie die Anzeigen überfordert?

❐ Ja ❐ Nein

Wenn ja: Warum? ____
____

2.5 Was war an der Anzeige gut?

____
____
____
____

Fragenkatalog: Situation, Anzeigen und Verlässlichkeit

2.6 Was war an der Anzeige schlecht?

____

____

____

____

2.7 Wie könnte die Anzeige verbessert werden?

____

____

____

____

3. Bewertung der Verlässlichkeit der Anzeige

3.1 Empfanden Sie es als gefährlich der Ausweichanzeige Folge zu leisten?

☐ Ja ☐ Nein

Wenn ja: Warum? ______________________________

____

3.2 Haben Sie Vertrauen in die Ausweichanzeige?

☐ Ja ☐ Nein

Wenn nein: Warum nicht? ______________________________

____

A6 Akzeptanzfragebogen Teil 2 (Beispiel für Gruppe BAA)

A6.1 Fragebogen

Fragebogen Teil 2

Attraktivität der Brems-Ausweich-Assistenz

2.1 Bitte beurteilen Sie die Brems-Ausweich-Assistenz mit Hilfe der nachfolgenden Adjektivpaare. Beachten Sie, dass die Adjektive eher **im übertragenen Sinne, also "gefühlsmäßig"** zu verstehen sind. Markieren Sie möglichst <u>spontan</u> die Position zwischen den Wortpaaren, die Ihrer Meinung nach das System am besten beschreibt.

Machen Sie in jeder Zeile ein Kreuz.

Ich finde die Brems-Ausweich-Assistenz ...						
anregend	☐	☐	☐	☐	☐	ermüdend
dynamisch	☐	☐	☐	☐	☐	statisch
stark	☐	☐	☐	☐	☐	schwach
aktiv	☐	☐	☐	☐	☐	passiv
schnell	☐	☐	☐	☐	☐	langsam
unangenehm	☐	☐	☐	☐	☐	angenehm
effektiv	☐	☐	☐	☐	☐	ineffektiv
erstrebenswert	☐	☐	☐	☐	☐	nicht erstrebenswert
kontrollierbar	☐	☐	☐	☐	☐	unkontrollierbar
gut	☐	☐	☐	☐	☐	schlecht
ideenlos	☐	☐	☐	☐	☐	innovativ
langweilig	☐	☐	☐	☐	☐	interessant
nützlich	☐	☐	☐	☐	☐	nutzlos
unbequem	☐	☐	☐	☐	☐	komfortabel
kühl	☐	☐	☐	☐	☐	gefühlvoll
wichtig	☐	☐	☐	☐	☐	unwichtig
gefährlich	☐	☐	☐	☐	☐	sicher
erfreulich	☐	☐	☐	☐	☐	ärgerlich

Fragebogen: Teil 2 - 1 / 7 - Probandenuntersuchung beim WIVW 2010

Fragebogen Teil 2

Eigenschaften der Brems-Ausweich-Assistenz

2.2 Bitte bewerten Sie die verschiedenen Eigenschaften der Brems-Ausweich-Assistenz.

Machen Sie in jeder Zeile ein Kreuz.

	Trifft absolut nicht zu				Trifft absolut zu
Die Brems-Ausweich-Assistenz ist glaubwürdig.	❒	❒	❒	❒	❒
Die Brems-Ausweich-Assistenz lenkt davon ab, Gefahren rechtzeitig zu erkennen.	❒	❒	❒	❒	❒
Die Brems-Ausweich-Assistenz erhöht die Verkehrssicherheit.	❒	❒	❒	❒	❒
Die Brems-Ausweich-Assistenz macht auch mal Fehler.	❒	❒	❒	❒	❒
Die Brems-Ausweich-Assistenz wird nur von Personen genutzt, die sich im Straßenverkehr nicht sicher fühlen.	❒	❒	❒	❒	❒
Mit der Brems-Ausweich-Assistenz kann beim Fahren gut Frust und Stress abgebaut werden.	❒	❒	❒	❒	❒
Mit der Brems-Ausweich-Assistenz erhöht sich der Komfort des Autofahrens.	❒	❒	❒	❒	❒
Die Brems-Ausweich-Assistenz macht das Autofahren langweilig.	❒	❒	❒	❒	❒
Die Brems-Ausweich-Assistenz fördert den Stress beim Fahren.	❒	❒	❒	❒	❒
Die Brems-Ausweich-Assistenz unterstützt den Fahrer dabei, Gefahren im Straßenverkehr rechtzeitig zu erkennen.	❒	❒	❒	❒	❒
Mit der Brems-Ausweich-Assistenz kann sportlich gefahren werden.	❒	❒	❒	❒	❒
Die Brems-Ausweich-Assistenz schadet dem Image des Fahrers.	❒	❒	❒	❒	❒

Fragebogen: Teil 2 — - 2 / 7 - — Probandenuntersuchung beim WIVW 2010

Fragebogen Teil 2

	Trifft absolut nicht zu				Trifft absolut zu
Dank der Brems-Ausweich-Assistenz ist der Fahrer auch noch nach längeren Fahrten entspannt.	❐	❐	❐	❐	❐
Man kann stolz sein, wenn man anderen über den Besitz der Brems-Ausweich-Assistenz berichtet.	❐	❐	❐	❐	❐
Die Brems-Ausweich-Assistenz trägt dazu bei, das Unfallrisiko der Autofahrer zu senken.	❐	❐	❐	❐	❐
Die Informationen, die die Brems-Ausweich-Assistenz ausgibt, sind für den Nutzer ungenügend.	❐	❐	❐	❐	❐
Die Brems-Ausweich-Assistenz ist verlässlich.	❐	❐	❐	❐	❐
Das Autofahren mit der Brems-Ausweich-Assistenz belastet den Fahrer zusätzlich.	❐	❐	❐	❐	❐
Ich vertraue der Brems-Ausweich-Assistenz nicht.	❐	❐	❐	❐	❐

Fragebogen Teil 2

Nutzen der Brems-Ausweich-Assistenz

2.3 Für wie wahrscheinlich halten Sie folgende Konsequenzen, die sich aus dem Kauf bzw. der Nutzung der Brems-Ausweich-Assistenz für Sie ergeben könnten?

Machen Sie in jeder Zeile ein Kreuz.

Wenn ich eine Brems-Ausweich-Assistenz anschaffen würde ...	Sehr unwahrscheinlich				Sehr wahrscheinlich
... würde ich mich sicherer fühlen.	❐	❐	❐	❐	❐
... wäre das mit hohen Kosten verbunden.	❐	❐	❐	❐	❐
... wäre ich beim Autofahren entspannter.	❐	❐	❐	❐	❐
... würde ich schneller fahren.	❐	❐	❐	❐	❐
... könnte ich mich besser auf den Verkehr konzentrieren.	❐	❐	❐	❐	❐
... würde ich schreckhaft auf das akustische Warnsignal reagieren.	❐	❐	❐	❐	❐
... würde ich schreckhaft auf den Bremsruck reagieren.	❐	❐	❐	❐	❐
... würde ich schreckhaft auf die visuelle Anzeige reagieren	❐	❐	❐	❐	❐
... könnte ich bei einer kritischen Situation einen Unfall vermeiden.	❐	❐	❐	❐	❐

Fragebogen: Teil 2 - 4 / 7 - Probandenuntersuchung beim WIVW 2010

Fragebogen Teil 2

Was denken Andere über die Brems-Ausweich-Assistenz?

2.4 Was glauben Sie, denken andere Personen über die Brems-Ausweich-Assistenz?
Machen Sie in jeder Zeile ein Kreuz.

	Trifft absolut nicht zu				Trifft absolut zu
Meine Freunde fänden die Brems-Ausweich-Assistenz gut.	❐	❐	❐	❐	❐
Personen, die mir wichtig sind, würden es ablehnen, wenn ich mir die Brems-Ausweich-Assistenz kaufe.	❐	❐	❐	❐	❐
Wenn ich mir die Brems-Ausweich-Assistenz kaufe, ist es mir egal, was Andere dazu sagen.	❐	❐	❐	❐	❐
Viele Leute würden die Brems-Ausweich-Assistenz toll finden.	❐	❐	❐	❐	❐

Besitzwunsch der Brems-Ausweich-Assistenz

2.5 Bitte beurteilen Sie spontan die nachfolgenden Aussagen.
Machen Sie in jeder Zeile ein Kreuz.

	Trifft absolut nicht zu				Trifft absolut zu
Ich würde die Brems-Ausweich-Assistenz gerne besitzen.	❐	❐	❐	❐	❐
Ob ich die Brems-Ausweich-Assistenz kaufe, hängt nur von mir selbst ab.	❐	❐	❐	❐	❐
Ich kann die Brems-Ausweich-Assistenz vermutlich nicht bezahlen.	❐	❐	❐	❐	❐

Fragebogen Teil 2

2.6 Wie wichtig ist es Ihnen, folgende Systeme in Ihrem Auto zu haben?

Bitte erstellen Sie eine Rangfolge, indem Sie die Plätze 1 bis 8 vergeben (Platz 1 = wichtiges System; Platz 8 = unwichtiges System).

Vergeben Sie jeden Platz nur einmal!

System	Platz
Adaptive Cruise Control (ACC) Automatische Abstandsregelung, die abhängig vom Verkehrsfluss in gewissen Grenzen selbstständig bremst und beschleunigt.	____
Bremsassistenz Warnung vor Kollisionen vor allem im Längsverkehr sowie automatischer Bremseingriff bzw. Unterstützung bei Durchführung einer Vollbremsung.	____
Brems-Ausweich-Assistenz Die Brems-Ausweich-Assistenz umfasst die Bremsassistenz vollständig und erweitert sie um eine Ausweichunterstützung.	____
Elektronisches Stabilitätsprogramm (ESP) Verhinderung von Schleudern des Fahrzeugs.	____
Lane Change Assist (LCA) Warnung bei Spurwechseln vor Kollisionen.	____
Lane Departure Warning (LDW) Warnung vor unbeabsichtigtem Verlassen der Spur.	____
Navigation Optisch / akustische Kursanweisungen zum Zielort.	____
Night Vision (NV) Visualisierung von Menschen und Tieren nachts außerhalb der Scheinwerfer-ausleuchtung auf Display mittels Wärmebildkamera.	____

2.7 Welches Fahrerassistenzsystem würden Sie kaufen?

Machen Sie in jeder Zeile ein Kreuz.

Fahrerassistenzsystem	Würde ich kaufen	Würde ich nicht kaufen	Weiß nicht
Adaptive Cruise Control (ACC)	☐	☐	☐
Bremsassistenz	☐	☐	☐
Brems-Ausweich-Assistenz	☐	☐	☐
Elektronisches Stabilitätsprogramm (ESP)	☐	☐	☐
Lane Change Assist (LCA)	☐	☐	☐
Lane Departure Warning (LDW)	☐	☐	☐
Navigation	☐	☐	☐
Night Vision (NV)	☐	☐	☐

Fragebogen: Teil 2 - 6 / 7 - Probandenuntersuchung beim WIVW 2010

Fragebogen Teil 2

2.8 Im Folgenden möchten wir von Ihnen wissen, welchen Aufpreis Sie für eine Brems-Ausweich-Assistenz bezahlen würden. Zur Orientierung haben wir für Sie die Preise anderer Systeme auf einem Preisstrahl abgebildet.

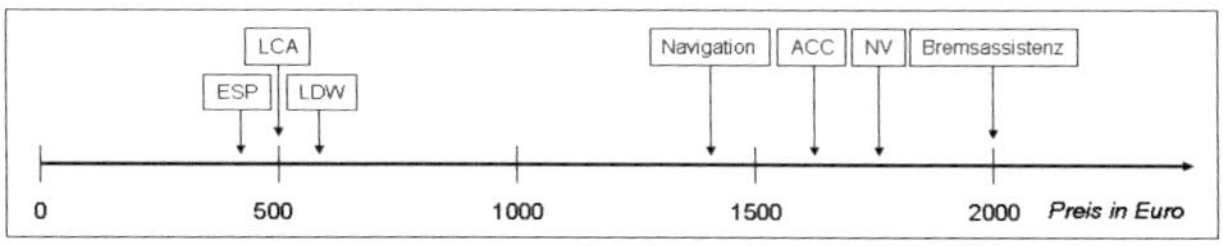

Bis zu welchem Preis würden Sie die Brems-Ausweich-Assistenz preiswert finden und sie besonders gern kaufen?	Bis ________ €
Bis zu welchem Preis finden Sie die Brems-Ausweich-Assistenz so billig, dass Sie an der Qualität des Produkts zweifeln würden?	Bis ________ €
Ab welchem Preis finden Sie die Brems-Ausweich-Assistenz zwar teuer, würden sie aber noch kaufen?	Ab ________ €
Ab welchem Preis finden Sie die Brems-Ausweich-Assistenz zu teuer und würden sie nicht mehr kaufen?	Ab ________ €
Was glauben Sie wird das System kosten?	Ca. ________ €

A6.2 Zusammenfassung von Fragen

Frage 2.2: "Eigenschaften der Brems-Ausweich-Assistenz"

Rubrik 1: Sicherheit

- Die Brems-Ausweich-Assistenz lenkt davon ab, Gefahren rechtzeitig zu erkennen.
- Die Brems-Ausweich-Assistenz erhöht die Verkehrssicherheit.
- Die Brems-Ausweich-Assistenz unterstützt den Fahrer dabei, Gefahren im Straßenverkehr rechtzeitig zu erkennen.
- Die Brems-Ausweich-Assistenz trägt dazu bei, das Unfallrisiko der Autofahrer zu senken.

Rubrik 2: Image

- Die Brems-Ausweich-Assistenz wird nur von Personen genutzt, die sich im Straßenverkehr nicht sicher fühlen.
- Die Brems-Ausweich-Assistenz schadet dem Image des Fahrers.
- Man kann stolz sein, wenn man anderen über den Besitz der Brems-Ausweich-Assistenz berichtet.

Rubrik 3: Vertrauen

- Die Brems-Ausweich-Assistenz ist glaubwürdig.
- Die Brems-Ausweich-Assistenz ist verlässlich.
- Ich vertraue der Brems-Ausweich-Assistenz nicht.

Rubrik 4: Fahrspaß

- Die Brems-Ausweich-Assistenz macht das Autofahren langweilig.
- Mit der Brems-Ausweich-Assistenz kann sportlich gefahren werden.

Rubrik 5: Effektivität

- Die Brems-Ausweich-Assistenz macht auch mal Fehler.
- Die Informationen, die die Brems-Ausweich-Assistenz ausgibt, sind für den Nutzer ungenügend.

Rubrik 6: Komfort

- Mit der Brems-Ausweich-Assistenz kann beim Fahren gut Frust und Stress abgebaut werden.
- Mit der Brems-Ausweich-Assistenz erhöht sich der Komfort des Autofahrens.
- Die Brems-Ausweich-Assistenz fördert den Stress beim Fahren.
- Dank der Brems-Ausweich-Assistenz ist der Fahrer auch noch nach längeren Fahrten entspannt.
- Das Autofahren mit der Brems-Ausweich-Assistenz belastet den Fahrer zusätzlich.

Frage 2.4: “Was denken andere über die Brems-Ausweich-Assistenz“ (Subjektive Norm)

Rubrik 1: Wahrgenommene Meinung relevanter anderer Personen zum System

- Wenn ich mir die Brems-Ausweich-Assistenz kaufe, ist es mir egal, was andere dazu sagen.
- Viele Leute würden die Brems-Ausweich-Assistenz toll finden.

Rubrik 2: Wahrgenommene Meinung nahestehender Personen zum System

- Meine Freunde fänden die Brems-Ausweich-Assistenz gut.
- Personen, die mir wichtig sind, würden es ablehnen, wenn ich mir die Brems-Ausweich-Assistenz kaufe.

Karlsruher Schriftenreihe Fahrzeugsystemtechnik (ISSN 1869-6058)

Herausgeber: FAST Institut für Fahrzeugsystemtechnik

Die Bände sind unter www.ksp.kit.edu als PDF frei verfügbar oder als Druckausgabe bestellbar.

Band 1 Urs Wiesel
Hybrides Lenksystem zur Kraftstoffeinsparung im schweren Nutzfahrzeug.
2010
ISBN 978-3-86644-456-0

Band 2 Andreas Huber
Ermittlung von prozessabhängigen Lastkollektiven eines hydrostatischen Fahrantriebsstrangs am Beispiel eines Teleskopladers.
2010
ISBN 978-3-86644-564-2

Band 3 Maurice Bliesener
Optimierung der Betriebsführung mobiler Arbeitsmaschinen. Ansatz für ein Gesamtmaschinenmanagement.
2010
ISBN 978-3-86644-536-9

Band 4 Manuel Boog
Steigerung der Verfügbarkeit mobiler Arbeitsmaschinen durch Betriebslasterfassung und Fehleridentifikation an hydrostatischen Verdrängereinheiten.
2011
ISBN 978-3-86644-600-7

Band 5 Christian Kraft
Gezielte Variation und Analyse des Fahrverhaltens von Kraftfahrzeugen mittels elektrischer Linearaktuatoren im Fahrwerksbereich.
2011
ISBN 978-3-86644-607-6

Band 6 Lars Völker
Untersuchung des Kommunikationsintervalls bei der gekoppelten Simulation.
2011
ISBN 978-3-86644-611-3

Band 7 3. Fachtagung
Hybridantriebe für mobile Arbeitsmaschinen. 17. Februar 2011, Karlsruhe.
2011
ISBN 978-3-86644-599-4

Karlsruher Schriftenreihe Fahrzeugsystemtechnik (ISSN 1869-6058)

Herausgeber: FAST Institut für Fahrzeugsystemtechnik

Band 8 Vladimir Iliev
Systemansatz zur anregungsunabhängigen Charakterisierung des Schwingungskomforts eines Fahrzeugs.
2011
ISBN 978-3-86644-681-6

Band 9 Lars Lewandowitz
Markenspezifische Auswahl, Parametrierung und Gestaltung der Produktgruppe Fahrerassistenzsysteme. Ein methodisches Rahmenwerk.
2011
ISBN 978-3-86644-701-1

Band 10 Phillip Thiebes
Hybridantriebe für mobile Arbeitsmaschinen. Grundlegende Erkenntnisse und Zusammenhänge, Vorstellung einer Methodik zur Unterstützung des Entwicklungsprozesses und deren Validierung am Beispiel einer Forstmaschine.
2012
ISBN 978-3-86644-808-7

Band 11 Martin Gießler
Mechanismen der Kraftübertragung des Reifens auf Schnee und Eis.
2012
ISBN 978-3-86644-806-3

Band 12 Daniel Pies
Reifenungleichförmigkeitserregter Schwingungskomfort – Quantifizierung und Bewertung komfortrelevanter Fahrzeugschwingungen.
2012
ISBN 978-3-86644-825-4

Band 13 Daniel Weber
Untersuchung des Potenzials einer Brems-Ausweich-Assistenz.
2012
ISBN 978-3-86644-864-3